"十四五"职业教育国家规划教材

普通高等教育"十一五"国家级规划教材

"互联网+"新形态教材

建筑工程制图

(第4版)

主　编　武　荣　沈　刚

副主编　倪桂玲　陈红中　陈　彬

　　　　范海峥　赵彦琳　夏　辉

主　审　孟庆伟

黄河水利出版社

·郑州·

内容提要

本书是“十四五”职业教育国家规划教材、普通高等教育“十一五”国家级规划教材，是按照教育部《“十四五”职业教育规划教材建设实施方案》及对高职高专教育的教学基本要求和相关专业课程标准编写完成的。全书共分十三个项目，主要介绍制图的基本知识，投影的基本知识，点、直线、平面的投影，基本体的投影，立体表面的交线，轴测图，组合体视图，图样画法，建筑施工图，结构施工图，给水排水施工图，标高投影，建筑 CAD 实用技术等内容。本书结合工程实际和制图课程的教学特点，注重“基础理论教学以应用为目的，以必需和够用为适度，以掌握、强化应用和培养技能为重点”。全书采用我国最新技术制图标准、建筑制图标准、给水排水制图标准。本书还配套出版有《建筑工程制图习题集（第 4 版）》（武荣、沈刚主编，黄河水利出版社出版），紧密结合各项目教学内容，供学生巩固练习之用。

本书适用于高职高专建筑工程技术、工程监理、市政工程、道桥、水利等土建类专业工程制图课程教学，亦可作为相关专业技术人员的参考书。

图书在版编目（CIP）数据

建筑工程制图/武荣，沈刚主编. —4 版. —郑州：黄河水利出版社，2024. 1

“十四五”职业教育国家规划教材

ISBN 978-7-5509-3831-1

Ⅰ. ①建…　Ⅱ. ①武…　②沈…　Ⅲ. ①建筑制图-高等职业教育-教材　Ⅳ. ①TU204

中国国家版本馆 CIP 数据核字（2024）第 040761 号

组稿编辑：王路平　电话：0371-66022212　E-mail：hhslwlp@163. com
韩莹莹　66025553　hhslhyy@163. com

责任编辑：郭　琼　责任校对：王单飞　封面设计：李思璇　责任监制：常红昕

出版发行：黄河水利出版社

地址：河南省郑州市顺河路 49 号　邮政编码：450003

网址：www. yrcp. com　E-mail：hhslcbs@126. com

发行部电话：0371-66020550

承印单位：河南承创印务有限公司

开本：787 mm×1 092 mm　1/16

印张：15. 25

字数：350 千字　印数：1—4 100

版次：2002 年 8 月第 1 版　2019 年 8 月第 3 版　印次：2024 年 1 月第 1 次印刷
2008 年 1 月第 2 版　2024 年 1 月第 4 版

定价：48. 00 元

第 4 版前言

本书是根据《中共中央关于认真学习宣传贯彻党的二十大精神的决定》,中共中央办公厅、国务院办公厅《关于推动现代职业教育高质量发展的意见》,国务院《国家职业教育改革实施方案》,教育部《职业院校教材管理办法》《高等学校课程思政建设指导纲要》《“十四五”职业教育规划教材建设实施方案》,水利部、教育部《关于进一步推进水利职业教育改革发展的意见》等文件精神,组织编写的“十四五”职业教育国家规划教材。

本书注重吸收产业升级和行业发展的新知识、新技术、新工艺、新方法、新规范,丰富了课程思政案例、视频、微课等数字化教学资源,具有鲜明的时代特点,体现了实用性、实践性、创新性的特色,体现了大国工匠精神、钉钉子精神、劳动精神、奋斗精神、奉献精神、创造精神,是理论联系实际、教学面向生产的高职高专教育精品规划教材。

本书第 1 版由杨凌职业技术学院杨忠贤老师主持编写,第 2 版由黄河水利职业技术学院徐元甫老师主持编写,在此对杨忠贤、徐元甫老师及其他参编人员在本书编写中所付出的劳动和贡献表示感谢!第 3 版自 2019 年 8 月出版以来,因其通俗易懂、全面系统、应用性知识突出等特点,受到全国高职高专院校土木类等专业师生及广大土建类专业从业人员的喜爱,于 2023 年 6 月成功入选首批“十四五”职业教育国家规划教材。

随着教学改革的不断深入,高等职业教育对学生培养目标提出了更高的要求,原书出现了一些与现有教学要求不相适应之处。为了进一步提高教材质量,我们按照国家级精品课程及职业院校对教材建设的基本要求,并结合目前学生实际情况对本书进行了修订、补充和完善。第 4 版增加了课程思政内容,融入了党的二十大精神,全面落实立德树人的根本任务。

本书针对的是高等职业教育的学生,在编写过程中,注重对内容删繁就简,降低了对一些知识点的教学要求,使教材更适合高职学生的认知水平。书中注重基本概念、基本原理和建筑专业图的基本绘制方法,编写力求做到叙述简明、由浅入深,依托工程典型例题、习题,紧密结合工程实际,便于读者理解和掌握。在编写过程中,着重介绍与工程相结合的实例及习题,使其更贴近工程实际,便于学生掌握。

本书配套出版有《建筑工程制图习题集(第 4 版)》(武荣、沈刚主编,黄河水利出版社出版),紧密结合各项目教学内容,供学生巩固练习之用。

本书参编单位及编写人员如下:杨凌职业技术学院武荣、赵彦琳、段蓉,安徽水利水电职业技术学院沈刚、倪桂玲,河南水利与环境职业学院陈红中,江苏城市职业学院陈彬,福建水利电力职业技术学院范海峥,陕西建工第一建设集团有限公司夏辉,山西工程职业学院闫程锦。本书由武荣、沈刚担任主编,武荣负责全书统稿;倪桂玲、陈红中、陈彬、范海峥、赵彦琳、夏辉担任副主编;闫程锦、段蓉参编;由河南水利与环境职业学院孟庆伟担任主审。

由于编者水平有限且时间仓促,不当之处在所难免,敬请读者多提宝贵意见。

编　者

2023 年 10 月

本书互联网全部资源

目 录

绪 论

一、概述

工程图学是一门研究各种工程图样的理论和应用的学科。工程图样包括建筑工程图样、机械图样、水利工程图样等。建筑工程制图是工程图学的一部分,它主要是研究用正投影法绘制和阅读建筑工程图样的一门学科。建筑工程图样是建筑工程规划、设计、概预算、施工和管理的重要依据和重要技术文件。

工程技术上根据投影法,并按照国际标准或国家标准的规定绘制成用于工程施工或产品制造等用途的图,称为工程图样,简称图样。在实际工作中,设计者要通过图样来表达设计意图;施工和管理人员要根据图样来进行施工、生产和管理。在技术交流活动中也离不开图样。所以,图样被人们称为工程界的“技术语言”。掌握图样的绘制和阅读,是工程界的技术工作者必须具备的一种能力。

“建筑工程制图”是一门重要的技术基础课程,它为后续课程的学习和以后从事技术工作提供必要的条件。

二、本课程的主要任务

(1)主要学习正投影法的基本原理和图示方法,培养学生的空间想象能力和分析问题与解决问题的能力。

(2)培养学生绘制和阅读建筑工程图样的能力。

(3)培养学生能够正确使用绘图工具,初步使用计算机(CAD)绘图的基本技能。

(4)掌握国家制定的制图标准。

(5)培养学生良好的工作作风和严肃认真的工作态度。

三、本课程的特点及学习方法

本课程是一门既有理论,又重视实践的课程。学习时要认真钻研,弄懂基本原理和基本方法。密切注意理论联系实际,掌握由物到图,再由图到物的相互转化规律,提高空间想象能力及空间思维能力。要想真正掌握这门知识,必须进行一定数量的绘图和读图练习,要“弄懂、多练”。学习时特别应注意以下两个方面:

(1)投影制图是本课程的基本理论,必须学深学透。学习时不能死记硬背,要搞清空间概念。要认真听讲,注意教师的讲解和演示。听好课是学好制图课的关键。在听好课的基础上,再看书思考,增加理解,才能事半功倍。

(2)在学习制图技能时,要按正确的绘图方法和规定绘图,正确贯彻制图标准。

四、我国工程图学发展史简介

我国在世界上是文明古国之一,而且在工程图学方面具有悠久的历史。在天文图、建筑图、机械图等方面都有过杰出的成就,既有文字记载,又有实物考证,得到举世公认。工程图学同其他学科一样,是人类长期从事生产活动而产生、发展和日趋完善的。

我国远在公元前1059年的《尚书》一书中,就有建筑工程使用图样的记载。宋代(1100年)李诫所著《营造法式》一书,是一部建筑技术著作,其中的工程图样画法,采用了正投影、轴测投影和透视图等方法。这充分说明我国古代在工程图学方面已达到了很高的水平。

1949年中华人民共和国成立以后,国家十分重视工程图学的发展。1959年颁布了国家标准《机械制图》,并于1974—2003年先后多次进行了较大的修订,进一步向国际标准化组织(ISO)标准靠拢,更利于工程技术的国际交流。2001年国家批准并发布了《建筑制图标准》等,这标志着我国工程图学已进入了一个新的发展阶段。

随着科学、生产的高速发展,对绘图的质量和速度提出了更高的要求。CAD等绘图软件的不断更新适应了这些要求。随着我国改革开放的不断推进,工程图学定能得到更加广泛的应用和发展。

项目一 制图的基本知识

【课程思政】

党的二十大报告提出，教育、科技、人才是全面建设社会主义现代化国家的基础性、战略性支撑。国家制图标准是土木工程的技术基础，所有工程人员必须严格遵守并执行。作为未来的优秀的工程师，除要有过硬的专业基础知识、高超的实践技能外，更要具有高尚的道德文化修养和思想品质。

任务一 制图工具和仪器的使用方法

正确掌握制图工具和仪器的使用方法，不仅能提高制图的质量，加快制图的速度，而且能够延长它们的使用期限。下面介绍一些在制图中常用工具和仪器的使用方法。

一、图板、丁字尺、三角板

（一）图板

如图 1-1 所示，图板用于固定图纸。作为绘图的垫板，图板板面应平整、光滑，尤其左边是图板的工作边，必须保持平直。图板有不同的规格，可根据需要选择。在图板上固定图纸应使用胶带纸，切勿使用图钉。

（二）丁字尺

丁字尺用于与图板配合画水平线。丁字尺由相互垂直的尺头和尺身构成。尺身上边缘带有刻度，是工作边，应保持平直、光滑。

使用丁字尺画水平线时，应使尺头内侧紧靠图板工作边，上下移动到画线处，从左向右画水平线，如图 1-2 所示。画线时，左手按住尺身，防止尺尾翘起和尺身摆动。画一组水平线时，要先下后上逐条画出。

切记：不得把丁字尺尺头靠在图板的非工作边画线，也不得用丁字尺尺身下边缘画线，如图 1-3 所示。

（三）三角板

一幅三角板有两块，如图 1-4 所示，其中 60°角三角板长直角边与 45°角三角板的斜边长度相等，这个长度 L 就是一幅三角板的规格尺寸。

三角板在使用前应确保各边平直光滑，各角完整准确。

三角板的作用主要有以下三个方面：

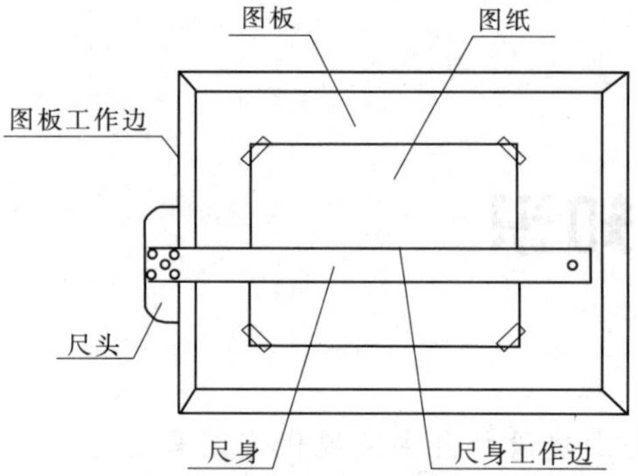

图 1-1 图板和丁字尺

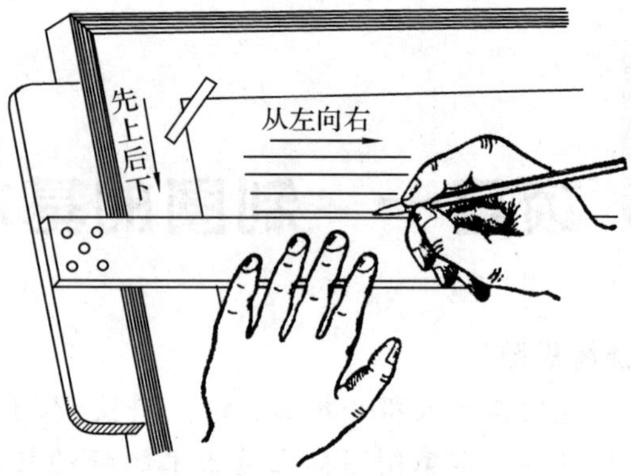

图 1-2 丁字尺画水平线

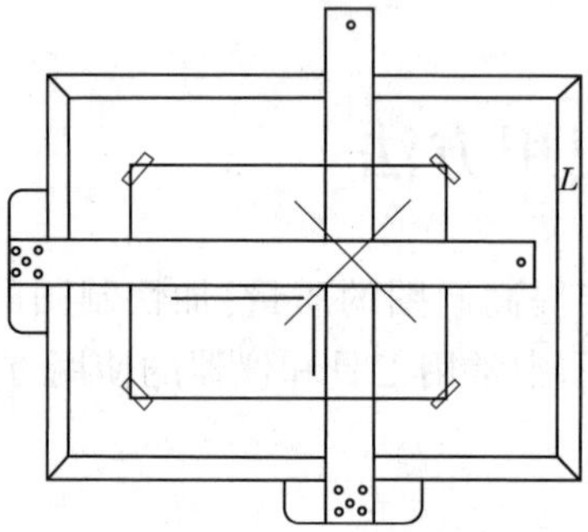

图 1-3 丁字尺的错误用法

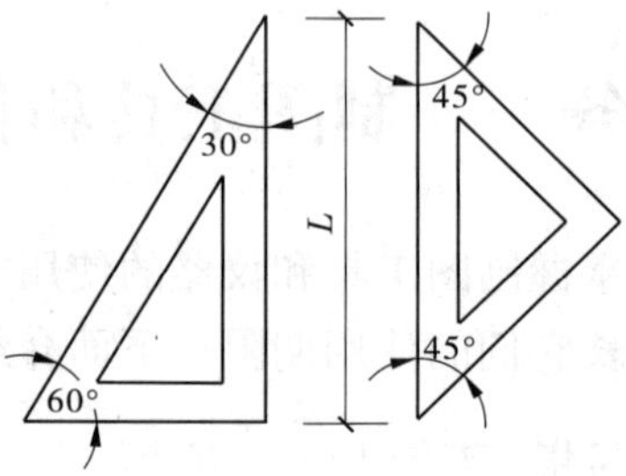

图 1-4 三角板

(1)三角板与丁字尺配合画铅垂线。画线时,将三角板一直角边紧靠丁字尺尺身工作边,另一直角边向着左方,左手按住三角板和丁字尺,右手握笔从下向上画线,如图1-5所示。画一组铅垂线时,应先左后右逐条画出。

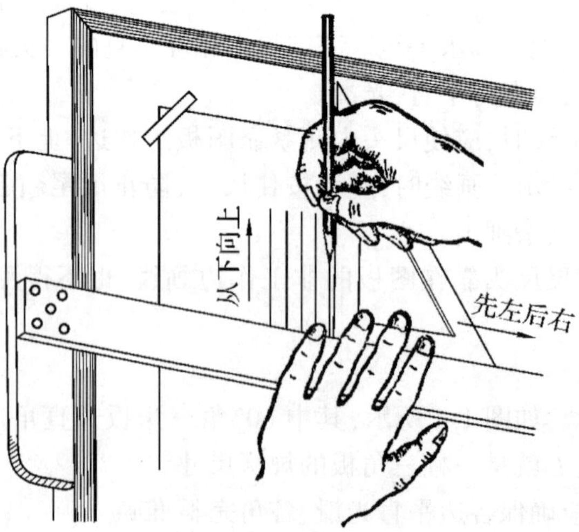

图 1-5 画铅垂线的方法

(2)三角板与丁字尺配合,画与水平线成15°整倍数角的斜线,如图1-6所示。

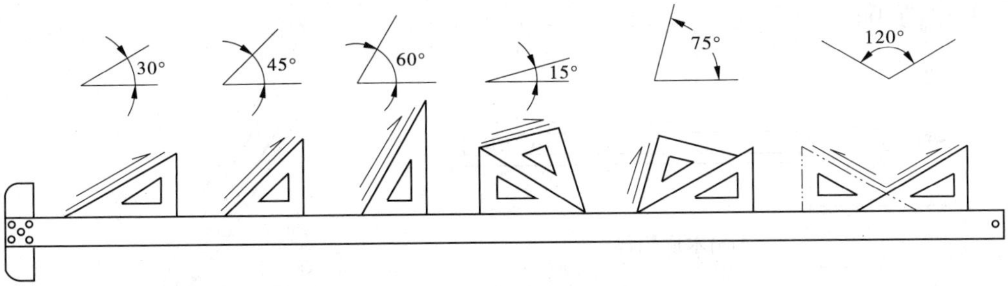

图1-6 三角板与丁字尺配合画与水平线成15°整倍数角的斜线

(3)两块三角板配合画任意直线的平行线或垂直线。画线时,其中一块三角板起定位作用,另一块三角板沿其定位边移动并画线,如图1-7所示。

二、铅笔

铅笔用于绘制底图、加深和注写。绘图铅笔有木质铅笔和活动铅笔两种,如图1-8所示。绘图铅笔的铅芯有软硬之分,用B和H表示。标号B、2B、…、6B的铅芯,数字越大表示铅芯越软,画出的图线颜色越黑;标号H、2H、…、6H的铅芯,数字越大表示铅芯越硬,画出的图线颜色越浅;标号HB的铅芯硬度适中。一般画底图时选用2H号或H号铅笔;加深图形时可用HB号、B号等铅笔。

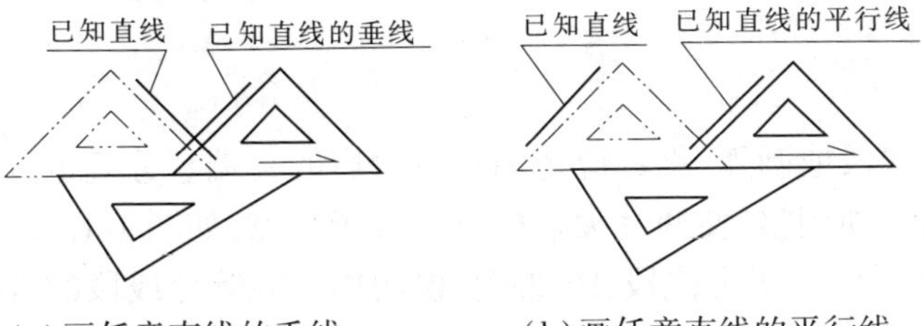

(a)画任意直线的垂线　　(b)画任意直线的平行线

图1-7 两块三角板配合使用

削木质铅笔时,铅笔尖应削成锥形,铅芯露出6~8 mm,注意保留有标号的一端,以便始终能识别其硬度,如图1-8(a)所示。

活动铅笔笔身为金属或塑料材质,笔尖口径一般有0.3 mm、0.5 mm、0.7 mm、0.9 mm等规格。每种口径的铅笔只能画一种粗细的图线。

使用铅笔绘图时,用力要均匀,握笔姿势为笔身与图纸面倾斜约60°,如图1-9所示。画长线时要一边画一边旋转铅笔,使线条保持粗细一致。

三、圆规和分规

(一)圆规

圆规用于画圆和圆弧。圆规一条腿上装有钢针,钢针的一端带有台肩;另一条腿可拆换:装上铅芯插脚可画铅笔圆,装上鸭嘴笔插脚可画墨线圆,装上钢针插脚可作分规使用,如图 1-10 所示。

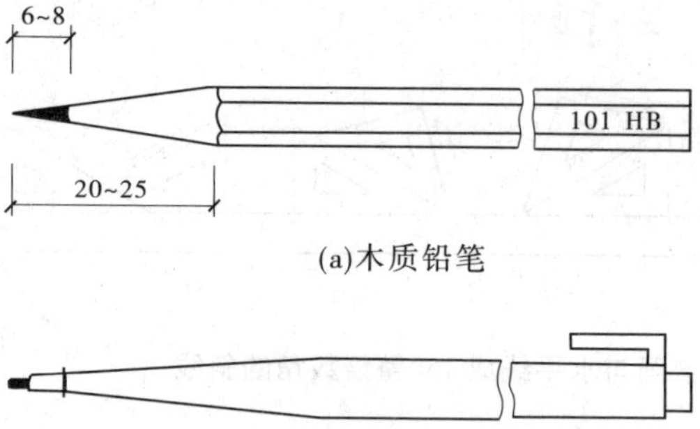

(a)木质铅笔

(b)活动铅笔

图 1-8　铅笔及其削磨

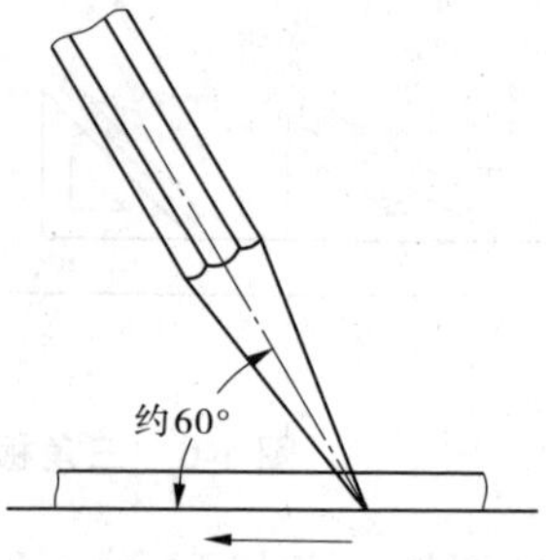

图 1-9　铅笔的使用

画圆之前必须调整圆规。钢针选用带台肩的一端,铅芯插脚的铅芯应比画直线的铅芯软一号,如画直线用 HB 铅笔,则圆规中宜用 B 号铅芯。铅芯露出圆规铅芯套外 6~8 mm,削磨成与水平方向成 65°的斜面,并使斜面向外。两腿合拢时铅芯与钢针的台肩平齐,如图 1-11 所示。

画圆时,调整铅芯与针尖的距离等于所画圆弧半径,将钢针尖导入圆心位置,右手转动手柄,顺时针旋转并略向前进的方向倾斜画圆。旋转时的速度、用力都要均匀,整个圆应一笔画完。

(二)分规

分规用于等分线段或圆弧,钢针应选用不带台肩的一端。分规也可用于量测距离。

分规在使用前必须调整,使两针尖合拢时会合于一点,如图 1-12 所示。

现以图 1-13 所示的三等分线段 *AB* 为例,说明用分规等分线段的方法。

先按目测估计,使两针尖间的距离调整到大约是 *AB* 的 1/3,进行试分:

(1)若图中的第三等分点恰巧落在 *B* 点上,则第一、二分点 1、2 即为准确的等分点。

(2)若第三等分点落在 *AB* 之内,如图 1-13 所示,则应将分规两针尖间的距离放大 3*B* 的 1/3 左右,再进行试分。

(3)若第三等分点 3 落在 *AB* 之外,则应将分规两针尖间的距离缩小 3*B* 的 1/3 左右,再进行试分。

通常用上述第(2)或第(3)所述的方法进行两三次试分,即可找到准确的等分点。

上述等分线段的方法也可用于等分圆弧。

用分规量测距离时,分规两针尖应位于所测距离两端点的中央,如图 1-14 所示。测量过程中,分规两腿应保持不动,否则将影响量测的精确性。

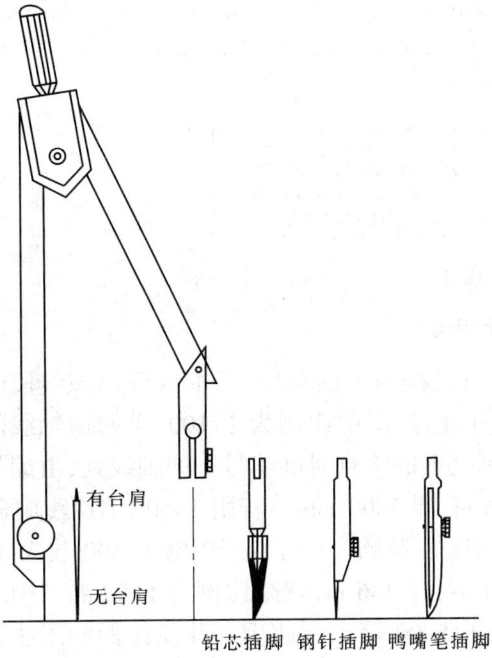

图 1-10 圆规

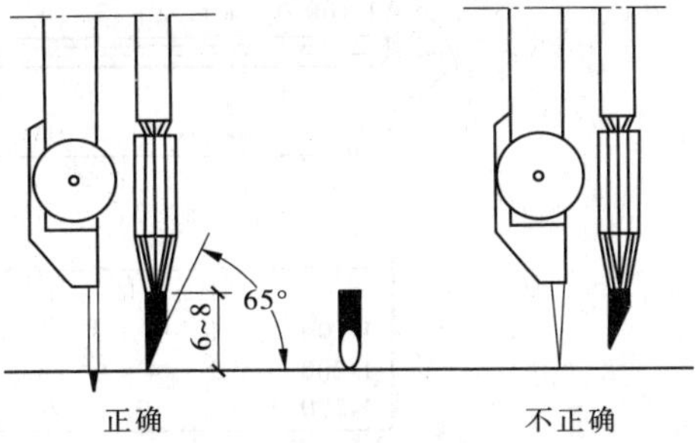

图 1-11 调整圆规

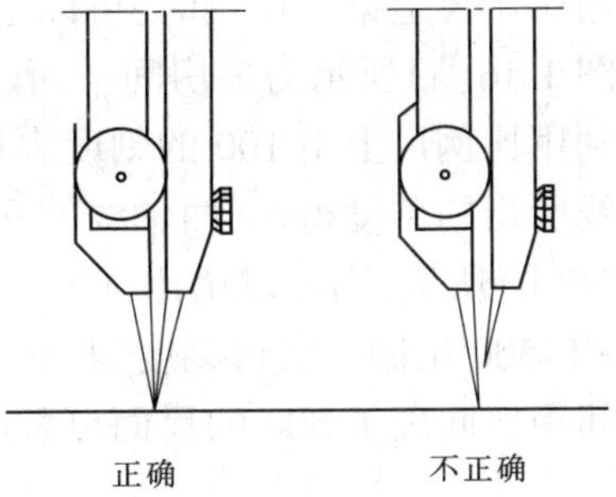

图 1-12 调整分规

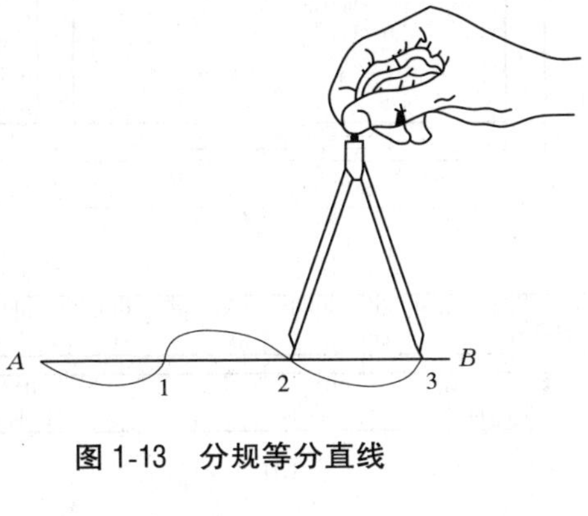

图 1-13 分规等分直线

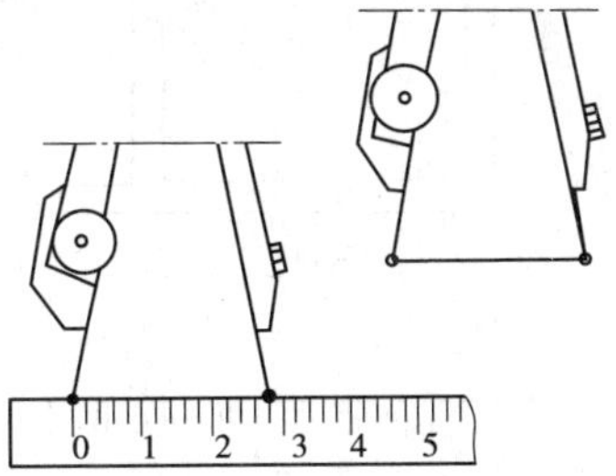

图 1-14 分规量测距离

四、比例尺

比例尺用于按比例量取尺寸。建筑物形体庞大，必须按一定比例缩小才能画到图纸上，用比例尺可直接量出图上线段的实际长度。

常见比例尺的形状有两种：一种为三棱柱状，又称为三棱尺，如图 1-15(a)所示。三棱尺三个面上有六种刻度，分别表示 1∶100、1∶200、1∶300、1∶400、1∶500、1∶600 六种比例。另一种为直尺形状，又叫比例直尺，如图 1-15(b)所示，它只有一行刻度和三行数字，表示 1∶100、1∶200、1∶500 三种比例。比例尺上的数字以米为单位。

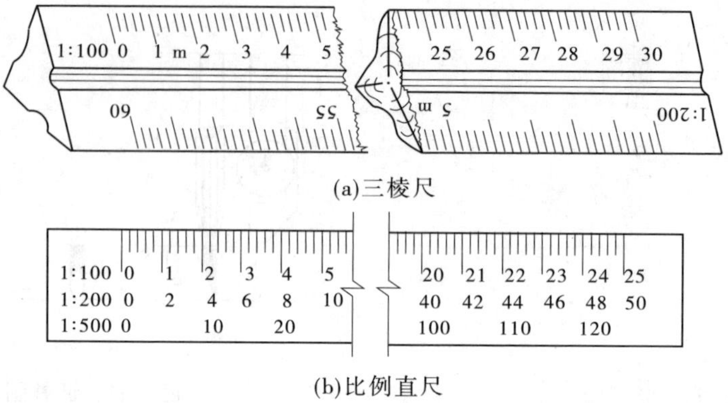

图 1-15　比例尺

使用比例尺上某一比例时,可以不用计算,直接按照尺面刻度,量取或读出该线段的长度。图 1-16(a)所示为某房间平面图的一部分,已知图中比例为 1:100,求两墙轴线间距离。利用比例尺上 1:100 的刻度去量测:将刻度上的零点对准编号①的轴线处,由编号②的轴线所指的刻度得知,两轴线的间距为 3.6 m,即 3600 mm。若用 1:50 的比例画图,如图 1-16(b)所示,则可以用比例尺 1:500 的刻度去量测。由于 1:50 比 1:500 放大 10 倍,则将 1:500 比例尺所得刻度 36.0 m 缩小 10 倍,即 3.6 m,就是比例为 1:50 的图中两轴线的间距。同理 1:500 的尺面也可用于 1:5、1:5000 等比例使用。其他比例的用法依此类推。

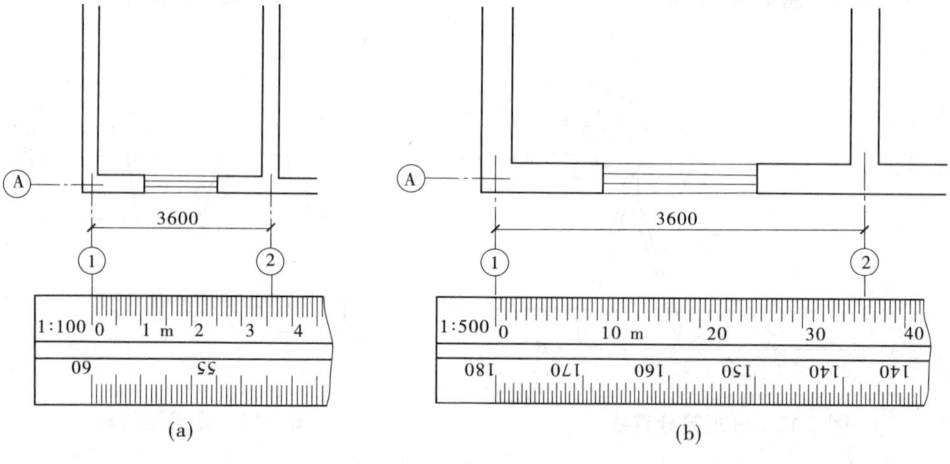

图 1-16　比例尺的使用

任务二　制图的基本标准

工程图样是工程施工、生产、管理等环节最重要的技术文件。为了使工程图样规格统一,便于生产和技术交流,要求绘制工程图样必须遵守统一的规定,这个统一的规定就是制图标准。制图标准有国家颁布实施的、

码 1-1　微课-制图标准

适用于全国范围内的国家制图标准,简称国标;也有使用范围较小的"部颁标准"及地方性的地区标准。

本书主要采用国家颁布的有关建筑制图的国家标准六种,包括总纲性质的《房屋建筑制图统一标准》(GB/T 50001—2017)和专业部分的《总图制图标准》(GB/T 50103—2010)、《建筑制图标准》(GB/T 50104—2010)等。

国家制图标准是所有工程人员必须严格遵守并执行的国家法令。我们从学习制图的第一天起,就应该严格遵守国标中每一项规定。

国家制图标准规定的内容很多,本任务主要介绍几项基本制图标准。

码 1-2 微课-图框、标题栏

一、图纸幅面、图框及标题栏

(一)图纸幅面与图框

图纸幅面指图纸本身的大小规格。图框是图纸上供绘图所用范围的边线,用粗实线绘制。图纸幅面及图框尺寸必须符合国标的规定,见表 1-1。

表 1-1 幅面及图框尺寸 单位:mm

尺寸代号	幅面代号				
	A0	A1	A2	A3	A4
$b \times l$	841×1189	594×841	420×594	297×420	210×297
c	10			5	
a	25				

注:表中 b 为幅面短边尺寸,l 为幅面长边尺寸,c 为图框线与幅面线间宽度,a 为图框线与装订边间宽度。

从表 1-1 中可以看出,A1 幅面是 A0 幅面的对开,A2 幅面是 A1 幅面的对开,其余类推。同一项工程的图纸,尽量采用相同的幅面。以短边作垂直边的图纸称为横式幅面,如图 1-17~图 1-19 所示;以短边作水平边的称为立式幅面,如图 1-20~图 1-22 所示。一般 A0~A3 图纸宜采用横式幅面。

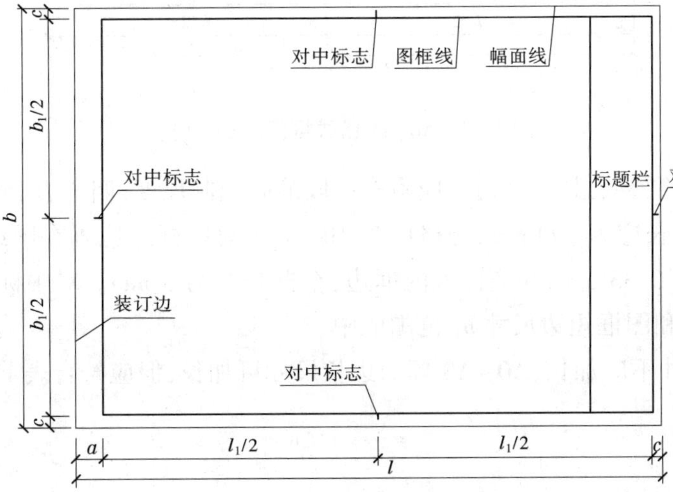

图 1-17 A0~A3 横式幅面(一)

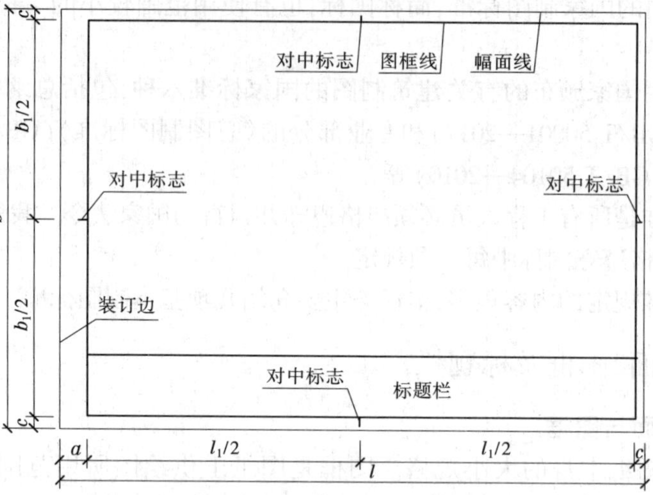

图 1-18 A0~A3 横式幅面(二)

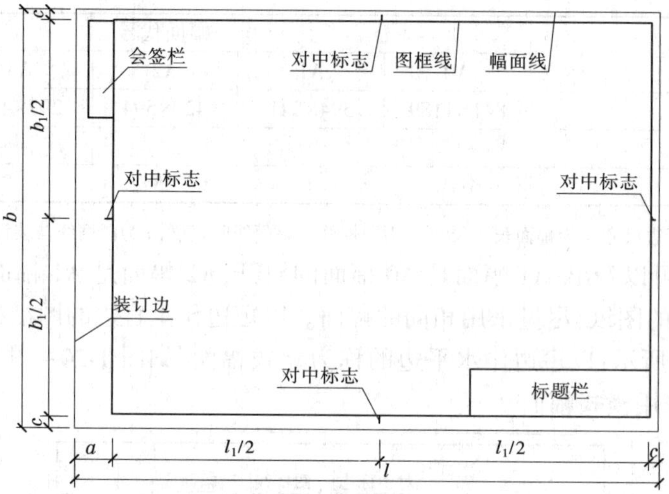

图 1-19 A0、A1 横式幅面(三)

需要微缩复制的图纸,其一个边上应附有一段准确米制尺度,四个边上均应附有对中标志,米制尺度的总长应为 100 mm,分格应为 10 mm。对中标志应画在图纸内框各边长的中点处,线宽应为 0.35 mm,并应伸入内框边,在框外应为 5 mm。对中标志的线段,应于图框长边尺寸 l_1 和图框短边尺寸 b_1 范围取中。

图纸的短边尺寸不应加长,A0~A3 幅面边长尺寸可加长,但应符合表 1-2 的规定。

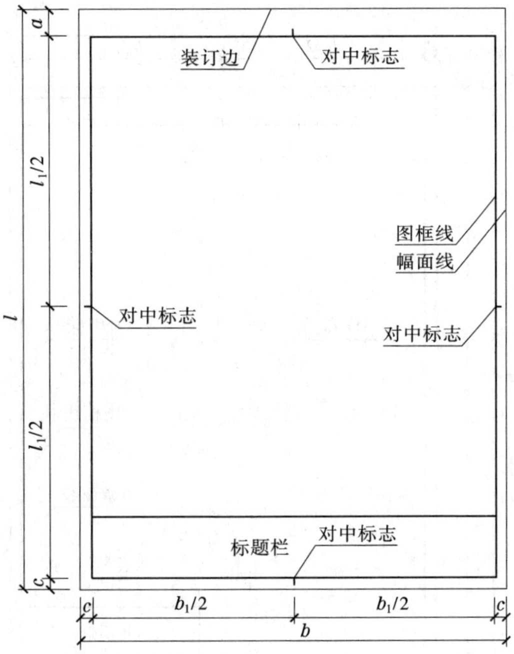

图 1-20 A0～A4 立式幅面(一)

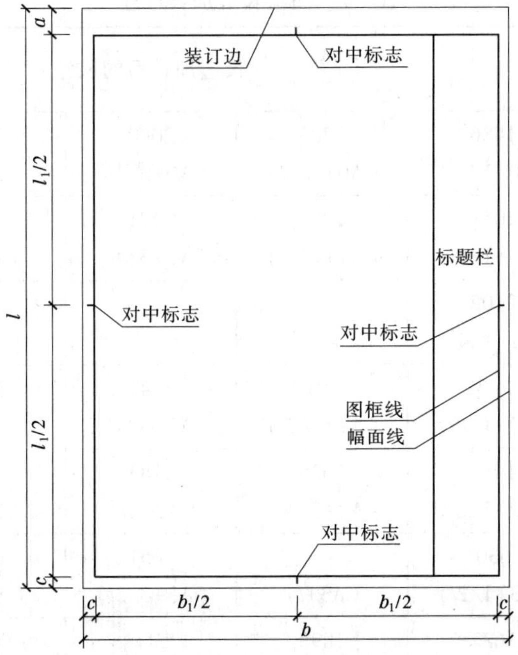

图 1-21 A0～A4 立式幅面(二)

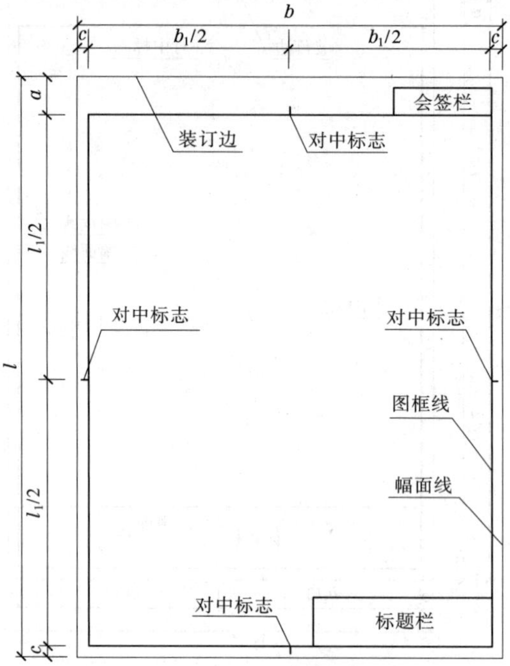

图 1-22　A0～A4 立式幅面(三)

表 1-2　图纸长边加长尺寸

单位:mm

幅面代号	长边尺寸	长边加长后的尺寸				
A0	1189	1486 (A0+1/4l)	1783 (A0+1/2l)	2080 (A0+3/4l)	2378 (A0+l)	
A1	841	1051 (A1+1/4l)	1261 (A1+1/2l)	1471 (A1+3/4l)	1682 (A1+l)	1892 (A1+5/4l)
		2102 (A1+1/4l)				
A2	594	743 (A2+1/4l)	891 (A2+1/2l)	1041 (A2+3/4l)	1189 (A2+l)	1138 (A2+5/4l)
		1486 (A2+3/2l)	1635 (A2+7/4l)	1783 (A2+2l)	1932 (A2+9/4l)	2080 (A2+5/2l)
A3	420	630 (A3+1/2l)	841 (A3+l)	1051 (A3+3/2l)	1261 (A3+2l)	1471 (A3+5/2l)
		1682 (A3+3l)	1892 (A3+7/2l)			

注:有特殊需要的图纸,可采用 $b \times l$ 为 841 mm×891 mm 与 1189 mm×1261 mm 的幅面。

图纸以短边作为垂直边应为横式，以短边作为水平边应为立式。A0～A3 图纸宜横式使用；必要时，也可以立式使用。

一个工程设计中，每个专业所使用的图纸，不宜多于两种幅面，不含目录及表格所采用的 A4 幅面。

(二)标题栏

工程图样应有工程名称，设计单位名称，图名，图号，设计号以及设计人、绘图人、审核人等的签名和日期等，把这些内容集中列表放在图纸的右下角，称为图纸标题栏，简称图标。

图纸的标题栏及装订边的位置，应符合下列规定：

(1)横式使用的图纸，应按图 1-17、图 1-18 或图 1-19 规定的形式布置；

(2)立式使用的图纸，应按图 1-20、图 1-21 或图 1-22 规定的形式进行布置。

会签栏是为各工种负责人签字用的表格，放置于图纸装订边的上端或右端。

应根据工程的需要选择确定标题栏、会签栏的尺寸、格式及分区。当采用图 1-17、图 1-18、图 1-20 及图 1-21 布置时，标题栏应按图 1-23、图 1-24 所示布局；当采用图 1-19 及图 1-22 布置时，标题栏、会签栏应按图 1-25、图 1-26 及图 1-27 所示布局。会签栏应包括实名列和签名列，并应符合下列规定：

(1)涉外工程的标题栏内，各项主要内容的中文下方应附有译文，设计单位的上方或左方，应加“中华人民共和国”字样；

(2)在计算机辅助制图文件中使用电子签名与认证时，应符合《中华人民共和国电子签名法》的有关规定；

(3)当由两个以上的设计单位合作设计同一个工程时，设计单位名称区可依次列出设计单位名称。

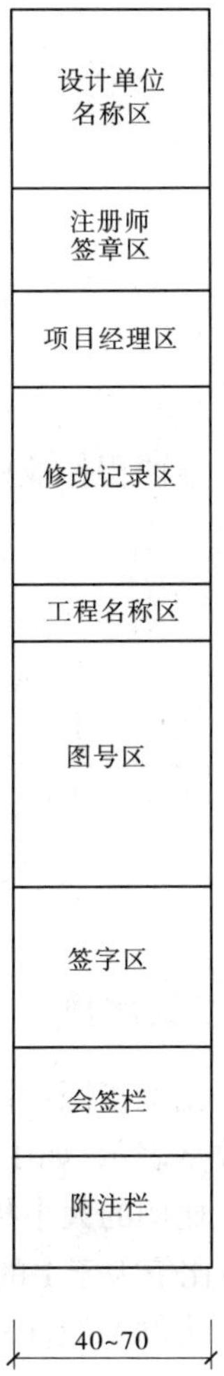

图 1-23　标题栏(一)

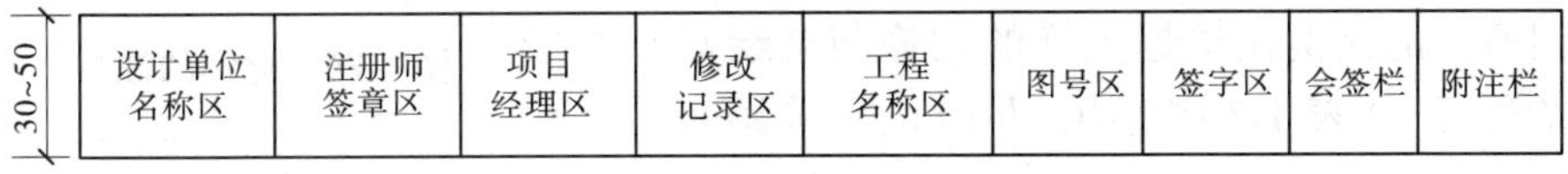

图 1-24　标题栏(二)

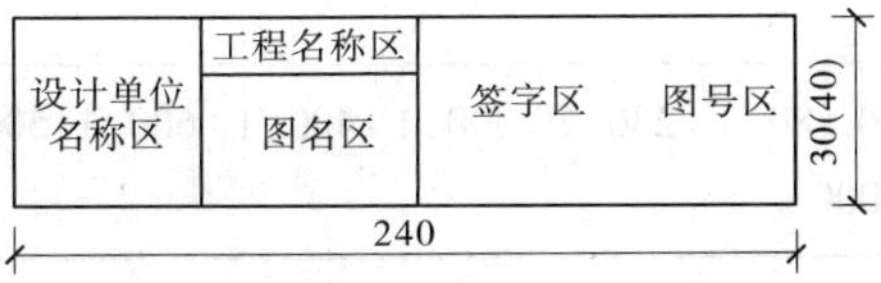

图 1-25　标题栏(三)

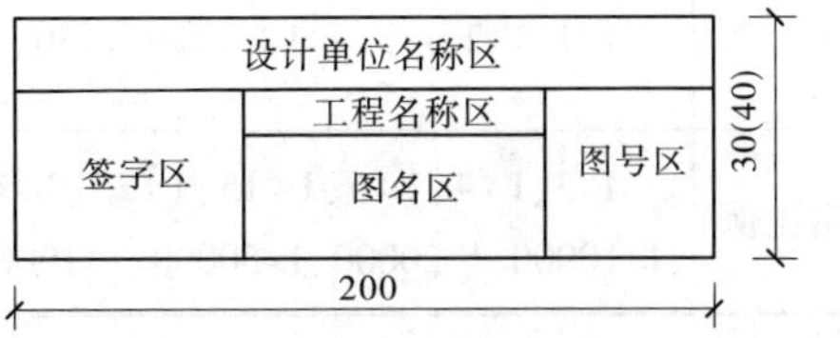

图 1-26　标题栏(四)

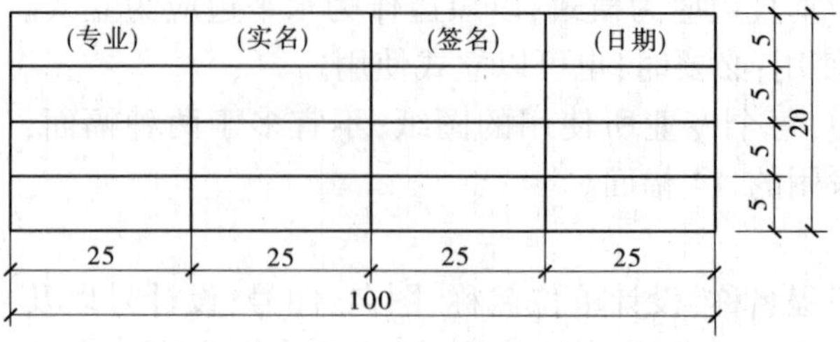

图 1-27 标题栏(五)

本课程作业中建议采用图 1-28 所示的标题栏。

图 1-28 作业用标题栏

二、比例

比例指图中图形与其实物相应要素的线性尺寸之比。比例符号为“:”,比例以阿拉伯数字表示,如 1:1、1:500、20:1等。

比例的大小指比值的大小,如 1:50 大于 1:100。比值为 1 的比例称为原值比值,即 1:1;比值大于 1 的比例称为放大比例,如 2:1等;比值小于 1 的比例称为缩小比例,如 1:2等。

比例一般注写在标题栏内。必要时,也可注写在视图名称的下方或右侧,如图 1-29 所示。

一个图样一般选用一种比例。根据专业制图的需要,同一图样也可选用两种比例。

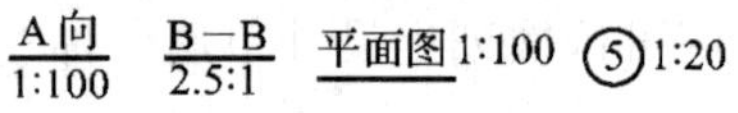

图 1-29 比例的注写

绘图所用的比例应根据图样的用途与被绘对象的复杂程度,从表 1-3 中选用,并应优先采用表中常用比例。

表 1-3 绘图所用的比例

常用比例	1:1、1:2、1:5、1:10、1:20、1:30、1:50、1:100、1:150、1:200、1:500、1:1000、1:2000
可用比例	1:3、1:4、1:6、1:15、1:25、1:40、1:60、1:80、1:250、1:300、1:400、1:600、1:5000、1:10000、1:20000、1:50000、1:100000、1:200000

三、字体

工程图样中除图线外，还要用到字体。字体包括文字、符号和数字。国标规定了字体的结构形式及基本尺寸，要求书写字体必须做到：笔画清晰、字体端正、排列整齐；标点符号应清楚正确。

文字的字高应从表 1-4 中选用。字高大于 10 mm 的文字宜采用 True type 字体，如需书写更大的字，其高度应按$\sqrt{2}$的倍数递增。

表 1-4 文字的字高 单位：mm

字体种类	汉字矢量字体	True type 字体及非汉字矢量字体
字高	3.5、5、7、10、14、20	3、4、6、8、10、14、20

（一）汉字

图样及说明中的汉字，宜优先采用 True type 字体中的宋体字型，采用矢量字体时应为长仿宋体字型。同一图纸字体种类不应超过两种。矢量字体的宽高比宜为 0.7，且应符合表 1-5 的规定，打印线宽宜为 0.25～0.35 mm；True type 字体宽高比宜为 1。大标题、图册封面、地形图等的汉字，也可书写成其他字体，但应易于辨认，其宽高比宜为 1。

表 1-5 长仿宋字高宽关系 单位：mm

字高	3.5	5	7	10	14	20
字宽	2.5	3.5	5	7	10	14

汉字的简化书写应符合国家有关汉字简化方案的规定。长仿宋体字书写示例如图 1-30 所示。

一	二	三	四	五	六	七	八	九	十	上	下	左	右
工	业	民	用	建	筑	房	屋	平	立	剖	面	详	图
结	构	施	说	明	比	例	尺	寸	长	宽	高	厚	度
砖	瓦	木	石	砂	浆	钢	筋	混	凝	土	截	校	核
楼	梯	门	窗	基	础	楼	板	梁	柱	墙	浴	地	层

图 1-30 长仿宋体字书写示例

从字例可以看出,长仿宋体字有以下特点:

(1)横平竖直。横笔基本要平,可稍微向上倾斜一点。竖笔要直。笔画要刚劲有力。

(2)起落分明。横竖的起笔、收笔,撇的起笔,钩的转角等,都要顿一下笔,形成小三角。几种基本笔画的写法如表1-6所示。

(3)笔锋满格。上下左右笔锋要尽可能靠近字格。

(4)布局均匀。笔画布局要均匀紧凑。

想写好长仿宋体字,应抓住其特点,平时多看、多摹、多写,持之以恒,自然熟能生巧。初学时,要按字号打字格书写。

表1-6　长仿宋字的基本笔画

名称	横	竖	撇	捺	挑	点	钩
形状	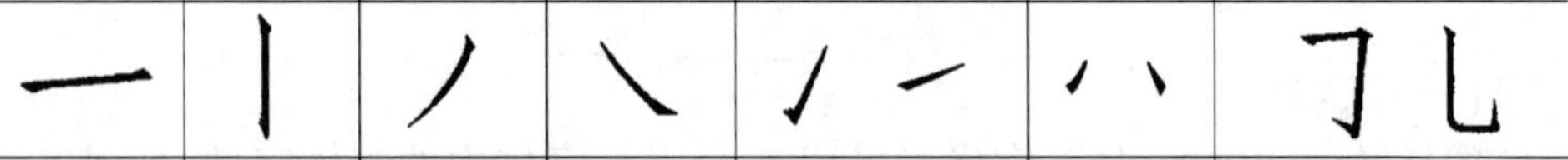						
笔法	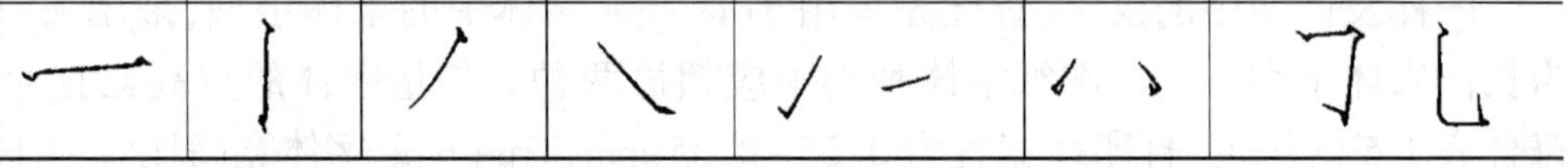						

(二)字母和数字

图样及说明中的字母、数字,宜优先采用True type字体中的Roman字型,书写规则应符合表1-7的规定。

表1-7　字母及数字的书写规则

书写格式	字体	窄字体
大写字母高度	h	h
小写字母高度(上下均无延伸)	$7/10h$	$10/14h$
小写字母伸出的头部或尾部	$3/10h$	$4/14h$
笔画宽度	$1/10h$	$1/14h$
字母间距	$2/10h$	$2/14h$
上下行基准线的最小间距	$15/10h$	$21/14h$
词间距	$6/10h$	$6/14h$

工程图中的字母和数字字体示例如图1-31、图1-32所示。

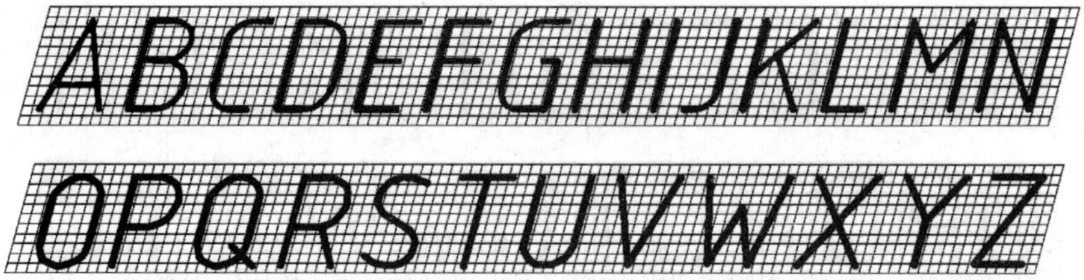

大写斜体拉丁字母

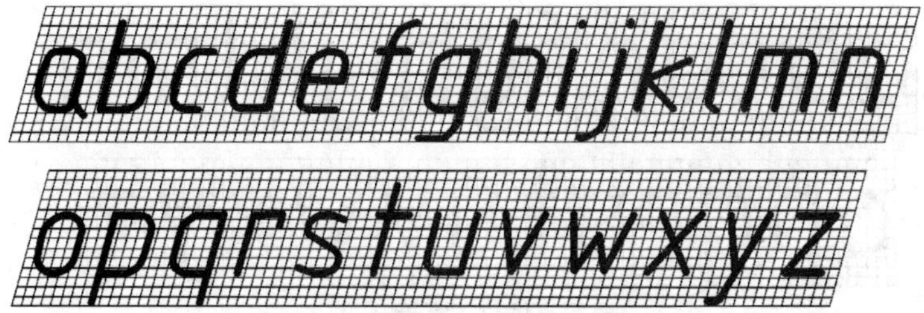

小写斜体拉丁字母

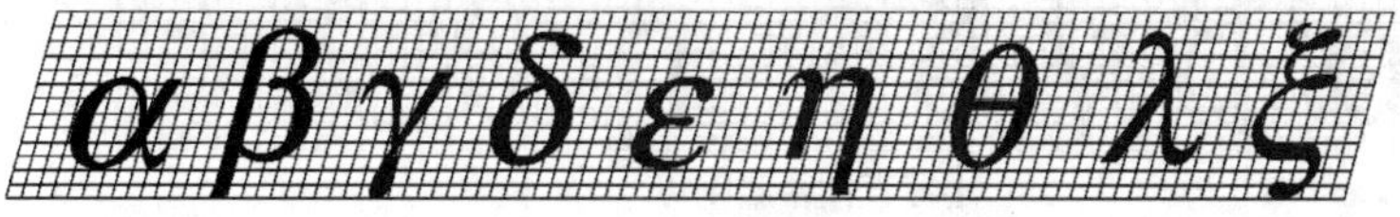

小写斜体希腊字母

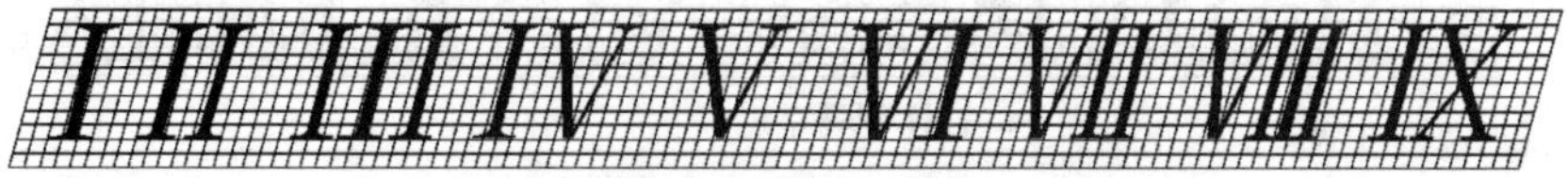

斜体罗马字母

斜体阿拉伯数字

图 1-31　斜体字母和数字字体示例

字母及数字，当需写成斜体字时，其斜度应是从字的底线逆时针向上倾斜 75°。斜体字的高度和宽度应与相应的直体字相等。

字母及数字的字高不应小于 2.5 mm。

数量的数值注写应采用正体阿拉伯数字。各种计量单位凡前面有量值的，均应采用国家颁布的单位符号注写。单位符号应采用正体字母。

分数、百分数和比例数的注写应采用阿拉伯数字和数字符号。

当注写的数字小于 1 时，应写出个位的“0”，小数点应采用圆点，齐基准线书写。

长仿宋汉字、字母、数字应符合现行国家标准《技术制图　字体》(GB/T 14691)的有关规定。

大写直体拉丁字母

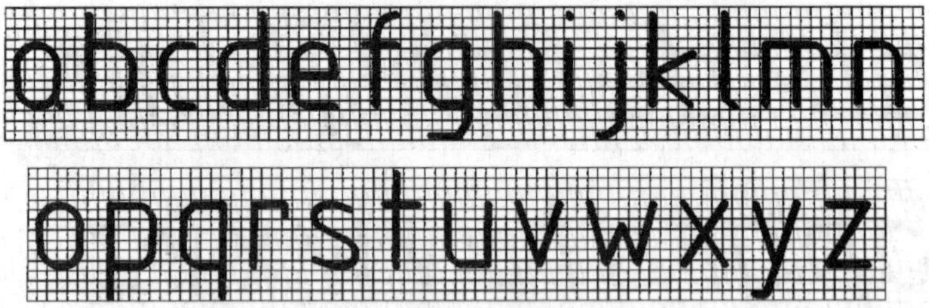

小写直体拉丁字母

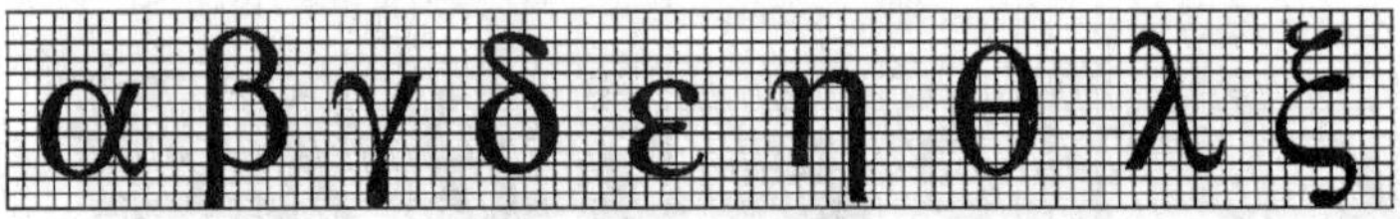

小写直体希腊字母

直体罗马字母

直体阿拉伯数字

图 1-32　直体字母和数字字体示例

四、图线

为了表达工程图样中的不同内容,并且能够分清主次,必须使用不同的线型和不同粗细的图线。国标对图线的线宽、线型、画法均作了明确规定。

(一)线宽

图线的宽度 b 应根据图样的复杂程度和比例,并按现行国家标准《房屋建筑制图统一标准》(GB/T 50001—2017)的有关规定选用(见图 1-33～图 1-35)。绘制较简单的图样时,可采用两种线宽的线宽组,其线宽比宜为 b∶0. 25b。

(二)线型

建筑专业、室内设计专业制图采用的各种图线应符合表 1-8 的规定。

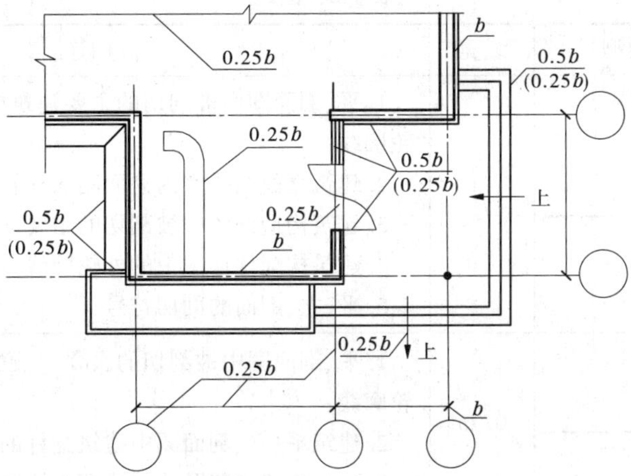

图 1-33 平面图图线宽度选用示例

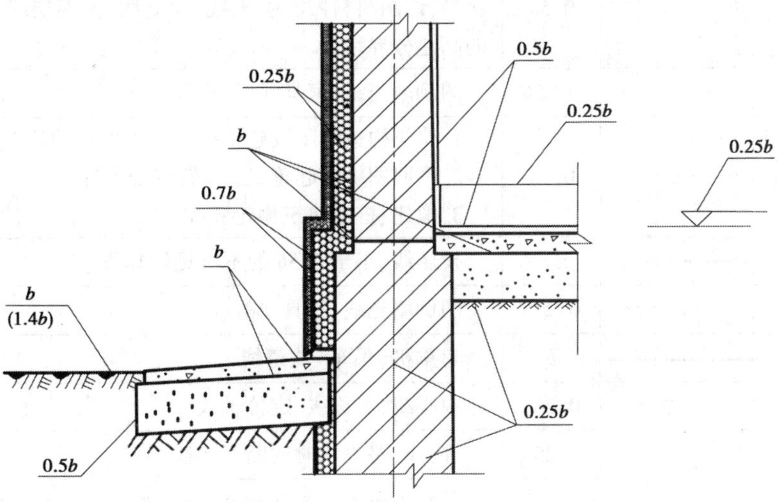

图 1-34 墙身剖面图图线宽度选用示例

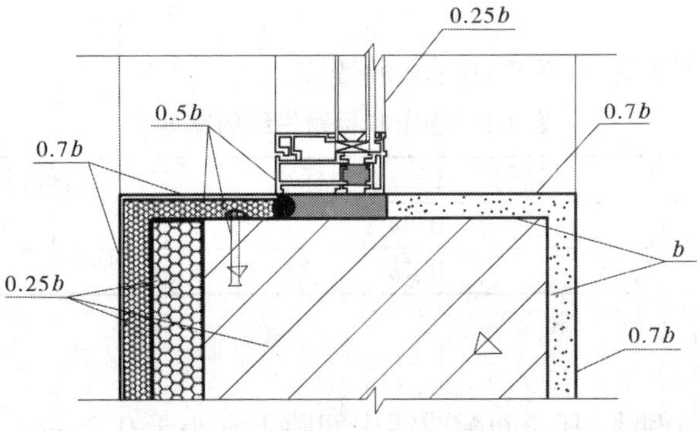

图 1-35 详图图线宽度选用示例

表 1-8 图线

名称		线型	线宽	用途
实线	粗	————	b	1. 平、剖面图中被剖切的主要建筑构造(包括构配件)的轮廓线； 2. 建筑立面图或室内立面图的外轮廓线； 3. 建筑构造详图中被剖切的主要部分的轮廓线； 4. 建筑构配件详图中的外轮廓线； 5. 平、立、剖面的剖切符号
	中粗	————	$0.7b$	1. 平、剖面图中被剖切的次要建筑构造(包括构配件)的轮廓线； 2. 建筑平、立、剖面图中建筑配件的轮廓线； 3. 建筑构造详图及建筑构配件详图中的一般轮廓线
	中	————	$0.5b$	小于 $0.7b$ 的图形线、尺寸线、尺寸界线、索引符号、标高符号，详图材料做法引出线、粉刷线、保温层线，地面、墙面的高差分界线等
	细	————	$0.25b$	图例填充线、家具线、纹样线等
虚线	中粗	------------	$0.7b$	1. 建筑构造详图及建筑构配件不可见的轮廓线； 2. 平面图中的起重机(吊车)轮廓线； 3. 拟建、扩建建筑物轮廓线
	中	------------	$0.5b$	投影线、小于 $0.5b$ 的不可见轮廓线
	细	------------	$0.25b$	图例填充线、家具线等
单点长画线	粗	——·——	b	超重机(吊车)轨道线
	细	——·——	$0.25b$	中心线、对称线、定位轴线
折断线	细		$0.25b$	部分省略表示时的断开界线
波浪线	细		$0.25b$	部分省略表示时的断开界线，曲线形构间断开界线，构造层次的断开界线

注：地平线宽可用 $1.4b$。

图纸的图框和标题栏线可采用表 1-9 的线宽。

表 1-9 图框和标题栏线的宽度

幅面代号	图框线	标题栏外框线对中标志	标题栏分格线幅面线
A0、A1	b	$0.5b$	$0.25b$
A2、A3、A4	b	$0.7b$	$0.35b$

(三)图线的画法

(1)相互平行的图例线，其净间隙或线中间隙不宜小于 0.2 mm。

(2)虚线、单点长画线或双点长画线的线段长度和间隔，宜各自相等。

(3)单点长画线或双点长画线，当在较小图形中绘制有困难时，可用实线代替，如

图 1-36 所示。

(4)单点长画线或双点长画线的两端,不应采用点。点画线与点画线交接或点画线与其他图线交接时,应采用线段交接。

(5)虚线与虚线交接或虚线与其他图线交接时,应采用线段交接。虚线为实线的延长线时,不得与实线相接,如图 1-37 所示。

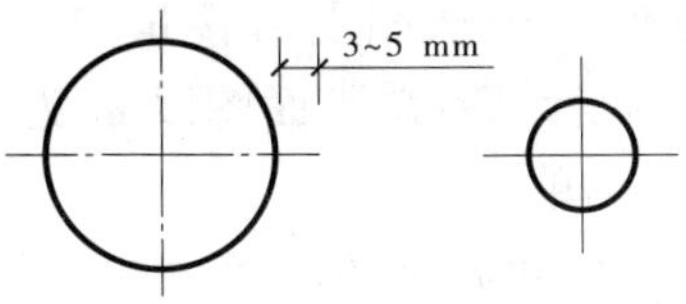

图 1-36　点画线画法示例

(6)图线不得与文字、数字或符号重叠、混淆,不可避免时,应首先保证文字的清晰。

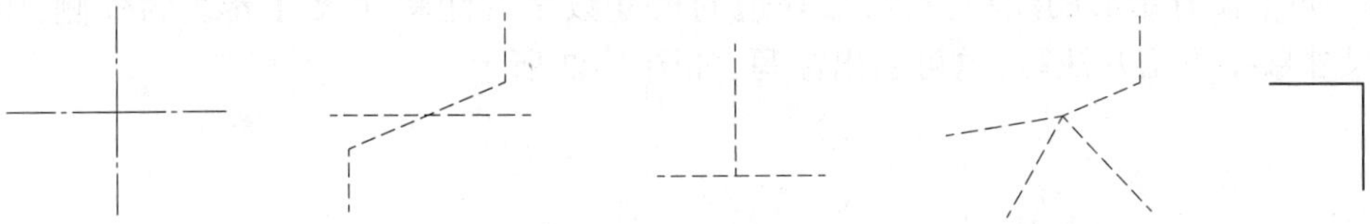

图 1-37　图线相交

五、尺寸注法

工程图样除画出建筑物及其各部分的形状外,还必须正确、详尽和清晰地标注尺寸,以确定其大小,作为施工时的依据。

(一)尺寸的组成

完整的尺寸包括尺寸界线、尺寸线、尺寸起止符号和尺寸数字,如图 1-38 所示。

码 1-3　微课-尺寸标注

(1)尺寸界线。尺寸界线用细实线绘制,一般与被注长度垂直,一端离开图样轮廓线不小于 2 mm,另一端宜超出尺寸线 2 ~ 3 mm,如图 1-39 所示。必要时,图样轮廓线可用作尺寸界线,如图 1-39 中的尺寸 40。

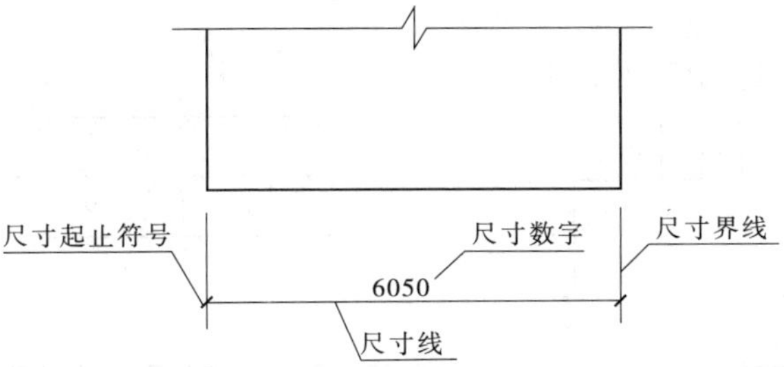

图 1-38　尺寸的组成

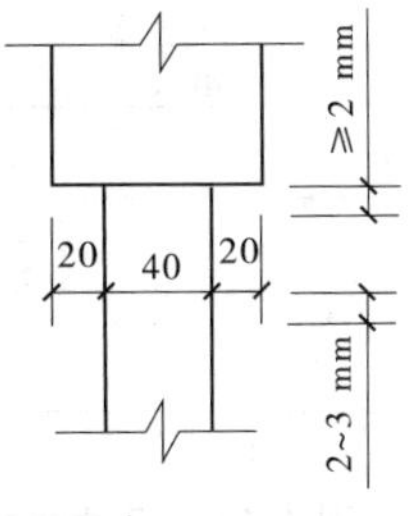

图 1-39　尺寸界线

(2)尺寸线。尺寸线用细实线绘制,应与被注长度平行,且不宜超出尺寸界线。任何图线均不得用作尺寸线。

(3)尺寸起止符号。尺寸起止符号一般用中粗斜短线绘制,其倾斜方向与尺寸界线成顺时针 45°角,长度宜为 2~3 mm,如图 1-40(a)所示。

半径、直径、角度与弧长的尺寸起止符号用箭头表示,如图 1-40(b)所示。

(4)尺寸数字。图样上的尺寸应以尺寸数字为准,不得从图上直接量取。图样上的尺寸单位,除标高及总平面图以 m 为单位外,其他均以 mm 为单位。

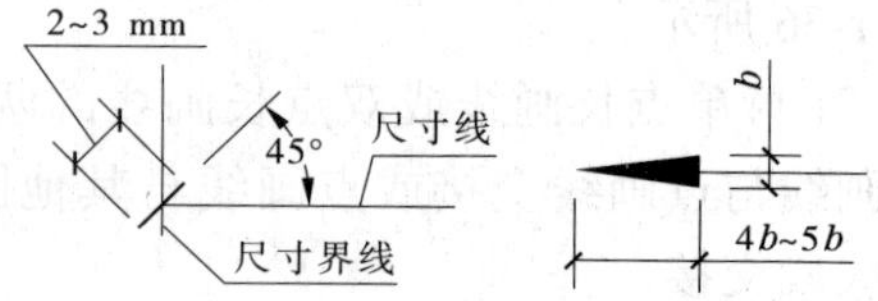

(a)45°倾斜短线　(b)箭头

图 1-40　尺寸起止符号

尺寸数字的注写方向应按图 1-41(a)所示的规定注写。若尺寸数字在 30°斜线区内,也可按图 1-41(b)所示的形式注写。

尺寸数字依据其注写方向应注写在靠近尺寸线的上方中部,离开尺寸线不大于 1 mm。如果没有足够的注写位置,最外边的尺寸数字可注写在尺寸界线的外侧,中间相邻的尺寸数字可错开注写,也可引出注写,如图 1-42 所示。

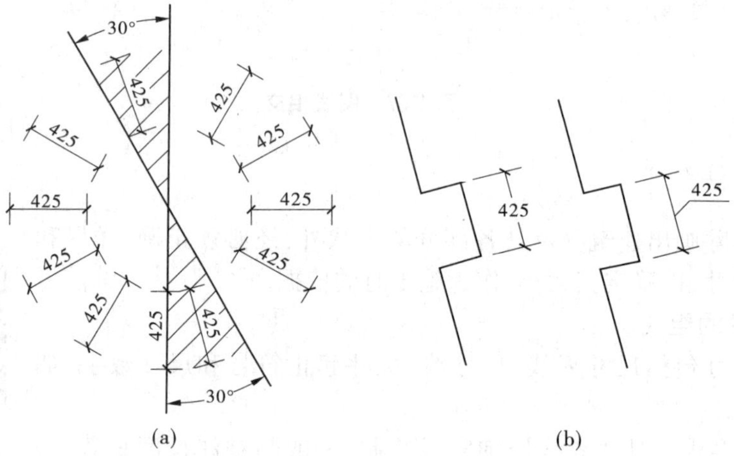

图 1-41　尺寸数字的注写方向

尺寸数字不得被任何图线穿过,不可避免时,应断开图线,如图 1-43 所示。

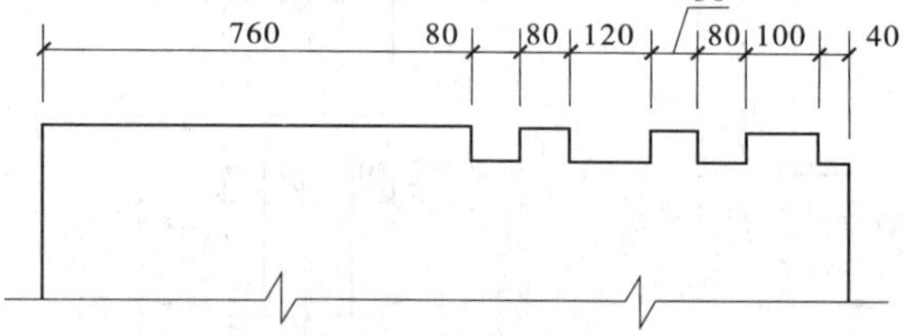

图 1-42　尺寸数字的注写位置

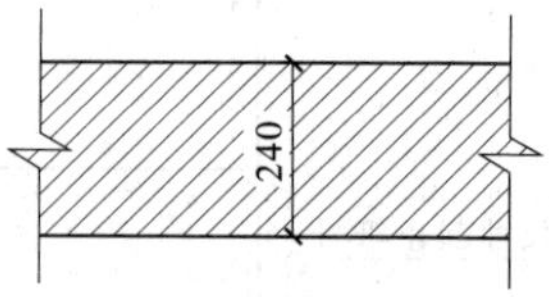

图 1-43　尺寸数字处图线应断开

(二)尺寸的排列与布置

如图 1-44 所示,尺寸的排列与布置应注意以下几点:

(1)尺寸宜标注在图样轮廓线以外,不宜与图线、文字及符号等相交。

(2)互相平行的尺寸线,应从被注的图样轮廓线由近向远整齐排列,小尺寸在里,大尺寸在外。

(3)图样轮廓线以外的尺寸线,距图样最外轮廓线之间的距离,不宜小于 10 mm。平行排列的尺寸线间距宜为 7~10 mm,并应保持一致。

(三)尺寸标注的其他规定

(1)半径、直径、球的尺寸标注。小于或等于半圆的圆弧,应标注半径尺寸。半径的尺寸线一端从圆心开始,一端画箭头指至圆弧,并在半径数字前加注半径符号“*R*”,如图 1-45 所示。较小圆弧的半径和较大圆弧的半径的标注方法如图 1-46 所示。

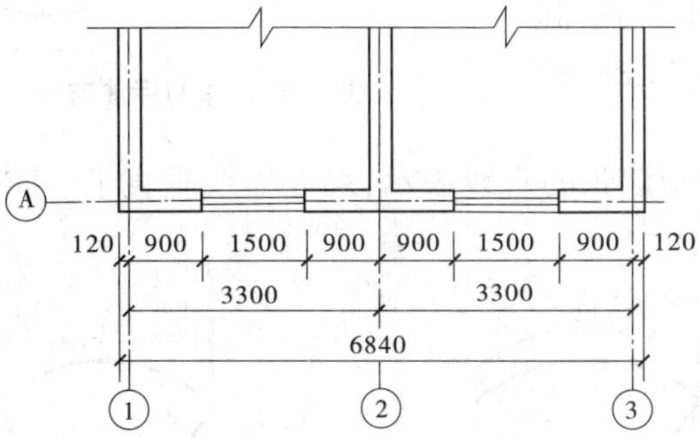

图 1-44 尺寸的排列

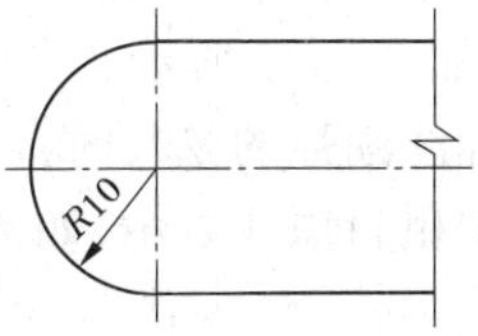

图 1-45 半径标注方法

(a)小圆弧半径的标注

(b)大圆弧半径的标注

图 1-46 较小圆弧和较大圆弧的半径标注方法

大于半圆的圆弧和整圆应标注直径尺寸。如图 1-47 所示,标注圆的直径时,直径尺寸数字前应加注直径符号“ϕ”。在圆内标注的直径尺寸线应通过圆心,两端画箭头指至圆弧。较小圆的直径尺寸标注方法如图 1-48 所示。

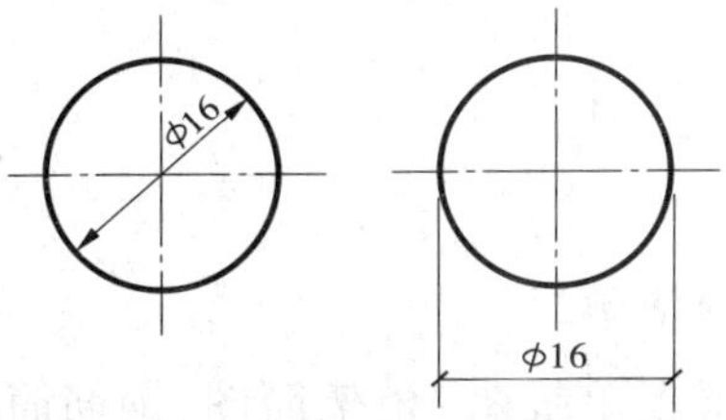

图 1-47 圆直径标注方法

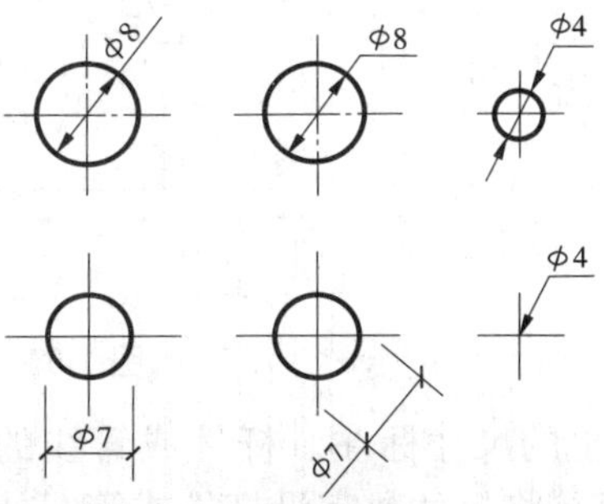

图 1-48 小圆直径的标注方法

标注球的半径尺寸时,应在尺寸数字前加注符号“*SR*”;标注球的直径尺寸时,应在尺寸数字前加注符号“$S\phi$”。标注方法与圆弧半径和圆直径的尺寸标注相同,如图 1-49 所示。

(2)角度、弧长、弦长的标注。如图 1-50 所示,角度的尺寸线以圆弧线表示,圆弧的圆心为角顶点,尺寸界线为角的两个边,起止符号以箭头表示,若没有足够位置画箭头,可用圆点代替,角度数字应水平注写。

标注圆弧的弧长时,尺寸线以与该圆弧同心的圆弧线表示,尺寸界线垂直于该圆弧的弦,起止符号以箭头表示,弧长数字的上方应加注圆弧符号,如图1-51所示。

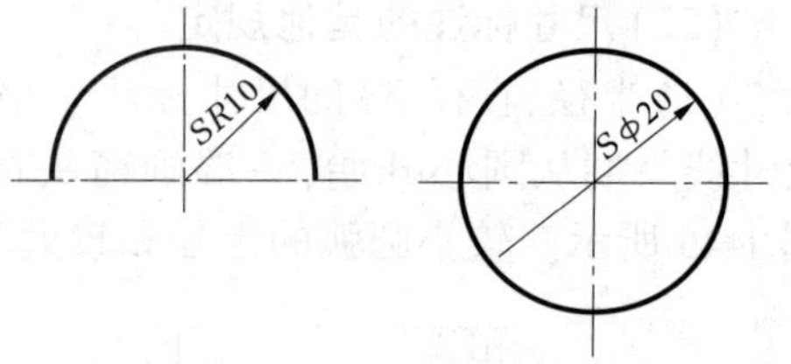

图1-49 球的标注方法

标注圆弧的弦长时,尺寸线以平行于该弦的直线表示,尺寸界线垂直于该弦,起止符号以中粗斜短线表示,如图1-52所示。

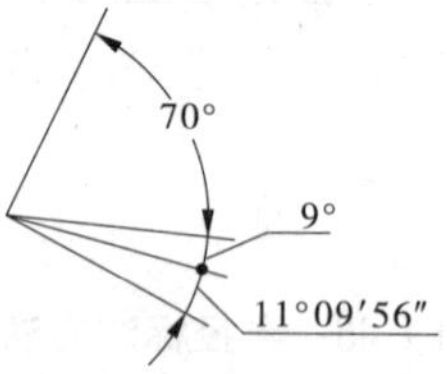

图1-50 角度的标注方法

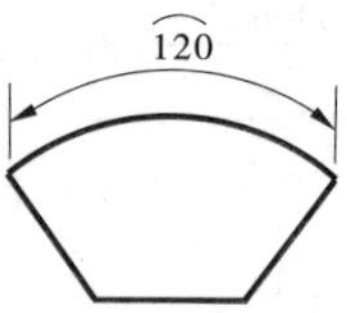

图1-51 弧长的标注方法

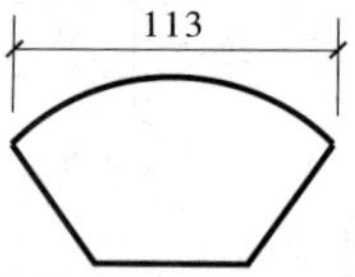

图1-52 弦长的标注方法

(3)坡度的标注方法。如图1-53(a)、(b)所示,标注坡度时,在坡度数字下,应加注坡度符号,坡度符号的箭头,一般指向下坡方向。坡度也可用直角三角形形式标注,如图1-53(c)所示。

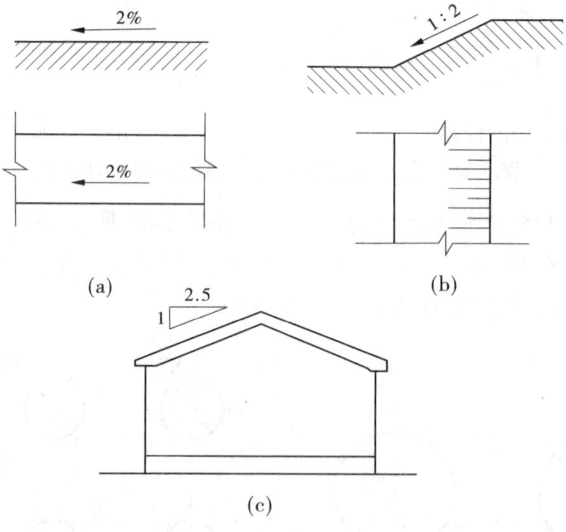

图1-53 坡度标注方法

(4)其他的尺寸标注。杆件或管线的长度,在单线图(桁架简图、钢筋简图、管线图等)上,可直接将尺寸数字沿杆件或管线的一侧注写,如图1-54所示。

六、建筑材料图例

当建筑物或建筑构配件被剖切时,通常在图样中的断面轮廓线内,应画出建筑材料图例。常用建筑材料应按表1-10所示图例画法绘制。

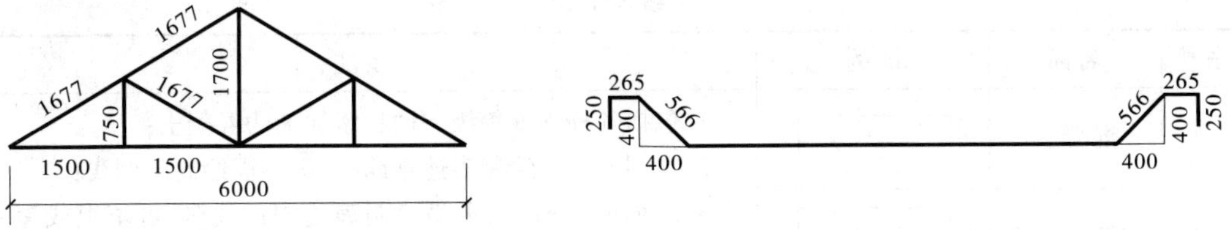

(a) (b)

图 1-54 单线图尺寸标注方法

表 1-10 常用建筑材料图例

序号	名称	图例	备注
1	自然土壤		包括各种自然土壤
2	夯实土壤	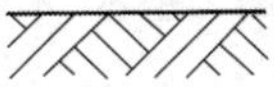	—
3	沙、灰土		—
4	沙砾石、碎砖三合土	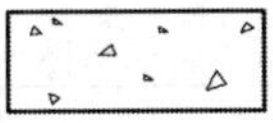	—
5	石材	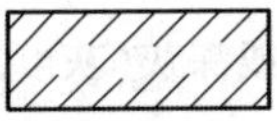	—
6	毛石	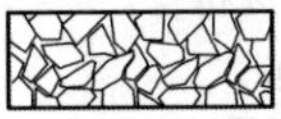	—
7	实心砖、多孔砖	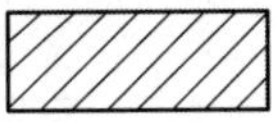	包括普通砖、多孔砖、混凝土砖等砌体
8	耐火砖	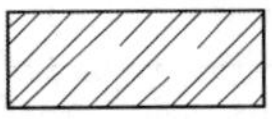	包括耐酸砖等砌体
9	空心砖、空心砌块	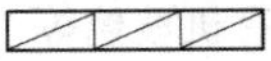	包括空心砖、普通或轻骨料混凝土小型空心砌块等砌体
10	加气混凝土	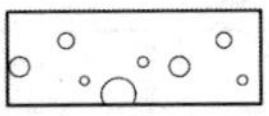	包括加气混凝土砌块砌体、加气混凝土墙板及加气混凝土材料制品等
11	饰品砖		包括铺地砖、玻璃马赛克、陶瓷锦砖、人造大理石等
12	焦渣、矿渣	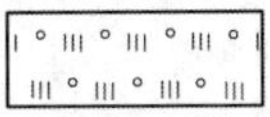	包括与水泥、石灰等混合而成的材料

续表 1-10

序号	名称	图例	备注
13	混凝土	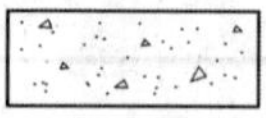	1. 包括各种强度等级、骨料、添加剂的混凝土； 2. 在剖面图上绘制表达钢筋时，则不需绘制图例线； 3. 断面图形较小，不易绘制表达图例线时，可填黑或深灰(灰度宜70%)
14	钢筋混凝土	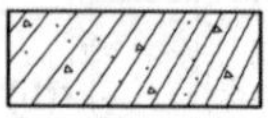	
15	多孔材料	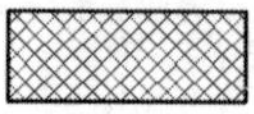	包括水泥珍珠岩、沥青珍珠岩、泡沫混凝土、软木、蛭石制品等
16	纤维材料	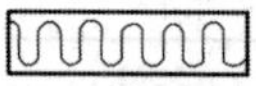	包括矿棉、岩棉、玻璃棉、麻丝、木丝板、纤维板等
17	泡沫塑料材料	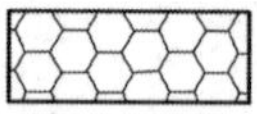	包括聚苯乙烯、聚乙烯、聚氨酯等多聚合物类材料
18	木材	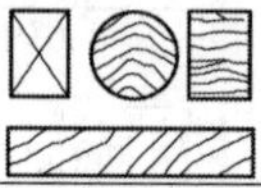	1. 上图为横断面，左上图为垫木、木砖或木龙骨； 2. 下图为纵断面
19	胶合板	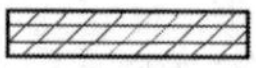	应注明为×层胶合板
20	石膏板	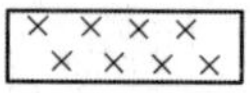	包括圆孔或方孔石膏板、防水石膏板、硅钙板、防火石膏板等
21	金属		1. 包括各种金属； 2. 图形较小时，可填黑或深灰(灰度宜70%)
22	网状材料		1. 包括金属、塑料网状材料； 2. 应注明具体材料名称
23	液体	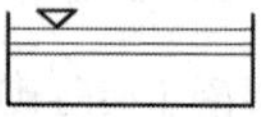	应注明具体液体名称
24	玻璃		包括平板玻璃、磨砂玻璃、夹丝玻璃、钢化玻璃、中空玻璃、夹层玻璃、镀膜玻璃等
25	橡胶		—
26	塑料		包括各种软、硬塑料及有机玻璃等
27	防水材料		构造层次多或绘制比例大时，采用上面的图例
28	粉刷	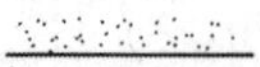	本图例采用较稀的点

注：1. 本表中所列图例通常在1:50及以上比例的详图中绘制表达。

2. 如需表达砖、砌块等砌体墙的承重情况时，可通过在原有建筑材料图例上增加填灰等方式进行区分，灰度宜为25%左右。

3. 序号1、2、5、7、8、14、15、21图例中的斜线、短斜线、交叉线等均为45°。

绘制建筑材料图例时应注意以下方面：

(1)图例线应间隔均匀、疏密适度，做到图例正确、表示清楚。

(2)不同品种的同类材料使用同一图例时，应在图上附加必要的说明。

(3)两个相同的图例相接时，图例线宜错开或使倾斜方向相反，如图1-55所示。

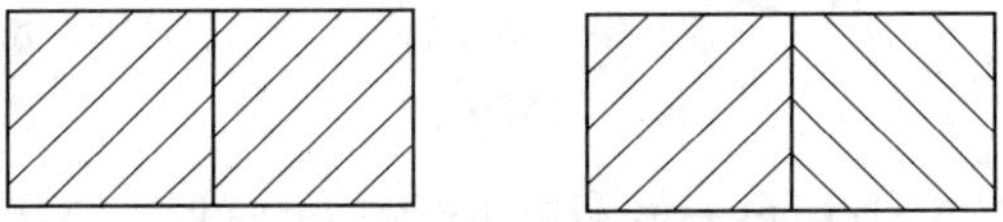

图1-55　相同图例相接时的画法

(4)两个相邻的填黑或灰的图例间应留有空隙，其净宽度不得小于0.5 mm(见图1-56)。

(5)下列情况可不绘制图例，但应增加文字说明：

①一张图纸内的图样只采用一种图例时；

②图形较小无法绘制表达建筑材料图例时。

(6)需画出的建筑材料图例面积过大时，可在断面轮廓线内，沿轮廓线作局部表示(见图1-57)。

图1-56　相邻涂黑图例的画法

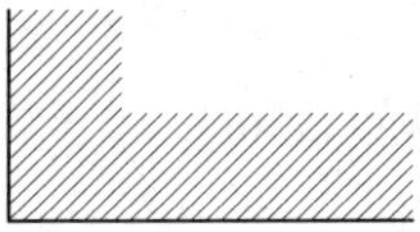

图1-57　局部表示图例

(7)对标准中未包含的建筑材料，可自编图例，但自编图例不得与标准中的图例重复，并且应在图纸的适当位置画出该材料图例，并加以说明。

任务三　几何作图

几何作图是根据已知条件按几何定理用仪器和工具作图的。几何作图在建筑制图中应用甚广。因此，掌握几何作图的方法，可以提高制图的准确性和速度，从而保证绘图质量。

举例说明常用几何作图的方法和步骤。

一、等分线段

(1)作已知线段的垂直平分线，方法如图1-58所示。

(2)作已知线段的任意等分。以五等分线段AB为例，方法如图1-59所示。

(3)作两平行线间距离的任意等分。以五等分平行线AB、CD间的距离为例，方法如图1-60所示。

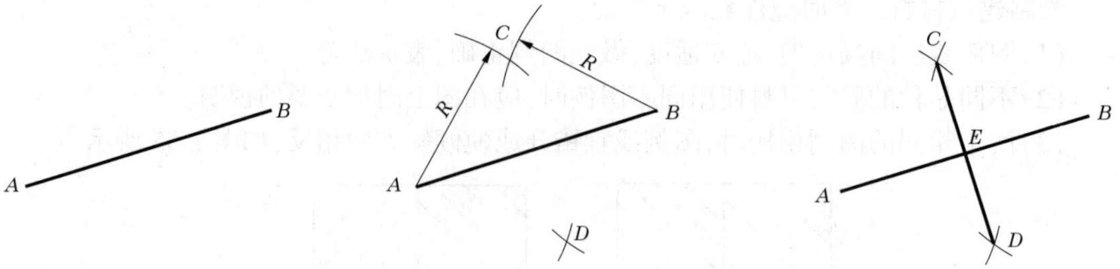

(a)已知线段 *AB*　(b)以大于 *AB*/2 的线段 *R* 为半径,以 *A* 和 *B* 为圆心作圆弧,得交点 *C* 和 *D*　(c)连接 *C*、*D*,即为所求,交点 *E* 等分线段 *AB*

图 1-58　作线段的垂直平分线

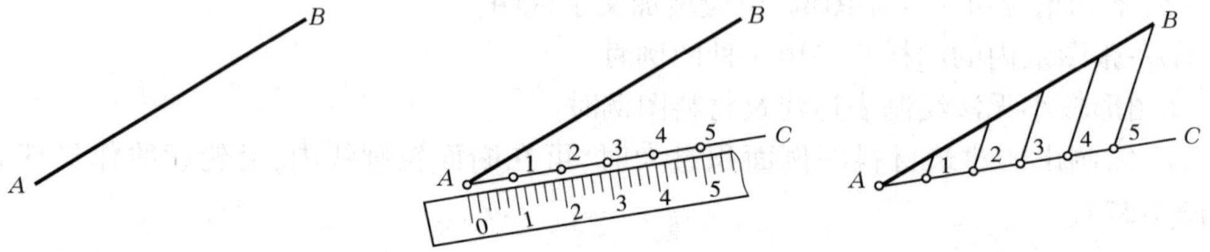

(a)已知线段 *AB*　(b)过点 *A* 作任意直线 *AC*,在 *AC* 上从 *A* 点起截取任意长度的五等分,得 1、2、3、4、5 点　(c)连接 *B*、5 点,过其他点分别作直线平行于 *B*5,交 *AB* 于四个等分点,即为所求

图 1-59　五等分线段 *AB*

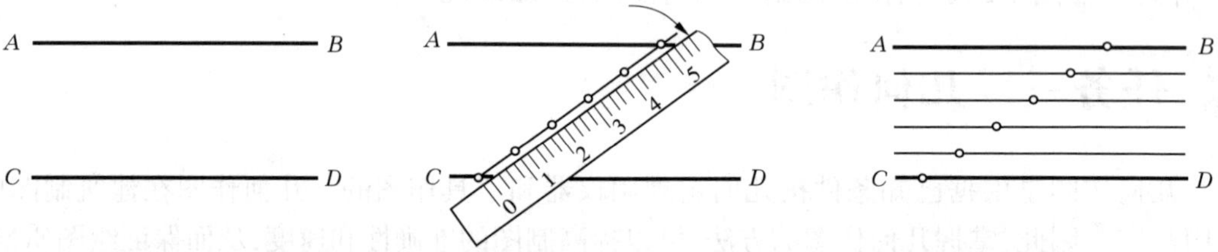

(a)已知平行线 *AB* 和 *CD*　(b)置直尺 0 点于 *CD* 上,摆动尺身,使刻度 5 落在 *AB* 上,得 1、2、3、4 各等分点　(c)过各等分点作 *AB*(或 *CD*)的平行线,即为所求

图 1-60　五等分平行线 *AB* 和 *CD* 间的距离

二、等分圆周及作圆内接正多边形

(1)六等分圆周及作圆内接正六边形,方法如图 1-61 所示。若连接 *A*、*G*、*H* 点或 *B*、*E*、*F* 点即得圆内接正三边形。

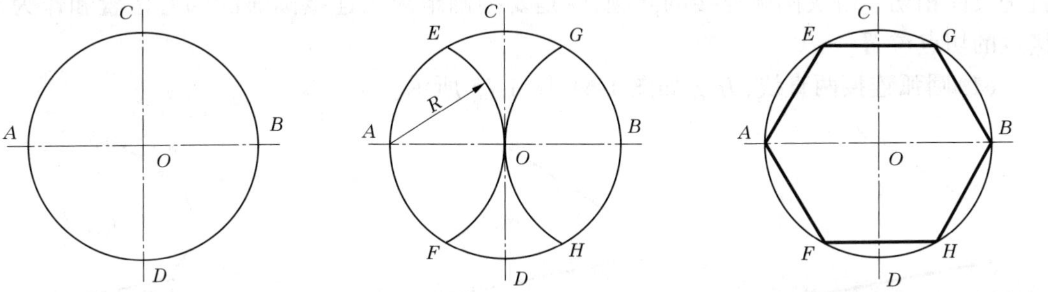

(a)已知圆 *O*　(b)以 *A*、*B* 为圆心,圆 *O* 半径为半径作圆弧,与圆 *O* 交于 *E*、*F*、*G*、*H* 点　(c)*A*、*F*、*H*、*B*、*G*、*E* 点六等分圆周,*AFHBGE* 为圆内接正六边形

图 1-61　六等分圆周及作圆内接正六边形

(2)五等分圆周及作圆内接正五边形,方法如图 1-62 所示。

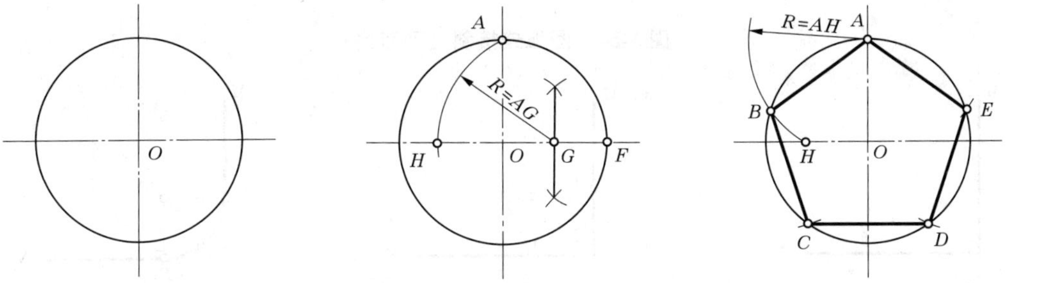

(a)已知圆 *O*　(b)作半径 *OF* 的等分点 *G*,以 *G* 为圆心、*GA* 为半径作圆弧,交直径于 *H* 点　(c)以 *AH* 为半径,分圆周为五等分,连接各等分点 *A*、*B*、*C*、*D*、*E*,即为圆内接正五边形

图 1-62　五等分圆周及作圆内接正五边形

(3)任意等分圆周及作圆内接任意正多边形。以七等分圆周及作圆内接正七边形为例,方法如图 1-63 所示。

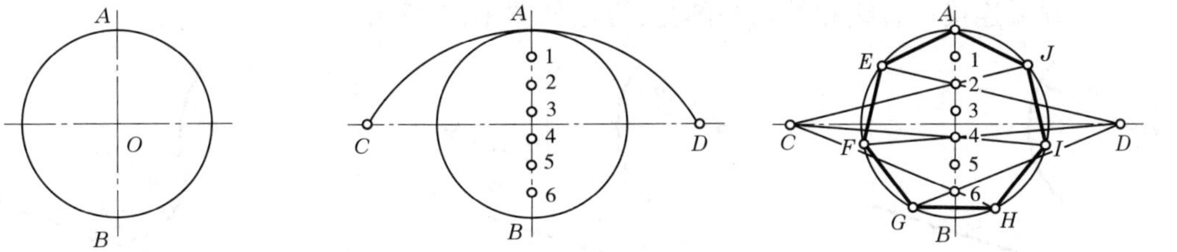

(a)已知圆 *O*　(b)分直径 *AB* 为七等分,以 *B* 为圆心、*AB* 为半径作圆弧,交水平中心线于 *C*、*D* 两点　(c)自 *C*、*D* 连双数等分点并延长,与圆周相交,交点七等分圆周,*AEFGHIJ* 为圆内接正七边形

图 1-63　七等分圆周及作圆内接正七边形

三、圆弧连接

圆弧连接指用给定半径的圆弧,将直线与直线、直线与圆弧、圆弧与圆弧光滑连接,也

就是彼此相切。解决圆弧连接的问题,就是要准确地求出连接圆弧的圆心位置和作为连接点的切点位置。

(1)圆弧连接两直线,方法如图 1-64、图 1-65 所示。

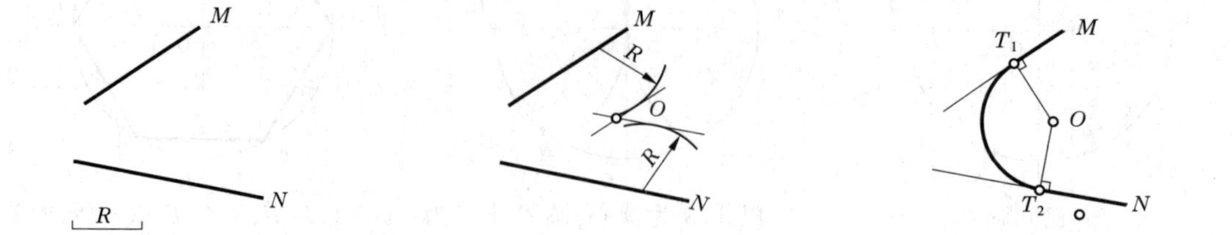

(a)已知半径 R 和斜交二直线 M、N

(b)作与 M、N 平行且相距为 R 的二直线,交点 O 为所求圆弧的圆心

(c)过 O 作 M、N 的垂线,垂足为所求切点,以 O 为圆心、R 为半径作圆弧 $\overset{\frown}{T_1T_2}$,圆弧 $\overset{\frown}{T_1T_2}$ 即为所求连接圆弧

图 1-64　圆弧连接斜交两直线

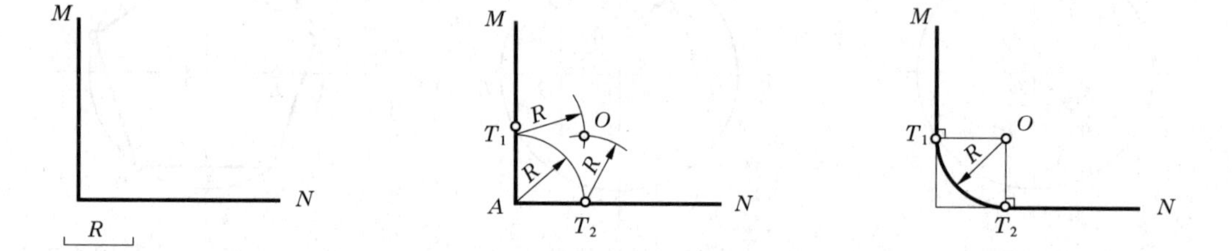

(a)已知半径 R 和正交二直线 M、N

(b)以 M、N 的交点 A 为圆心、R 为半径作圆弧,交 M、N 于 T_1、T_2 点,再以 T_1、T_2 为圆心、R 为半径作圆弧交于 O 点

(c)T_1、T_2 即为所求切点。以 O 为圆心、R 为半径作圆弧 $\overset{\frown}{T_1T_2}$,圆弧 $\overset{\frown}{T_1T_2}$ 即为所求连接圆弧

图 1-65　圆弧连接正交两直线

(2)圆弧连接一直线和外切一圆弧,方法如图 1-66 所示。

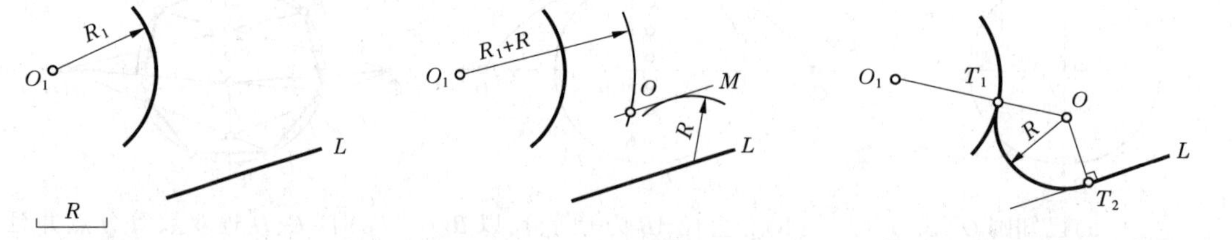

(a)已知直线 L、半径为 R_1 的圆弧和连接圆弧的半径 R

(b)作距离直线 L 为 R 的平行线 M,再以 O_1 为圆心、R_1+R 为半径作圆弧,交直线 M 于点 O

(c)连接 OO_1,交已知圆弧于切点 T_1,作 OT_2 垂直于 L 得切点 T_2,以 O 为圆心、R 为半径作 $\overset{\frown}{T_1T_2}$,即为所求

图 1-66　圆弧连接一直线和外切一圆弧

(3)圆弧与两圆弧连接。圆弧与圆弧的连接形式有两种：内切和外切。若切点在两圆弧圆心连线上，称为外切；若切点在两圆弧圆心连线的延长线上，称为内切。

①连接圆弧与两圆弧均外切，方法如图 1-67 所示。

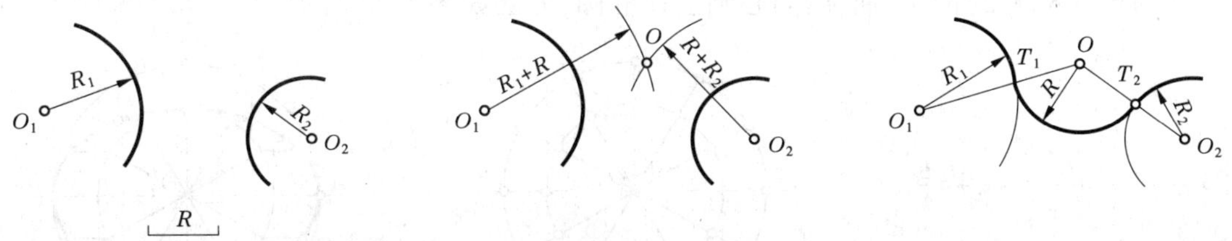

(a)已知外切圆弧半径 R 和半径为 R_1、R_2 的两已知圆弧

(b)以 O_1 为圆心、R_1+R 为半径作圆弧，以 O_2 为圆心、$R+R_2$ 为半径作圆弧，两弧交点 O 即为连接圆弧圆心

(c)连 O、O_1 和 O、O_2，分别交圆弧于切点 T_1、T_2，以 O 为圆心、R 为半径作 $\overset{\frown}{T_1T_2}$，即为所求

图 1-67 连接圆弧与两圆弧均外切

②连接圆弧与两圆弧均内切，方法如图 1-68 所示。

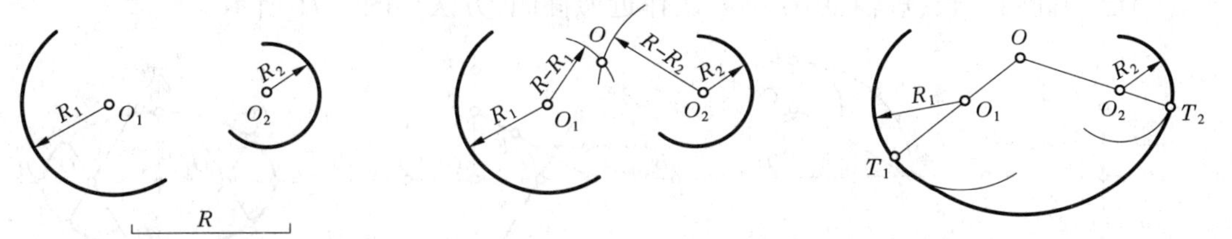

(a)已知内切圆弧半径 R 和半径为 R_1、R_2 的两已知圆弧

(b)以 O_1 为圆心、$|R-R_1|$ 为半径作圆弧，以 O_2 为圆心、$|R-R_2|$ 为半径作圆弧，两弧交点 O 即为连接圆弧圆心

(c)延长 OO_1、OO_2，分别交圆弧于切点 T_1、T_2，以 O 为圆心、R 为半径作 $\overset{\frown}{T_1T_2}$，即为所求

图 1-68 连接圆弧与两圆弧均内切

③连接圆弧与两圆弧内、外切，方法如图 1-69 所示。

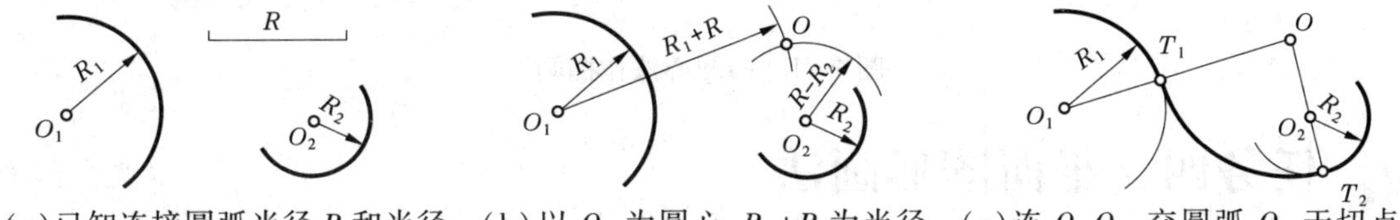

(a)已知连接圆弧半径 R 和半径为 R_1、R_2 的两已知圆弧

(b)以 O_1 为圆心、R_1+R 为半径作圆弧，以 O_2 为圆心、$|R-R_2|$ 为半径作圆弧，两弧交点 O 即为连接圆弧圆心

(c)连 O、O_1，交圆弧 O_1 于切点 T_1，连 O、O_2 并延长，交圆弧 O_2 于切点 T_2，以 O 为圆心、R 为半径作 $\overset{\frown}{T_1T_2}$，即为所求

图 1-69 连接圆弧与两圆弧内、外切

四、椭圆画法

椭圆画法较多,这里列举两种:

(1)已知椭圆的长、短轴,用同心圆法作椭圆,方法如图 1-70 所示。

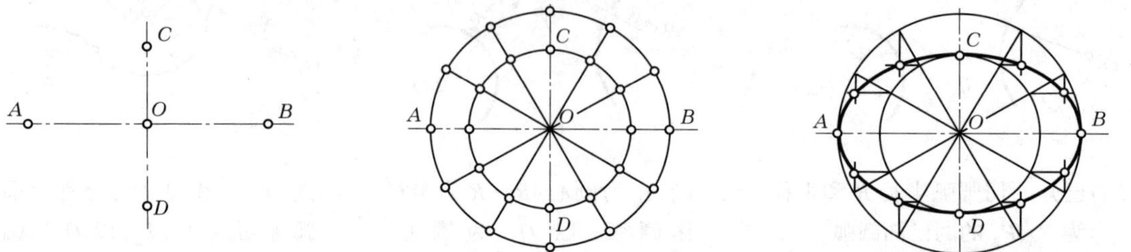

(a)已知椭圆长轴 AB 和短轴 CD

(b)分别以 AB 和 CD 为直径作大小两圆,并等分两圆周为若干份,例如图示十二等分

(c)过大圆各等分点作铅垂线,与过小圆各对应等分点所作的水平线相交,得椭圆上各点,用曲线板光滑相连,即为所求

图 1-70　同心圆法作椭圆

(2)已知椭圆的长、短轴,用四圆心法作近似椭圆,方法如图 1-71 所示。

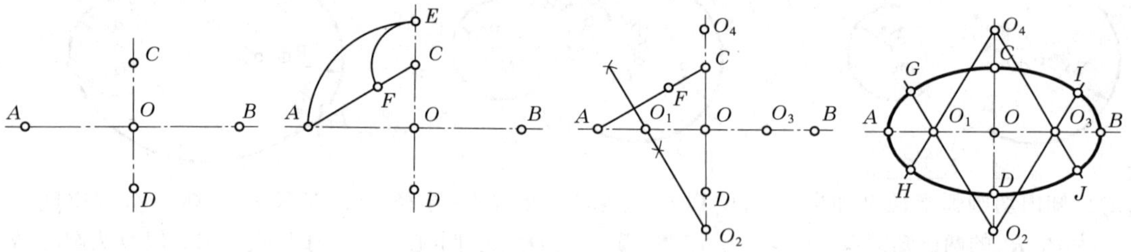

(a)已知椭圆长轴 AB 和短轴 CD

(b)以 O 为圆心,OA 为半径作圆弧,交 CD 延长线于点 E。以 C 为圆心、CE 为半径作 $\overset{\frown}{EF}$,交 CA 于点 F

(c)作 AF 的垂直平分线,交长轴于 O_1、交短轴(或其延长线)于 O_2,在 AB 上截 $OO_3=OO_1$,在 CD 延长线上截 $OO_4=OO_2$

(d)分别以 O_1、O_2、O_3、O_4 为圆心,O_1A、O_2C、O_3B、O_4D 为半径作圆弧,使各弧在 O_2O_1、O_2O_3、O_4O_1、O_4O_3 延长线上的 G、I、H、J 四点处连接

图 1-71　四圆心法作椭圆

任务四　平面图形画法

平面图形是由直线线段或曲线线段或直线线段和曲线线段共同构成的。绘制平面图形时,应结合图上的尺寸,对构成图形的各类线段进行分析,明确每一线段的形状、大小和相对位置,然后分段画出,连成图形。

一、平面图形尺寸的分类

根据尺寸在平面图形中所起的作用不同,分为定形尺寸和定位尺寸两类。

(1)定形尺寸——用来确定图形中几何元素大小的尺寸,如线段的长度,圆及圆弧的半径、直径等尺寸,如图 1-72(e)中的 130、$R200$、ϕ170 等尺寸均为定形尺寸。

(2)定位尺寸——用来确定图形中几何元素之间相对位置的尺寸,如图 1-72(e)中的尺寸 50、40 等均为定位尺寸。对于平面图形应有水平及铅垂两个方向的定位尺寸。

标注定位尺寸时,必须从图形中的某些点或线段(如图形的边线、对称线或中心线)作为度量尺寸的起点,这些点或线段称为基准。平面图形应有水平和铅垂两个方向的基准,如图 1-72(e)中的尺寸基准是尺寸为ϕ170 的圆弧的中心线。

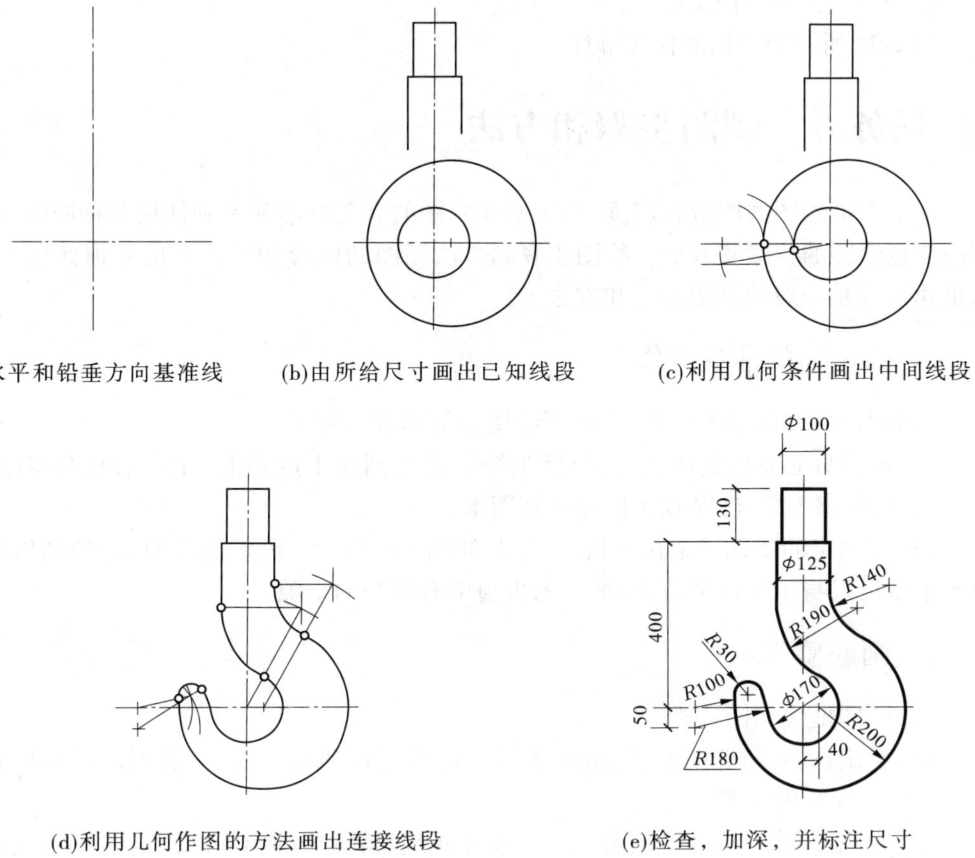

图 1-72 平面图形画法

二、平面图形的线段分析

根据所注尺寸的数量,平面图形上的线段(直线或圆弧)分为以下三种:

(1)已知线段——尺寸齐全,根据所注尺寸即可绘制的线段,如图 1-72(e)中尺寸为ϕ170、$R200$ 的圆弧。

(2)中间线段——具有定形尺寸和一个方向的定位尺寸,另一个方向的定位尺寸需依赖其相接的已知线段得到的线段,如图 1-72(e)中尺寸为 $R180$ 的圆弧,由于缺少圆心水平方向的定位尺寸,需在尺寸为ϕ170 的圆弧画出后,才能根据相切的条件绘制。

(3)连接线段——只有定形尺寸没有定位尺寸的线段,如图 1-72(e)中尺寸为 $R30$、

$R140$、$R190$ 的圆弧,只有在画出已知线段和中间线段后,才能根据相切的条件绘制。

三、平面图形的画法

由以上分析可知,平面图形的作图顺序一般如下:

(1)定基准线。平面图形对称时,可利用对称线作为基准线。

(2)先画已知线段,利用几何作图的方法画中间线段和连接线段。

(3)检查,加深,并标注尺寸。

图1-72所示为吊钩的作图顺序。

任务五 制图步骤和方法

为了保证绘图的质量和速度,除应遵守制图的有关标准和正确使用各种制图工具外,还应注意绘图的步骤和方法。绘图步骤和方法因图的内容和绘图者的习惯而各不相同,这里建议的是一般的绘图步骤和方法。

一、绘图前的准备工作

(1)阅读必要的参考资料,了解所绘图形的内容与要求。

(2)准备好必要的制图工具,包括削磨铅笔及圆规上的铅芯,用清洁软布将图板、丁字尺、三角板擦干净,洗净双手以免弄脏图纸。

(3)将选定的图纸固定在图板左下方,如图1-1所示。固定图纸时,应使图纸的上下边与丁字尺尺身工作边平行,图纸与图板边留有适当的空隙。

二、画底稿

(1)画图框线和标题栏。

(2)确定比例,布置图形,使图形在图纸上的位置和大小适中,各图形间应留有适当空隙及标注尺寸的位置。

(3)先画图形的基准线、对称线及主要轮廓线,再逐步画出细部,最后标注尺寸。

画底稿用2H或H铅笔,画出的线条应轻而细,并要区分线型类别,但不分粗细。画底稿时应一丝不苟,精确量画,避免错误。底稿完成后,应认真检查,改正错误,并擦去多余图线。

三、铅笔加深

为了使同类线型粗细一致,可以按线宽分批加深:先加深细点画线和粗实线,再加深中虚线,再加深细实线,最后加深双点画线、折断线和波浪线。

加深同类型图线的顺序一般是先曲线后直线。加深同类型的直线时,通常先从上向下加深所有的水平线,再从左向右加深所有的铅垂线,最后加深倾斜线。

图线加深完毕后,再加深尺寸、书写文字。写字前,必须按选定的字号打格书写。

加深后的图形应做到线型粗细分明,符合国标的规定。粗线(如粗实线)和中粗线

(如中虚线),常用 HB 或 B 铅笔加深;细线(如细实线、细点画线、折断线及波浪线等)常用 H 或 2H 铅笔加深。加深圆弧时,圆规的铅芯应比画直线时的铅芯软一号。

四、检查、复核

以上制图步骤完成后,应对所绘图纸认真检查和复核,避免错误。

项目二　投影的基本知识

【课程思政】

党的二十大报告提出，优化基础设施布局、结构、功能和系统集成，构建现代化基础设施体系。投影的基本知识主要讲绘图原理，是工程图绘制的灵魂，通过学习，让学生立志做有理想、敢担当、能吃苦、肯奋斗的新时代好青年。

任务一　投影法

一、投影的概念及分类

(一)投影的概念

用灯光或日光照射物体，在地面或墙面上就会产生影子，这种现象就叫投影。经过专家科学地总结，找出影子和物体之间的关系，从而形成了投影的方法。

码 2-1　微课-投影方法

如图 2-1 所示，设投影中心光源为 S，过投影中心 S 和空间点 A 作投射线 SA，并与投影面 P 相交于一点 a，点 a 就称为空间点 A 在投影面 P 上的投影。同样 b、c 是 B、C 的投影。由此可知点的投影还是点。

如果将 a、b、c 诸点连成几何图形 $\triangle abc$，即为空间 $\triangle ABC$ 在投影面 P 上的投影，如图 2-2 所示。

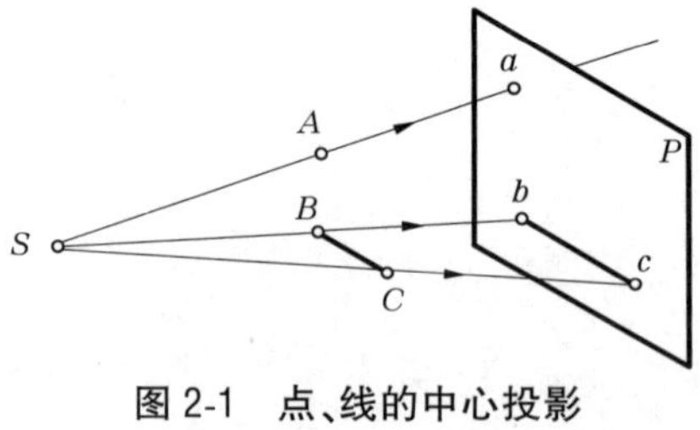

图 2-1　点、线的中心投影

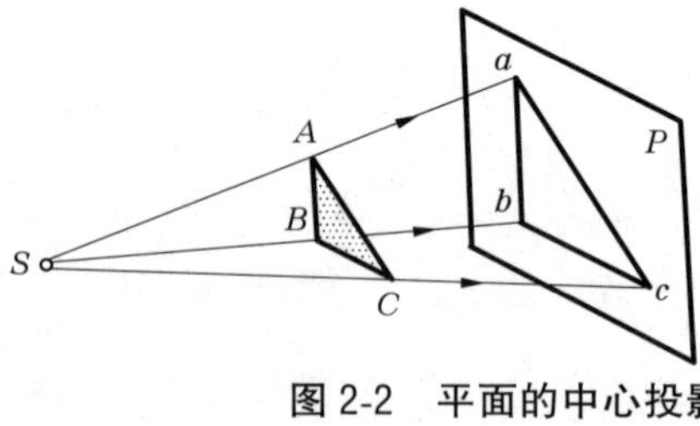

图 2-2　平面的中心投影

上述在投影面上作出形体投影的方法就叫作投影法。

(二)投影法的种类

(1)中心投影法。设投射线都从投影中心一点发出，在投影面上作出形体投影的方法称为中心投影法，如图 2-2 所示。工程图学中常用中心投影法的原理画透视图。这种图接近于视觉映像，直观性强，是绘制建筑物常用的一种图示方法。

(2)平行投影法。平行投影法可以看成是中心投影法的特殊情况，因为假设投影中心 S 在无穷远处，这时的投射线就可以看作是互相平行的，由互相平行的投射线在投影面上作出形体投影的方法称为平行投影法，如图 2-3 所示。

平行投影法中，因为投影方向 S 的不同又可分为以下两种：

①斜投影——投射线倾斜于投影面，如图 2-3(a)所示。

②正投影——投射线垂直于投影面，也称为直角投影，如图 2-3(b)所示。

正投影有很多优点，它能完整、真实地表达形体的形状和大小，不仅度量性好，而且作图简便。因此，正投影法是工程中应用最广的一种图示法，也是本课程中学习的主要内容。

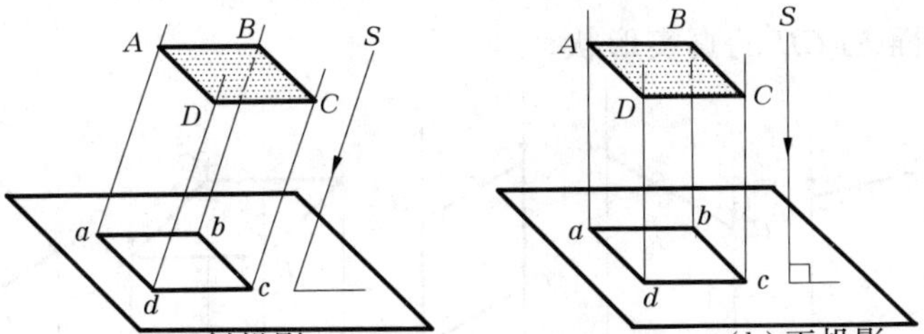

(a)斜投影 (b)正投影

图 2-3 平行投影法

现将投影法种类和用途列于表 2-1。

表 2-1 工程上常用的几种投影图

类型		图例			
中心投影法	透视图	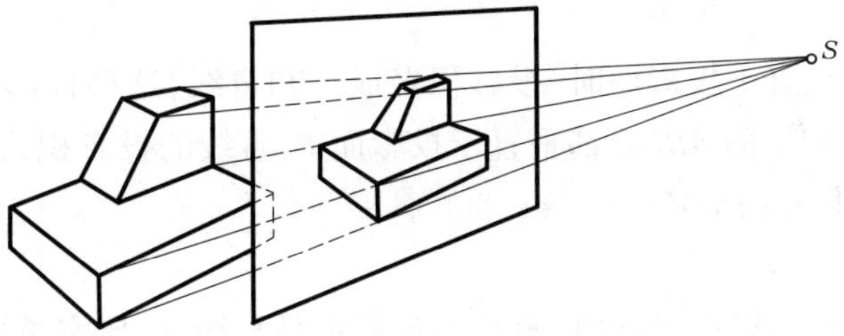			
平行投影法	标高图	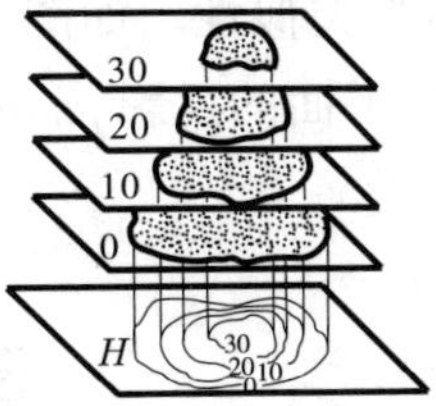	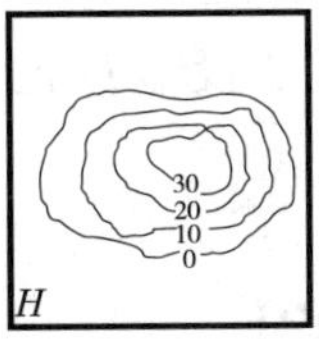	轴测图	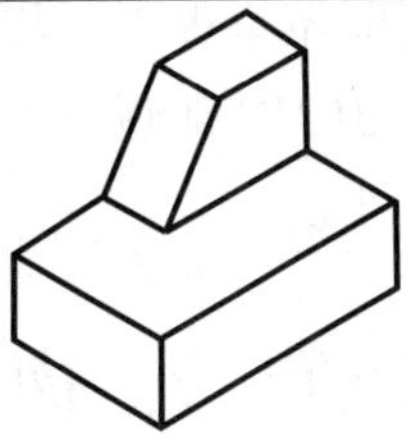
	三视图	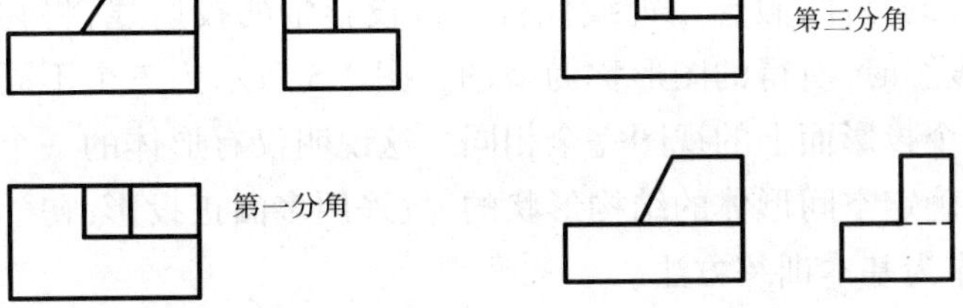			

二、正投影的基本特性

构成物体最基本的元素是点,直线是由点移动形成的,而平面是由直线移动形成的。在正投影法中,直线和平面的投影,具有以下基本特性。

(一)真实性

当直线、平面与投影面平行时,投影反映实长和实形,这种投影特性称真实性。如图2-4中直线*FG*和平面*EFGH*都平行于投影面*P*,其投影*fg*的长度等于直线*FG*的实长;投影*efgh*反映平面*EFGH*的真实形状。

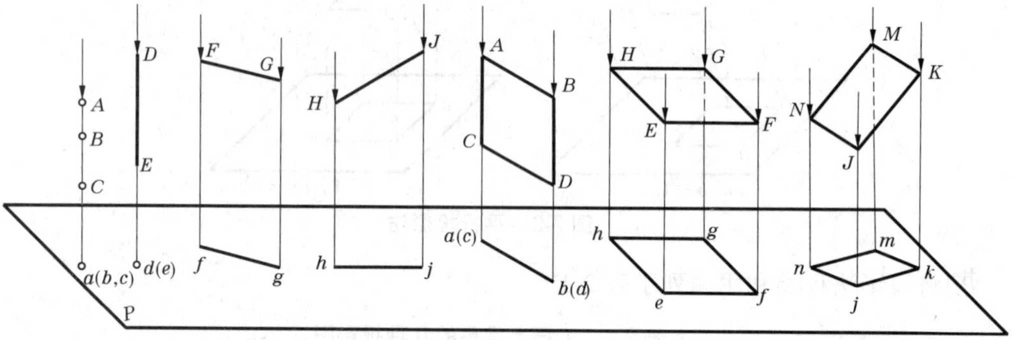

图2-4 点、线、面的正投影

(二)积聚性

当直线、平面垂直于投影面时,投影积聚成点和直线,这种投影特性称为积聚性。如图2-4中直线*DE*和平面*ABDC*都垂直于投影面*P*,直线的投影积聚成一点$d(e)$;平面的投影积聚成一直线$a(c)b(d)$。

(三)类似性

当直线、平面与投影面倾斜时,直线的投影仍是直线,但比实长短;平面的投影成为一个与它既不全等也不相似的类似多边形,这种投影特性称为类似性。如图2-4中直线*HJ*和平面*JKMN*都倾斜于投影面*P*,直线的投影*hj*比实长短;平面的投影*jkmn*仍是四边形,类似变小。

任务二 物体的三视图

根据正投影的特性,假想用视线代替平行投影中的投射线,将物体向投影面作正投影时,所得的图形称为视图。图2-5所示为三个不同的形体,它们在一个投影面上的视图完全相同。这说明仅有形体的一个视图,一般是不能确定空间形体的结构形状的,故采用多面正投影,初学时常以画三视图作为基本训练方法。

码2-2 微课-物体的三视图

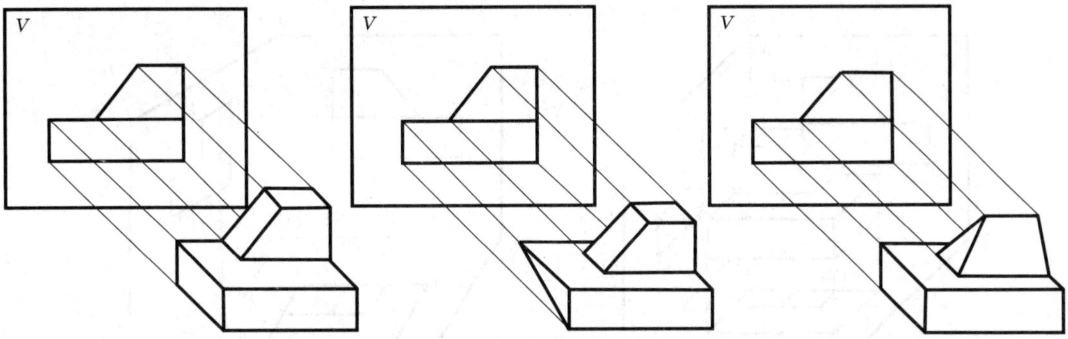

图 2-5 物体的单面视图

一、三面视图的形成

(一)投影面的设置

图 2-6 所示为设置三个互相垂直的投影面,称为三面投影体系,把空间分成八个分角,我们把形体正放在第一分角中进行投影。

如图 2-7 所示,在第一分角三个投影面中,直立在观察者正对面的投影面叫作正立投影面,简称正面,用字母 *V* 标记;水平位置的投影面叫作水平投影面,简称水平面,用字母 *H* 标记;右侧的投影面叫作侧立投影面,简称侧面,用字母 *W* 标记。也可简称 *V* 面、*H* 面、*W* 面。

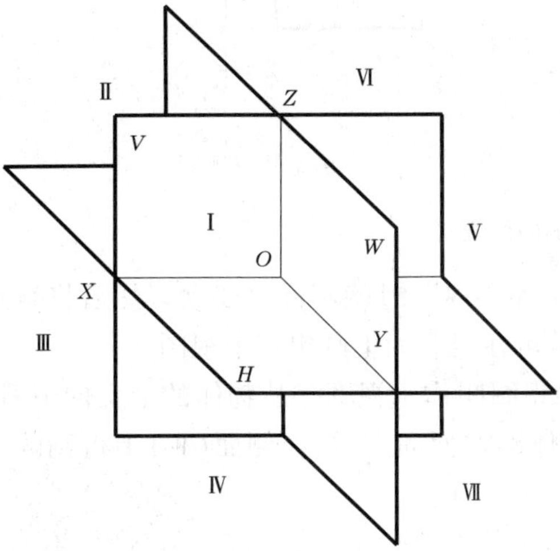

图 2-6 八个分角

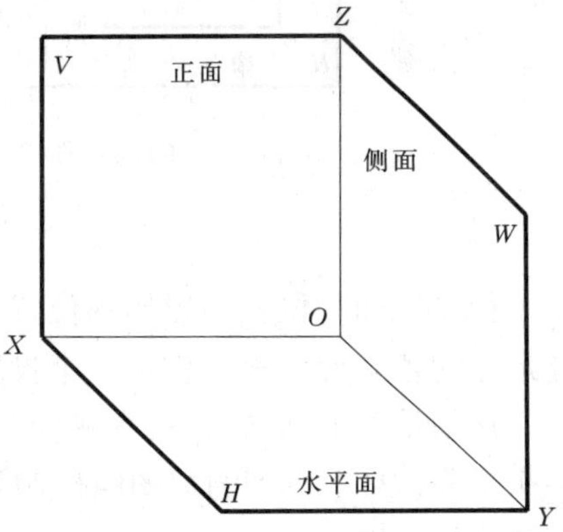

图 2-7 第一分角

三个投影面的交线 *OX*、*OY*、*OZ* 称为投影轴。三根投影轴互相垂直相交于一点 *O*,称为原点。以原点 *O* 为基准,可以沿 *X* 方向度量长度尺寸和确定左右位置;沿 *Y* 方向度量宽度尺寸和确定前后位置;沿 *Z* 方向度量高度尺寸和确定上下或高低位置。

(二)分面进行投影

如图 2-8(a)所示,我们把形体正放在第一分角中,正放就是把形体上的主要表面置

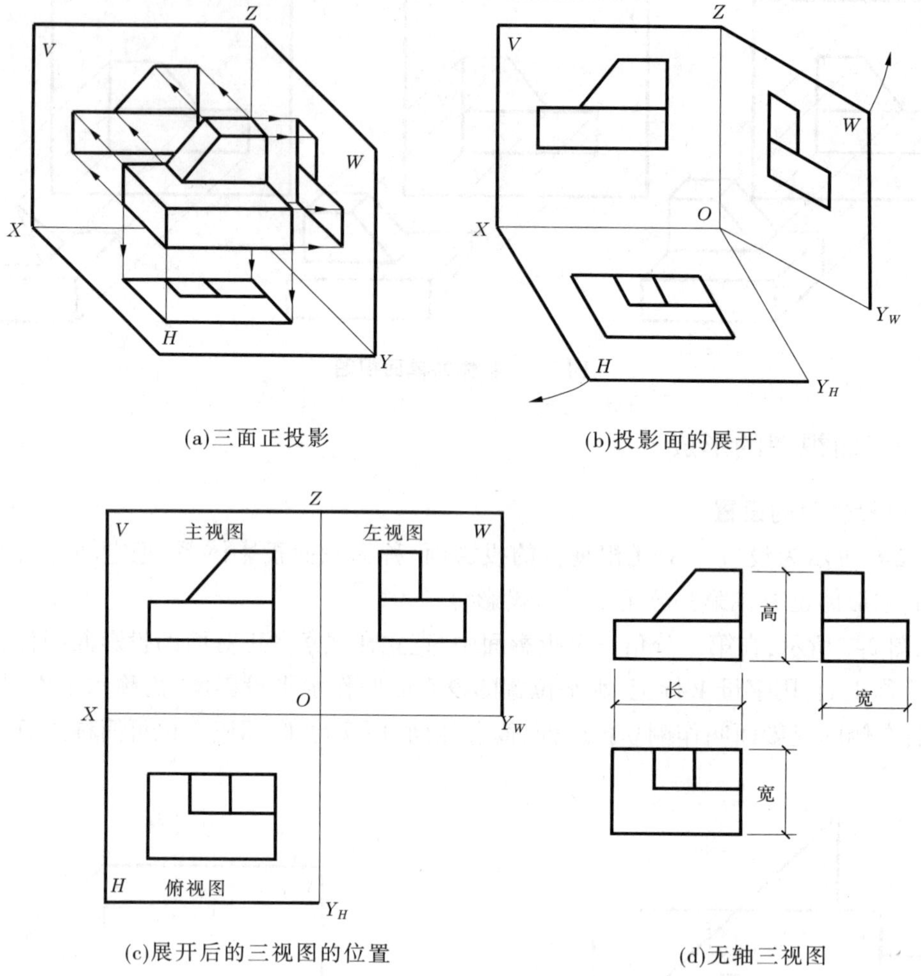

(a)三面正投影　(b)投影面的展开

(c)展开后的三视图的位置　(d)无轴三视图

图 2-8　三视图的形成

于平行投影面的位置。形体的位置一经放定,作各个视图时就不许再变动。然后将组成此形体的各几何要素分别向三个投影面投影,就可在投影面上画出三个视图。

从物体的前面向后看,在正面(*V*)上得到的视图叫作主视图。从物体的上面向下看,在水平面(*H*)上得到的视图叫作俯视图。从物体的左面向右看,在侧面(*W*)上得到的视图叫作左视图。

(三)投影面的展开摊平

为了把三面视图画在同一张图纸上,即同一平面上,就必须把三个互相垂直相交的投影面展开摊平成一个平面。其方法如图 2-8(b)所示,*V* 面保持不动,使 *H* 面绕 *X* 轴向下旋转 90°与 *V* 面成一平面,让 *W* 面绕 *Z* 轴向右旋转 90°也与 *V* 面成一平面,展开后的三个投影面就在同一图纸平面上,如图 2-8(c)所示。

投影面展开摊平后 *Y* 轴被分为两处,分别用 Y_H(在 *H* 面上)和 Y_W(在 *W* 面上)表示。

在工程图样上通常不画投影面的边线和投影轴。展开后三视图的位置若按规定排列

(俯视图在主视图正下方,左视图在主视图正右方),则不需标注图名,如图 2-8(d)所示。

二、三视图的投影规律

物体的三视图是相互联系的,物体都具有长、宽、高三个方向的尺寸,在制图中规定物体的左右方向为长,前后方向为宽,上下方向为高。但是每一个视图只能反映物体两个方向的尺寸。从图 2-8 中可以看出,在主视图上反映了物体的长和高,在左视图上反映了物体的高和宽,在俯视图上反映了物体的长和宽。三个视图若按图 2-8(d)所示的位置排列,它们之间必然具有下面的投影规律:主视图和俯视图长对正,主视图和左视图高平齐,俯视图和左视图宽相等。

三视图的投影规律可以简单地概括为"长对正、高平齐、宽相等"。画图和读图时均须遵循这个最基本的投影规律。对于物体的整体是这样,对于其局部也是这样。长对正、高平齐的关系比较直观,易于理解。宽相等的关系,初学时概念往往模糊,因此要切实搞清楚从空间物体到三视图形成的过程,分清前后位置,前后为宽。物体的宽度在俯视图中为竖直方向,在左视图中为水平方向。要反复地进行由物到图和由图对照物的画图和读图的训练,牢固地掌握三视图的投影规律。

三、三视图的画法

画形体的三视图时,需要我们掌握前面所学的正投影法原理和几何要素的投影特性以及三视图间的位置关系、投影规律。如要得到形体的主视图,观察者设想自己置身于形体的正前方观察形体,视线垂直于正立投影面。为了获得俯视图,形体保持不动,观察者自上而下地俯视那个形体。要获得左视图,物体不动,可自左向右观察物体。

初学者最好根据教学模型练习画三视图,并注意以下几点:

(1)应把模型位置放正,同时选定主视图方向。

(2)开始作图前,应先定出视图的位置,画出作图基准线,如中心线或某些边线。

(3)底稿应画得轻而细,以便修改,作图完成后再描粗加深。

(4)分析模型上各部分形体的几何形状和位置关系,并根据其投影特性(真实、积聚、类似性),画出形体各面的投影。

(5)要注意作图顺序,应先画其投影具有真实性或积聚性的那些表面。对于斜面,宜先画出其积聚成一线的投影,这样就便于画出斜面在另外两个视图中的类似形投影。

(6)作图所需尺寸可在模型上量取,每个尺寸只可测量一次。相邻视图之间相应投影的尺寸关系应保持长对正、高平齐(用丁字尺与三角板配合),而保持宽相等有三种方法,如图 2-9 所示。用斜角线法时,斜角线的做法是先要定出 P 点,再过 P 点用三角板引 45°斜线即可。

三视图的画法步骤(如图 2-10 所示)如下:

(1)根据轴测图选主视方向。

(2)画定位(基准)线及大体形状(一般先画主视图)。

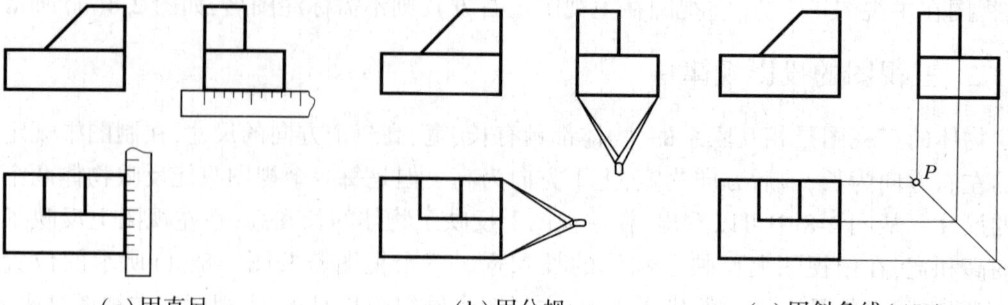

(a)用直尺　(b)用分规　(c)用斜角线(45°)

图 2-9　保持宽相等的三种方法

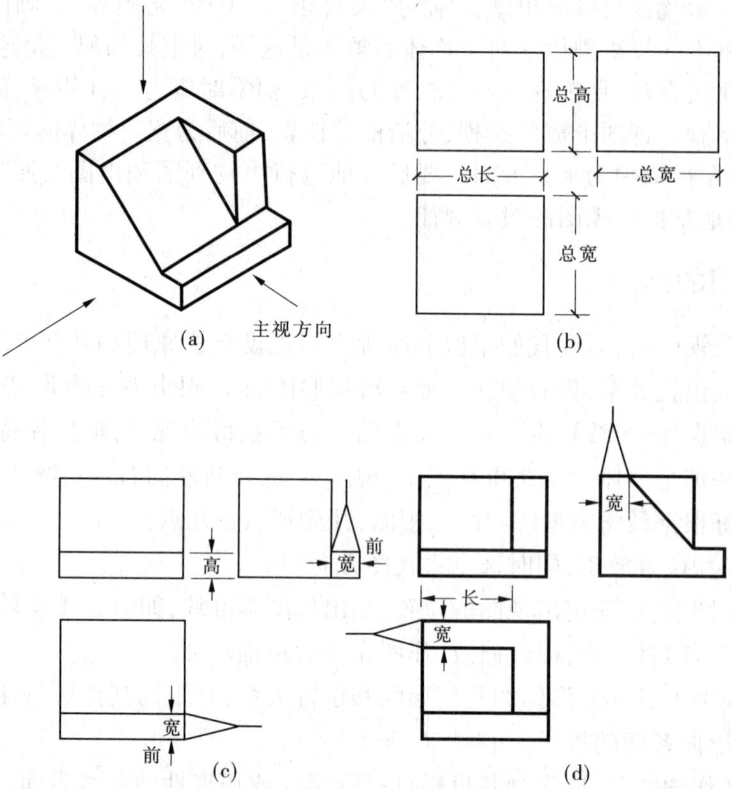

(a)　(b)　(c)　(d)

图 2-10　三视图的画法

(3)画细部结构形状。

(4)完成三视图,描粗加深。

图 2-11 示出了六棱柱三视图的画法步骤。

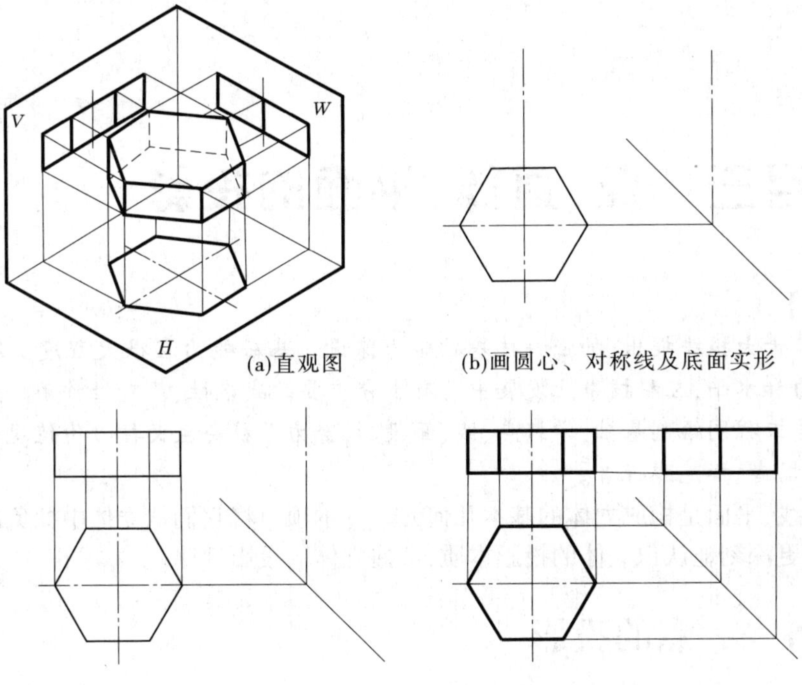

(a)直观图　(b)画圆心、对称线及底面实形

(c)画主视图　(d)画左视图并加粗全图

图 2-11　三视图的画法

项目三　点、直线、平面的投影

【课程思政】

党的二十大报告提出,加强科技基础能力建设。基础能力在很大程度上决定着科技创新的能力和水平,在科技事业发展中具有十分重要的战略性、基础性作用。点、直线、平面的投影是工程图绘制基础,学好点、线、面投影,努力做社会主义核心价值观的坚定信仰者、积极传播者、模范践行者。

点、直线、平面是构成立体的基本几何元素。本项目将它们从立体中抽象出来加以研究,目的是更深刻地认识立体的投影本质,掌握立体的投影规律。

任务一　点的投影

一、点的两面投影

点的一面投影不能确定其在空间的位置,如图 3-1 所示,它至少需要两面投影。

如图 3-2(a)所示,设空间有一 A 点,过 A 点分别向 H 面、V 面作垂线(投射线),垂足 a、a'即为 A 点的水平投影和正面投影。按前述规定将两投影面展开,就得到 A 点的两面投影图,如图 3-2(b)所示。点的投影图中一般不画投影面的边框,如图 3-2(c)所示。

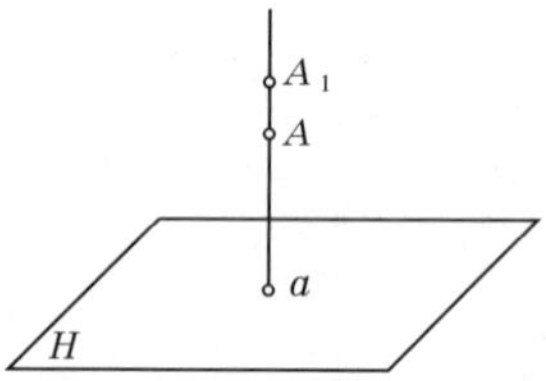

图 3-1　点的一面投影

分析点的两面投影可知,由投射线 Aa、Aa'组成的平面与 H、V 面互相垂直相交,这三个相互垂直的平面的三条交线也必相互垂直且交于同一点 a_X,当投影面展开后,a、a_X、a'三点共线,于是可总结出点的两面投影规律如下:

码 3-1　微课-点的投影

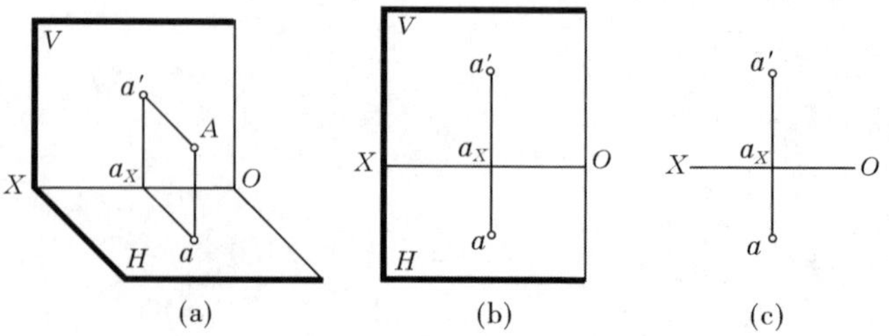

图 3-2　点的两面投影

(1)点的两面投影的连线垂直于投影轴,即 $aa' \perp OX$;

(2)点的一面投影到投影轴的距离,等于该点到相应投影面的距离,即 $aa_X = Aa'$,$a'a_X = Aa$。

二、点的三面投影

如图 3-3(a)所示,在原有的两个投影面上再设立 W 面,过 A 点向 W 面作垂线(投射线),垂足 a'' 即为 A 点的侧面投影。将三个投影面展开后得到点的三面投影图,如图 3-3(b)所示。

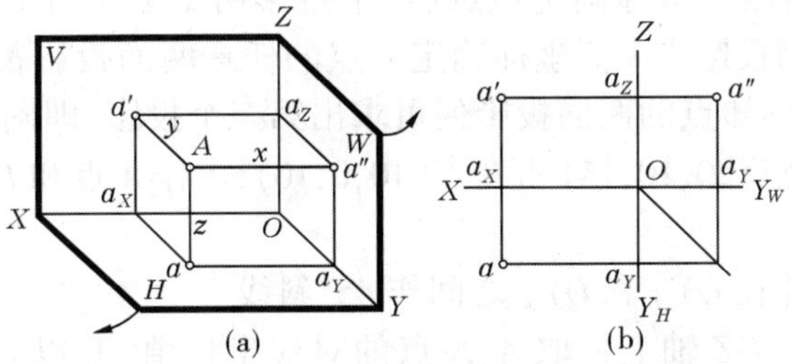

图 3-3　点的三面投影

由于三个投影面是两两相互垂直的,所以可按照点的两面投影规律来分析其三面投影规律:

(1)点的正面投影和水平投影的连线垂直于 OX 轴,即 $a'a \perp OX$;

(2)点的正面投影和侧面投影的连线垂直于 OZ 轴,即 $a'a'' \perp OZ$;

(3)点的水平投影到 OX 轴的距离等于点的侧面投影到 OZ 轴的距离,均等于 A 点到 V 面的距离,即 $aa_X = a''a_Z = Aa'$。

以上点的三面投影规律,正是立体投影图中"长对正、高平齐、宽相等"的理论依据。

因为点的两面投影已经能确定点的空间位置,故已知点的任意两面投影便可运用投影规律作图,求出其第三面投影。

【例 3-1】　如图 3-4(a)所示,已知 A 点的两面投影,求第三面投影。

分析:根据点的三面投影规律可知:$aa' \perp OX$,$aa_X = a''a_Z$。

作图:

(1)在 OY_H 和 OY_W 之间作 45°斜线。

(2)过 a' 作 OX 轴的垂线,再过 a'' 作 OY_W 轴的垂线与 45°斜线相交,过交点作 OY_H 轴的垂线,两垂线交点即为 A 点的第三面投影 a,如图 3-4(b)所示。

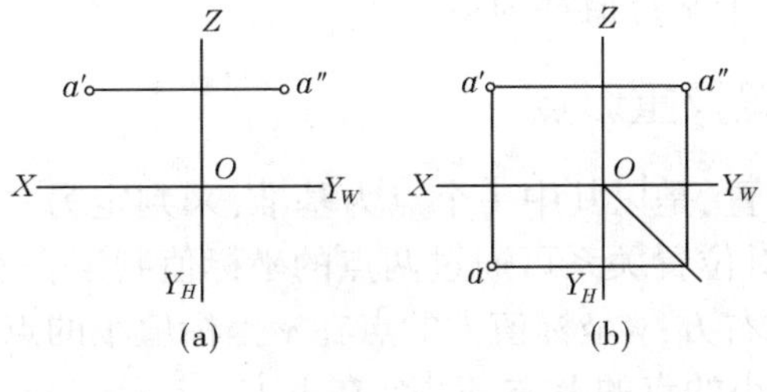

图 3-4　由点的两面投影求第三面投影

三、点的直角坐标

若将三面投影体系当做笛卡儿直角坐标系,则投影面 V、H、W 相当于坐标面,投影轴 OX、OY、OZ 相当于坐标轴,O 为坐标原点,A 点的空间位置可用直角坐标表示为 $A(x,y,z)$,如图 3-3(a)所示。

点的 x 坐标反映点到 W 面的距离,确定点的左右位置。

点的 y 坐标反映点到 V 面的距离,确定点的前后位置。

点的 z 坐标反映点到 H 面的距离,确定点的上下位置。

点的每面投影可由两个坐标确定:点的水平投影由 x、y 坐标确定;点的正面投影由 x、z 坐标确定;点的侧面投影由 y、z 坐标确定。点的任意两面投影都能反映三个坐标,由此可得出相同的结论:已知点的两面投影便可求出第三个投影,即确定点的空间位置。

【例 3-2】 已知 A 点(20,10,15)和 B 点(10,0,10),求作 A 点和 B 点的三面投影图。

作图:

(1)绘制坐标轴,并在 OY_H 和 OY_W 之间作 45°斜线。

(2)分别在 OX、OY、OZ 轴上量取 A、B 点的对应坐标值,并以 a_X、a_Y、a_Z 和 b_X、b_Y、b_Z 标记。

(3)过 a_X、a_Y、a_Z 分别作各轴的垂直线,两两相交于 a、a'、a''三点。a、a'、a''即为 A 点(20,10,15)的三面投影,如图 3-5(b)所示。同理可得 B 点(10,0,10)的三面投影。

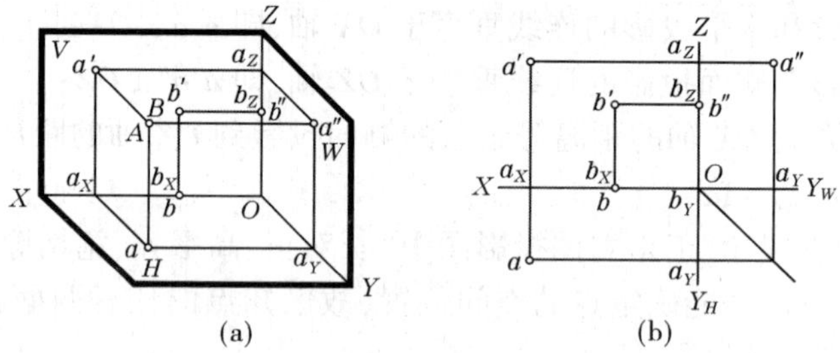

图 3-5 由点的坐标求点的三面投影

位于投影面、投影轴和原点的点称为特殊点,例如图 3-5(a)中 V 面上的 B 点。特殊点的坐标值具有如下特征:

(1)位于投影面上的点,必有一坐标值为零,点位于哪个投影面,则反映点到该投影面距离的坐标值必为零;

(2)位于投影轴上的点,必有两个坐标值为零;

(3)位于原点的点,三个坐标值都为零。

四、两点的相对位置及重影点

两点在空间的相对位置,是以其中一个点为基准,来判定另一点在该点的左或右、上或下、前或后。两点的相对位置关系可通过两点的坐标值判定:x 坐标值大的点在 x 坐标值小的点的左方,反之,在右方;y 坐标值大的点在 y 坐标值小的点的前方,反之,在后方;z 坐标值大的点在 z 坐标值小的点的上方,反之,在下方。

【例 3-3】 如图 3-6(a)所示,已知 C、D 点的投影图,判定 C、D 点的相对位置。

分析:由投影图可知:$c_x>d_x$;$c_y>d_y$;$c_z<d_z$。故得出结论:C 点在 D 点之左;C 点在 D 点之前;C 点在 D 点之下。

若空间两点位于某投影面的同一条投射线上,则它们在该投影面上的投影必然重合,这两点称为对该投影面的重影点。如图 3-7 中,A、B 两点是对 H 面的重影点,它们的 H 面投影 a、b 重合,且 B 点的投影被 A 点的投影遮挡,故在投影图中将不可见的投影 b 加圆括号表示。同理可知:A、C 两点是对 V 面的重影点,它们的 V 面投影 a'、c'重合,且 C 点的投影被 A 点的投影遮挡;A、D 两点是对 W 面的重影点,它们的 W 面投影 a''、d''重合,且 D 点的投影被 A 点的投影遮挡。

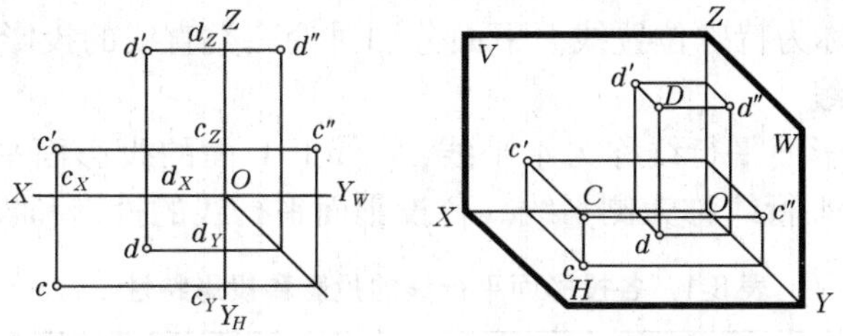

(a) (b)

图 3-6 两点的相对位置

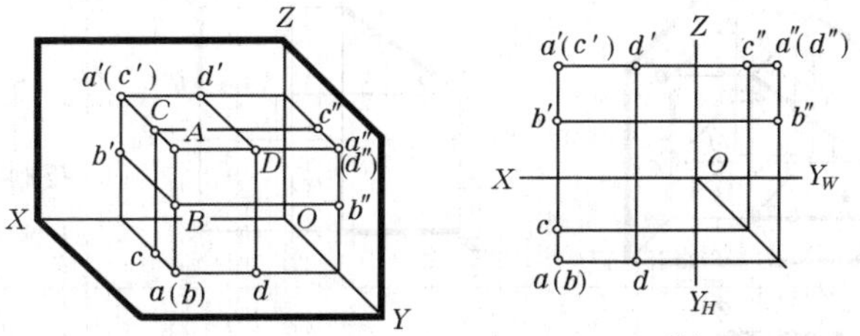

(a) (b)

图 3-7 重影点及其可见性

任务二 直线的投影

由几何定理可知:两点确定一条直线。因此,作直线的投影可归结为作出直线上任意两点的投影,两点同面投影的连线即为直线在该投影面的投影,如图 3-8 所示,图(a)为直观图,图(b)为两点的投影图,图(c)为直线的投影图。同时规定,直线与 H、V、W 三个投影面的倾角分别用 α、β、γ 表示。

码 3-2 微课-直线投影

一、各种位置直线的投影

在三面投影体系中,按直线与投影面的相对位置,将其分为以下三类:

(1)平行于一个投影面、倾斜于其他两个投影面的直线,称为投影面平行线;

(2)垂直于一个投影面、平行于其他两个投影面的直线,称为投影面垂直线;

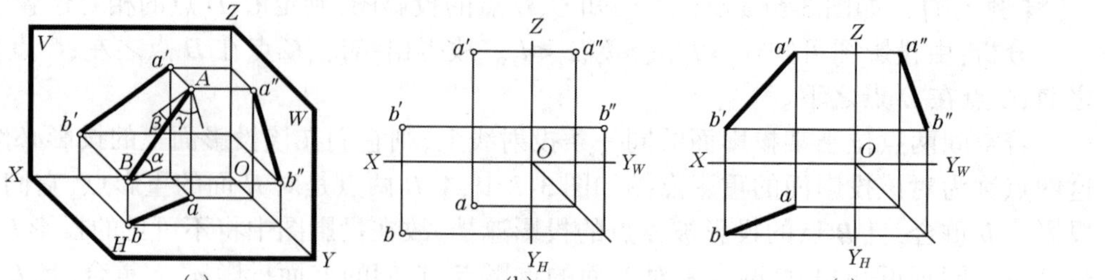

(a)　　(b)　　(c)

图 3-8　直线的投影

(3)倾斜于三个投影面的直线,称为一般位置直线。

前两类直线又统称为特殊位置线。下面分别讨论三类直线的投影及其投影图特性。

(一)投影面平行线

平行于 H 面的投影面平行线称为水平线;平行于 V 面的投影面平行线称为正平线;平行于 W 面的投影面平行线称为侧平线。各投影面平行线的投影和投影特性见表 3-1。

表 3-1　各投影面平行线的投影和投影特性

种类	直观图	投影图	投影特性
正平线	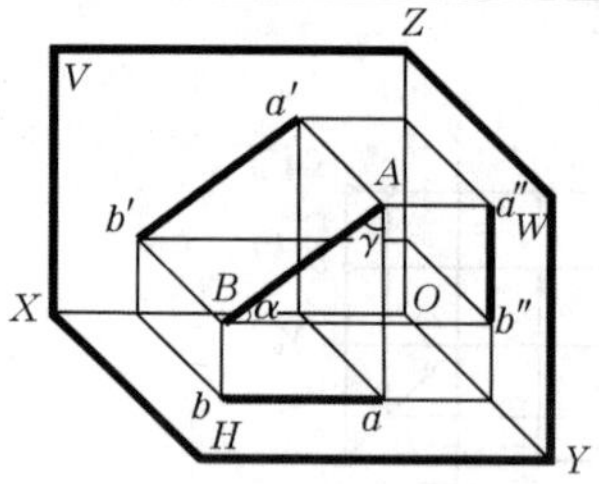	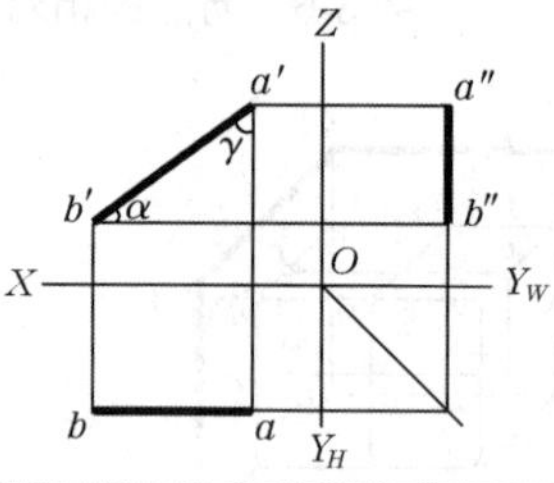	1. $ab/\!/OX$, $a''b''/\!/OZ$; 2. $a'b'=AB$; 3. $a'b'$ 与投影轴的夹角反映 α 角和 γ 角
水平线	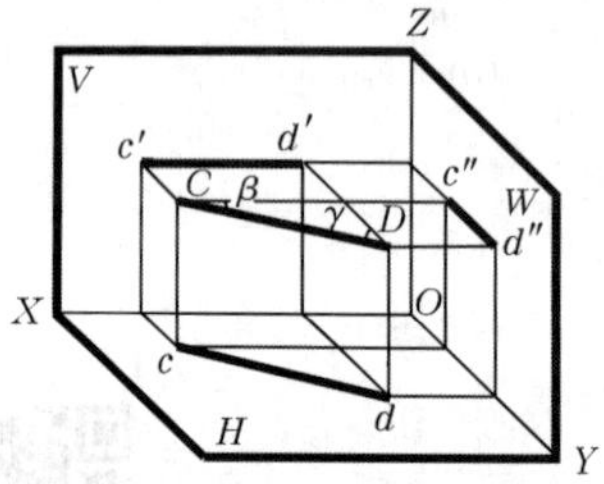	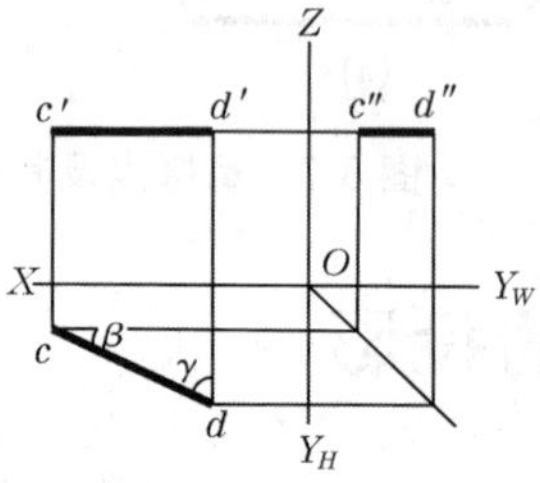	1. $c'd'/\!/OX$, $c''d''/\!/OY_W$; 2. $cd=CD$; 3. cd 与投影轴的夹角反映 β 角和 γ 角
侧平线	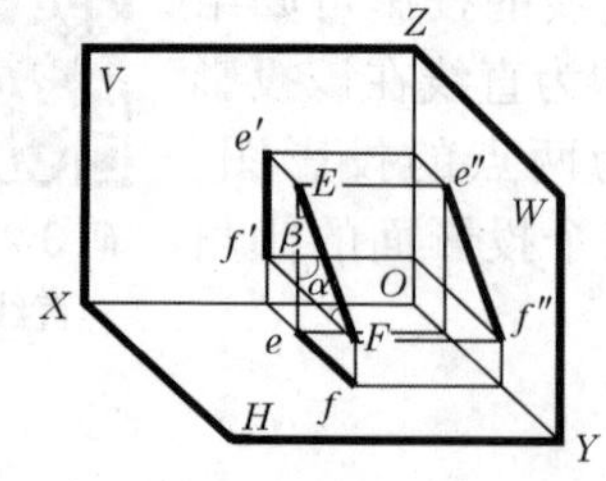	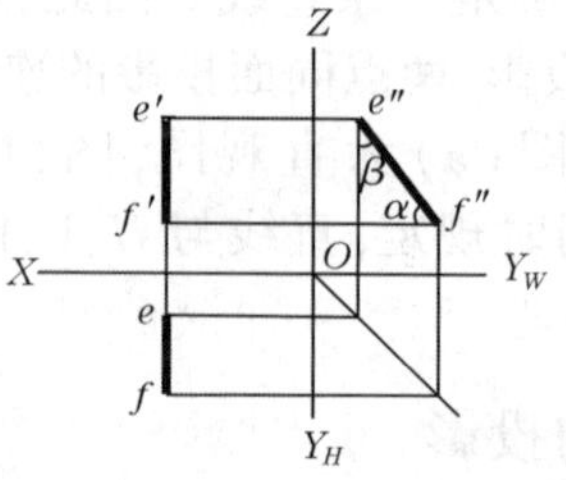	1. $ef/\!/OY_H$, $e'f'/\!/OZ$; 2. $e''f''=EF$; 3. $e''f''$ 与投影轴的夹角反映 α 角和 β 角

由表 3-1 可归纳出以下投影面平行线的投影特性:

(1)直线在它所平行的投影面上的投影反映实长;

(2)反映实长的投影与相应投影轴的夹角，分别反映直线与相应投影面的倾角；

(3)其他两投影均小于实长，且分别平行于相应的投影轴。

(二)投影面垂直线

垂直于 H 面的投影面垂直线称为铅垂线；垂直于 V 面的投影面垂直线称为正垂线；垂直于 W 面的投影面垂直线称为侧垂线。各投影面垂直线的投影和投影特性见表 3-2。

由表 3-2 可归纳出以下投影面垂直线的投影特性：

(1)直线在它所垂直的投影面上的投影积聚为一点；

(2)其他两投影均反映实长，且平行于同一投影轴。

表 3-2　各投影面垂直线的投影和投影特性

种类	直观图	投影图	投影特性
正垂线	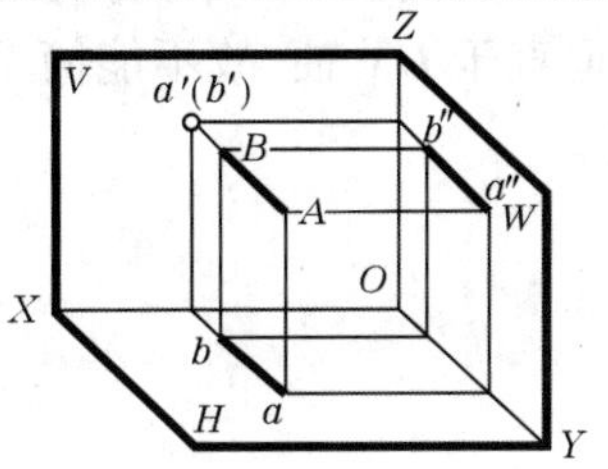	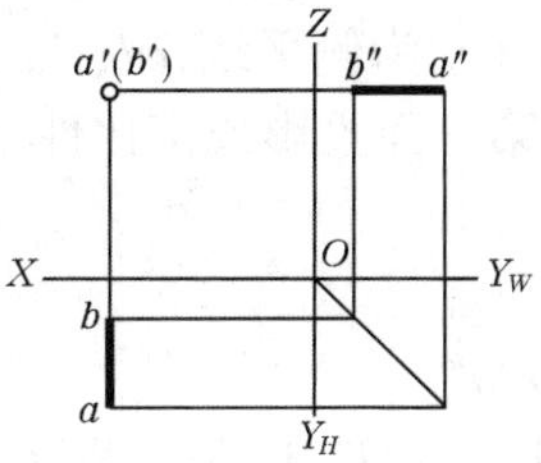	1. $a'b'$积聚为一点； 2. $ab//OY_H$，$a''b''//OY_W$； 3. $ab=a''b''=AB$
铅垂线	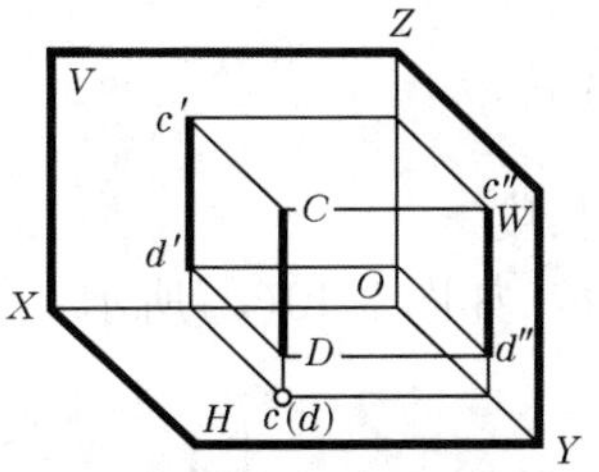	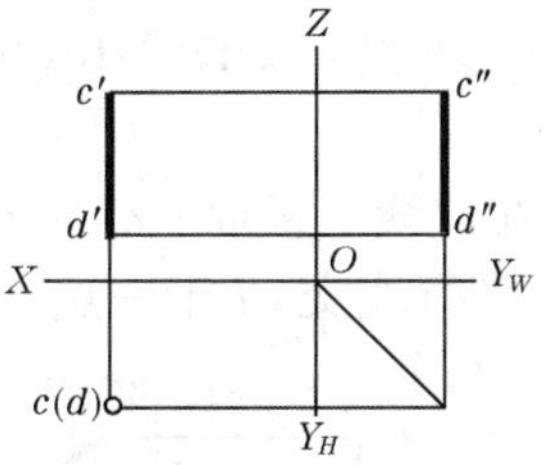	1. cd积聚为一点； 2. $c'd'//c''d''//OZ$； 3. $c'd'=c''d''=CD$
侧垂线	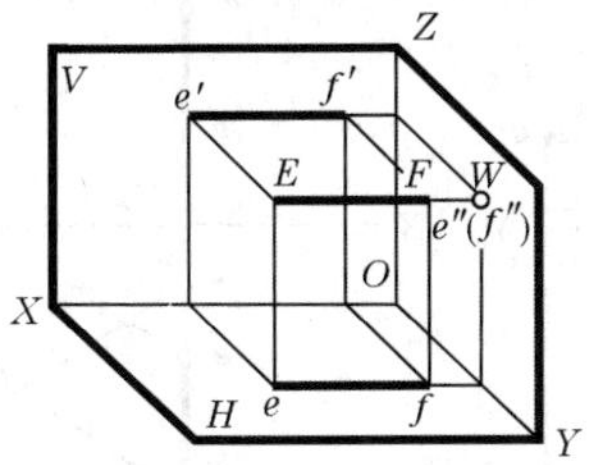	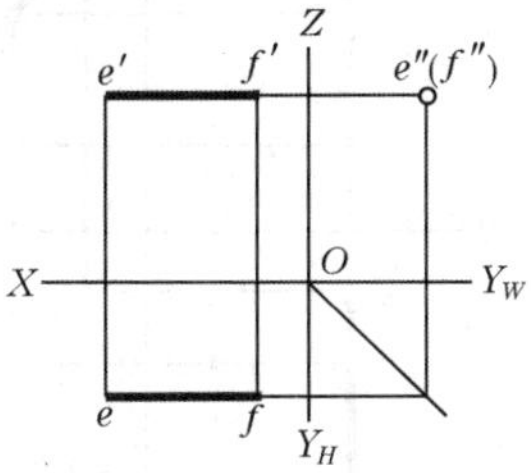	1. $e''f''$积聚为一点； 2. $ef//e'f'//OX$； 3. $ef=e'f'=EF$

(三)一般位置直线

如图 3-8 所示，直线 AB 与三个投影面都倾斜，称为一般位置直线。由图可归纳出一般位置直线的投影特性为：三个投影都不反映实长，且都与投影轴倾斜，都不反映与投影面的真实倾角。

码 3-3　微课-线的投影

二、直线上的点

如图 3-9 所示，直线上的点和直线本身具有如下投影特性：

(1)从属性。点在直线上，则点的投影必在直线的同面投影上，且符合点的投影规律；反之，如果点的投影均在直线的同面投影上，则点必定在直线上。

(2)定比性。一点分直线成两段,则两段长度之比等于其投影长度之比,即 $AK:KB=a'k':k'b'=ak:kb=a''k'':k''b''$;反之,若点的各投影分线段的同面投影长度之比相等,则此点在该直线上。

利用上述特性可以作直线上点的投影,也可判断点是否在直线上。

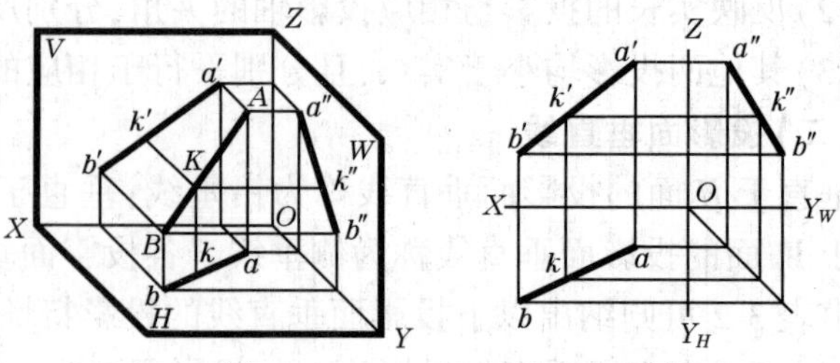

图 3-9　直线上点的投影

【例 3-4】　已知侧平线 *CD* 的两面投影及线上 *E* 点的正面投影 e',求水平投影 e。

分析:由图 3-10(a)可知,*CD* 为侧平线,cd、$c'd'$ 均垂直于 *OX* 轴,故不能简单地利用直线上点的从属性求 e,可利用第三面投影或定比性求解。

作图:

方法一:

(1)绘制 *OZ* 轴,并求出 $c''d''$。

(2)过 e' 作 *OZ* 轴的垂线,交 $c''d''$ 于一点,即为 e''。

(3)由 e'' 和 45°辅助线即可求得 e,如图 3-10(b)所示。

方法二:

(1)过 c 任作一射线,并在此线上量取 $c'e'$、$e'd'$ 的长度。

(2)连 dd',过 e' 作 dd' 的平行线交 cd 于一点,即为 e,如图 3-10(c)所示。

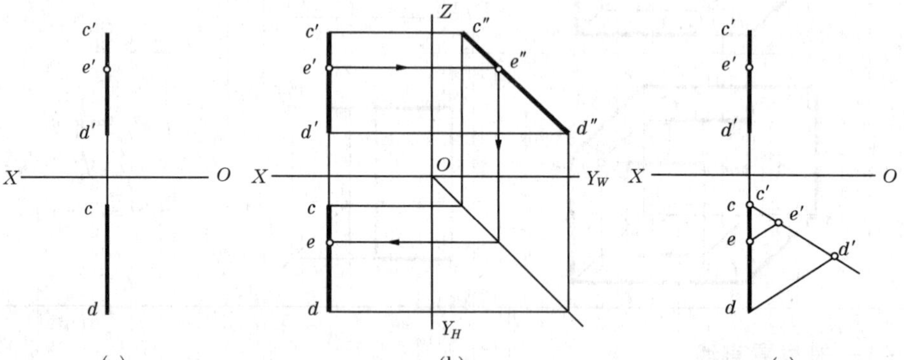

图 3-10　补全侧平线上一点的投影

三、两直线的相对位置

空间两直线的相对位置有三种:平行、相交(含垂直相交)、交叉。下面分别介绍它们的投影特性。

(一)两直线平行

空间两直线平行,它们的同面投影必互相平行;反之,若两直线的同面投影都互相平行，则两直线在空间必互相平行，如图 3-11 所示。

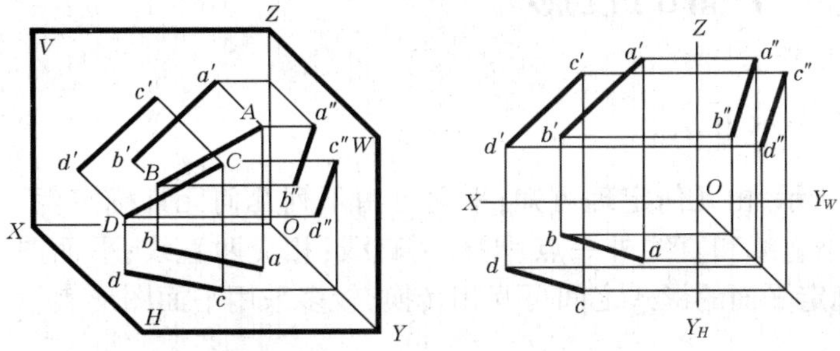

图 3-11　两直线平行

（二）两直线相交

空间两直线相交，它们的同面投影必相交，且各面投影的交点符合点的投影规律；反之，若两直线的同面投影都相交，且各面投影的交点符合点的投影规律，则两直线在空间必相交，如图 3-12 所示。

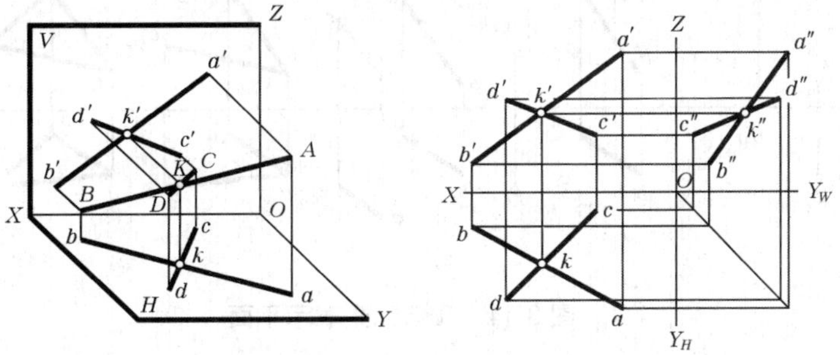

图 3-12　两直线相交

（三）两直线交叉

两直线的投影图不符合平行或相交特性的即为交叉，也称异面，如图 3-13 所示。

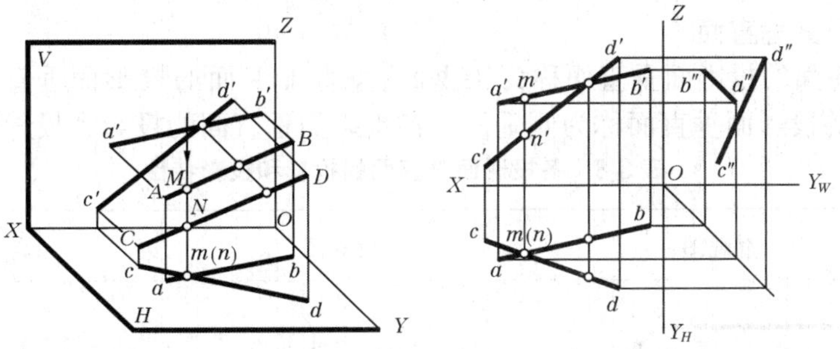

图 3-13　两直线交叉

图中 ab 与 cd、$a'b'$ 与 $c'd'$ 相交，但交点的投影连线不垂直于 OX 轴，不符合点的投影规律。ab 与 cd 的交点实际上是 AB 上 M 点和 CD 上 N 点在 H 面上的投影重影点。V 面上的投影重影点读者可自行分析。

任务三 平面的投影

一、平面的表示方法

如图 3-14 所示,由几何定理可知,平面可由下列几何元素确定:不共线的三点;一条直线和直线外一点;平行两直线;相交两直线;平面图形。上述各种确定平面的形式之间可互相转换,较多采用平面图形表示平面。

码 3-4 微课-面的投影

二、各种位置平面的投影

规定平面对 H、V、W 三个投影面的倾角分别用 α、β、γ 表示。按平面与投影面的相对位置,平面可分为以下三类:

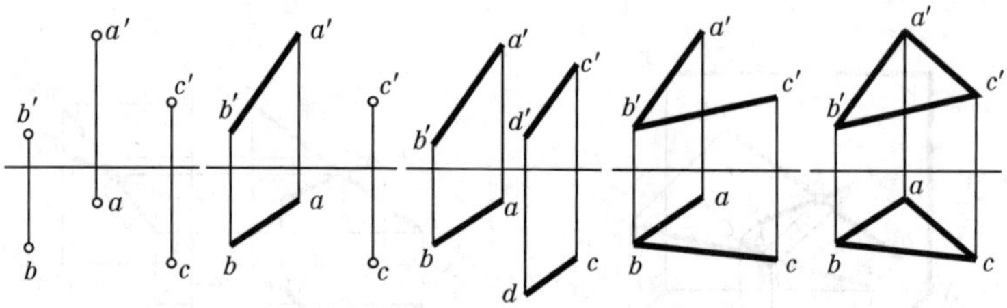

图 3-14 几何元素表示平面

(1)垂直于一个投影面、倾斜于其他两个投影面的平面,称为投影面垂直面;

(2)平行于一个投影面、垂直于其他两个投影面的平面,称为投影面平行面;

(3)倾斜于三个投影面的平面,称为一般位置面。

前两类平面统称为特殊位置面。下面分别讨论三类平面的投影及其投影特性。

(一)投影面垂直面

垂直于 H 面的投影面垂直面称为铅垂面;垂直于 V 面的投影面垂直面称为正垂面;垂直于 W 面的投影面垂直面称为侧垂面。各投影面垂直面的投影和投影特性见表 3-3。

表 3-3 各投影面垂直面的投影和投影特性

种类	直观图	投影图	投影特性
正垂面	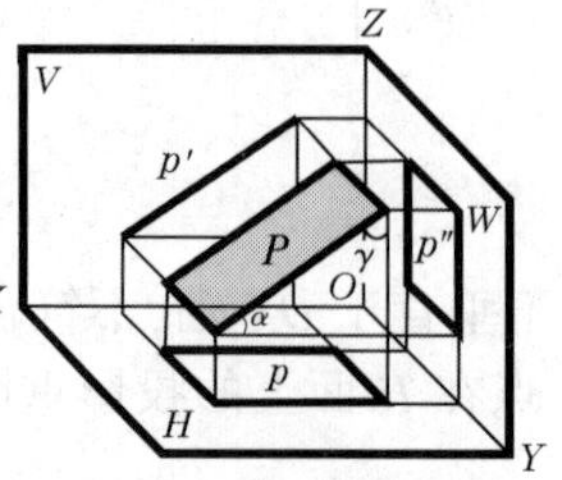	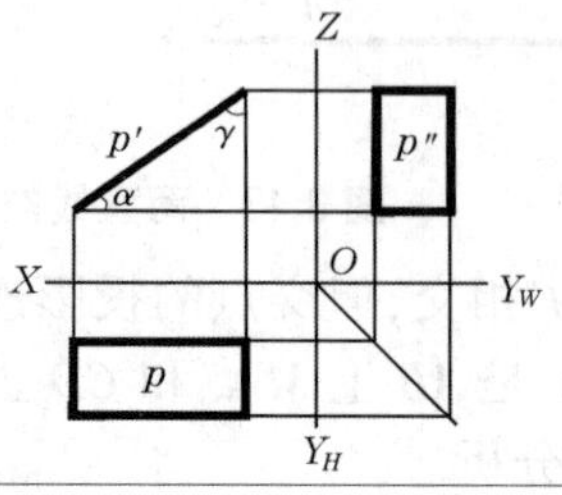	1. p'积聚为一直线; 2. p'与投影轴夹角反映α角和γ角; 3. p、p''为类似图形

续表 3-3

种类	直观图	投影图	投影特性
铅垂面	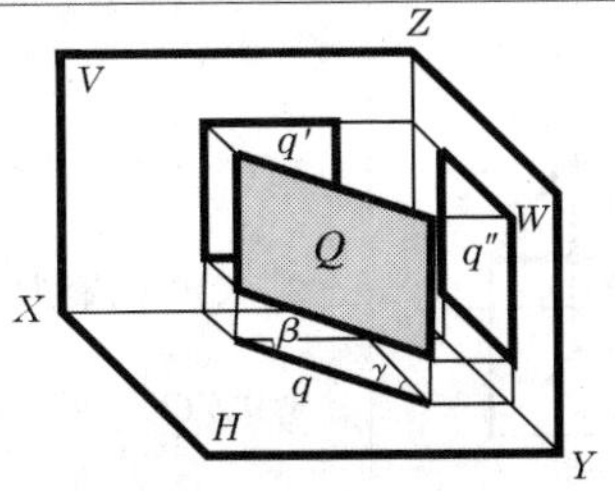	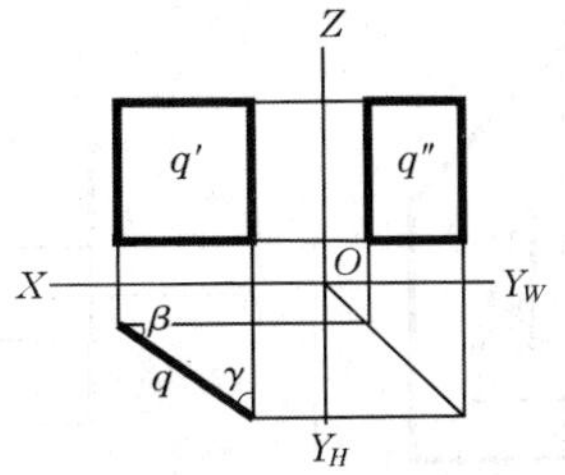	1. q积聚为一直线； 2. q与投影轴夹角反映β角和γ角； 3. q'、q''为类似图形
侧垂面	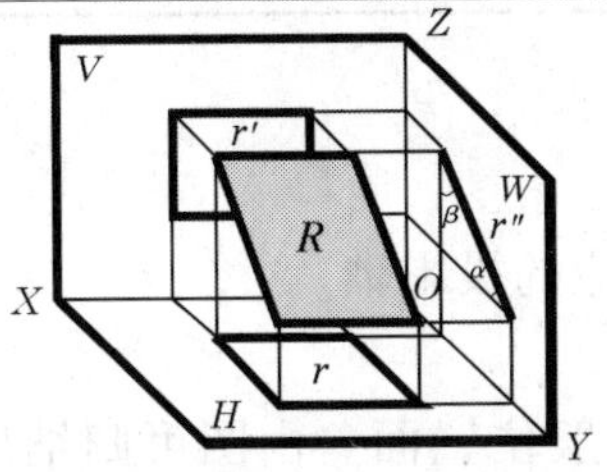	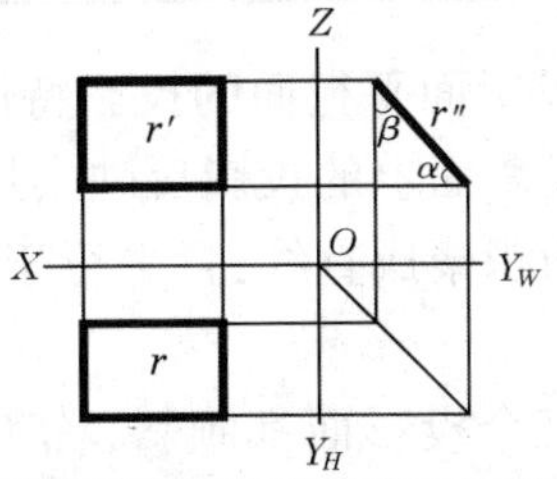	1. r''积聚为一直线； 2. r''与投影轴夹角反映α角和β角； 3. r、r'为类似图形

由表 3-3 可归纳出以下投影面垂直面的投影特性：

(1) 平面在它所垂直的投影面上的投影积聚成一条与投影轴倾斜的直线，此直线与投影轴所成的夹角，分别反映平面与相应投影面的倾角。

(2) 平面的其他两投影均为平面的类似形。

(二) 投影面平行面

平行于 H 面的投影面平行面称为水平面；平行于 V 面的投影面平行面称为正平面；平行于 W 面的投影面平行面称为侧平面。各投影面平行面的投影和投影特性见表 3-4。

表 3-4　各投影面平行面的投影和投影特性

种类	直观图	投影图	投影特性
正平面	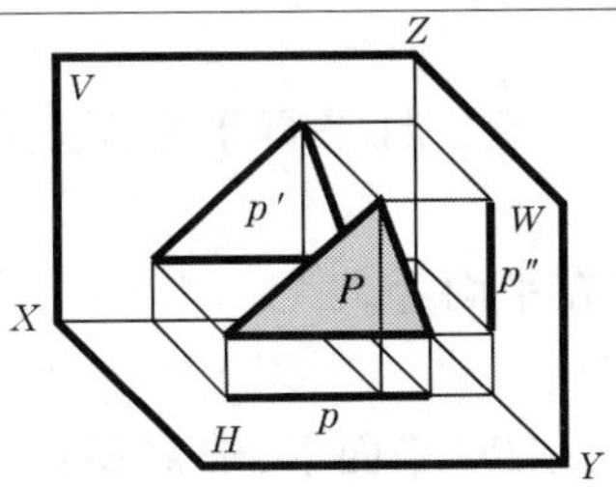	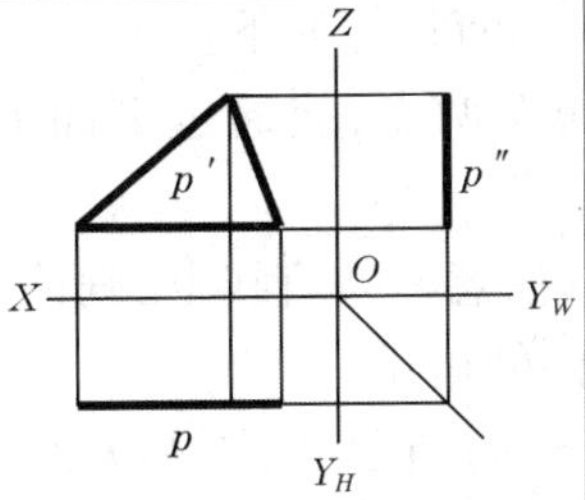	1. p'反映实形； 2. p、p''积聚为一条直线； 3. $p // OX$, $p'' // OZ$
水平面	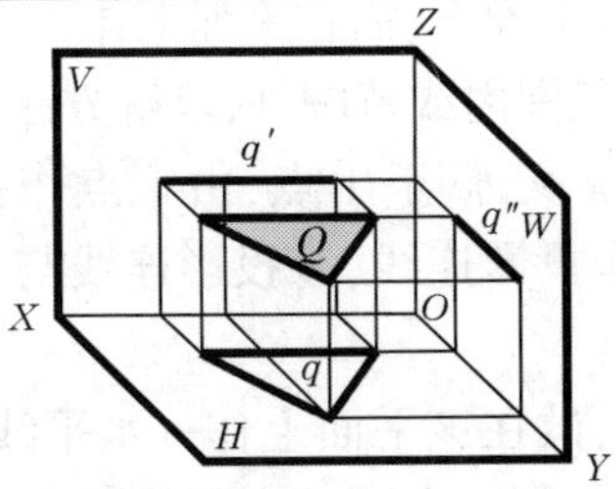	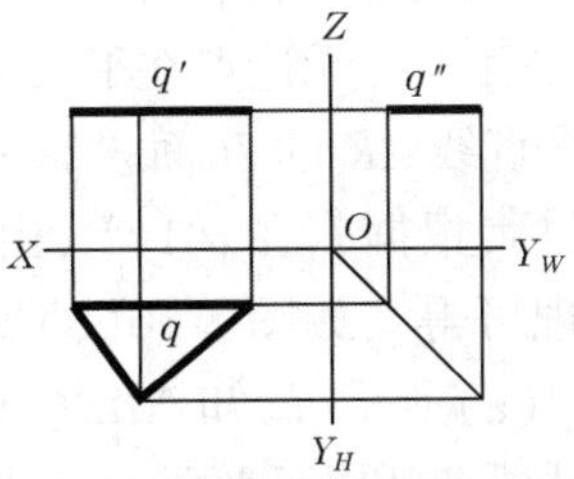	1. q 反映实形； 2. q'、q''积聚为一条直线； 3. $q' // OX$, $q'' // OY_W$

续表 3-4

种类	直观图	投影图	投影特性
侧平面	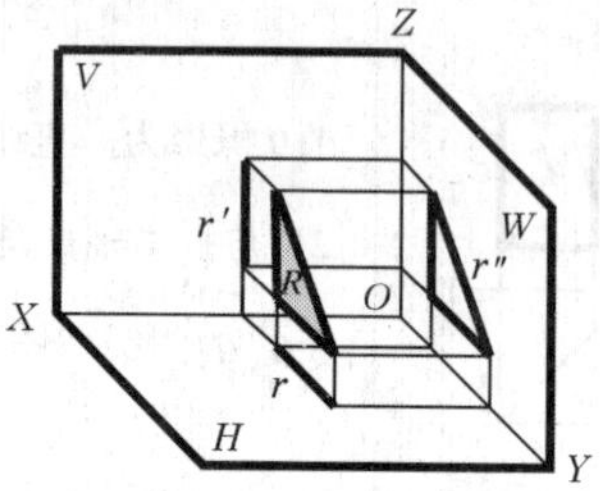	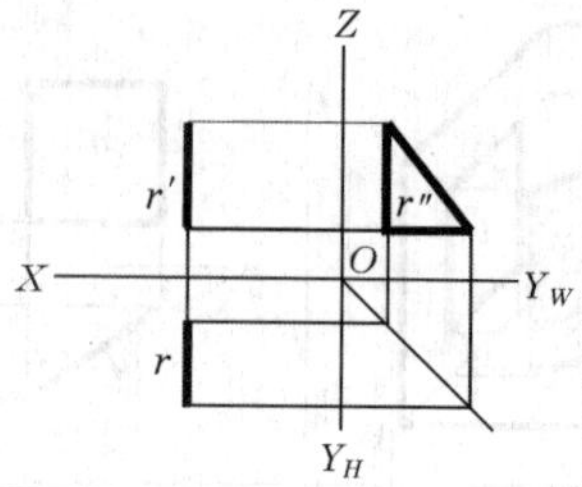	1. r''反映实形; 2. r、r'积聚为一条直线; 3. $r//OY_H$,$r'//OZ$

由表 3-4 可归纳出以下投影面平行面的投影特性:

(1)平面在它所平行的投影面上的投影反映实形;

(2)平面的其他两投影均积聚成直线,且平行于相应的投影轴。

(三)一般位置面

如图 3-15 所示,平面与三个投影面都倾斜,称为一般位置面。由图可归纳出一般位置面的投影特性为:三个投影既无积聚性,又不反映实形,都为缩小的类似图形。

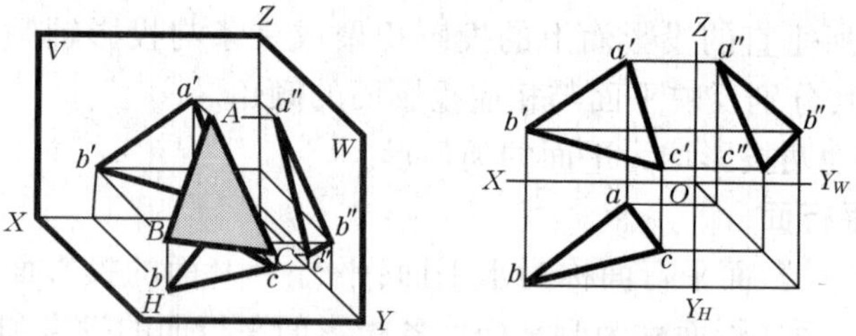

图 3-15　一般位置面的投影

三、平面上的点和直线

点、直线在平面上的几何条件如下:

(1)若直线通过平面上两点,或通过平面上的一个点,且平行于平面上任意一条直线,则该直线必在平面上。

(2)若点位于平面的任意一条直线上,则该点必在平面上。

现举例说明上述条件的运用。

【例 3-5】　如图 3-16(a)所示,已知 K、L 两点在△ABC 平面上,求 k'和 l。

分析:根据点在平面上的几何条件,为使所求点在平面上,需在平面上作一直线,使所求点在该直线上,则点必在平面上。无论点在平面图形范围内或范围外,求解方法都一样。

作图:在平面上先作直线 AK 的 H 面投影 ak,ak 交 bc 于 1 点,由 1 点作投影连线交 $b'c'$于 $1'$点,连接 $a'1'$,最后,根据 k'在 $a'1'$上,由 k 作投影连线,该投影连线与 $a'1'$的延长线相交,交点即为 k';同理可得 l,如图 3-16(b)所示。

【例 3-6】　如图 3-17(a)所示,已知△ABC 平面,试在该平面上作一水平线。

分析:平面上的水平线既要从属于平面,又要平行于 H 面,因此它的投影具有二重性。

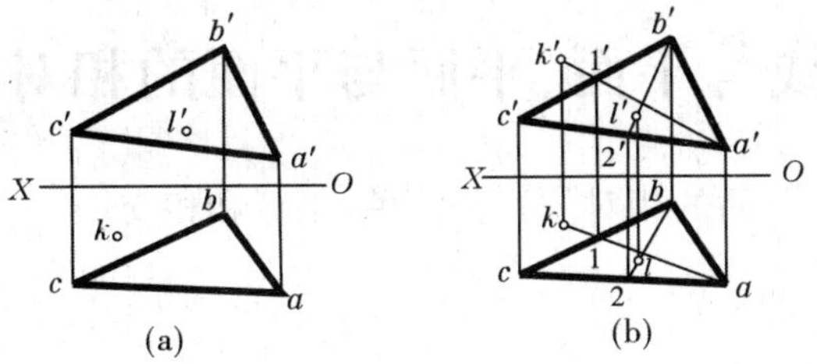

图 3-16 平面上的点

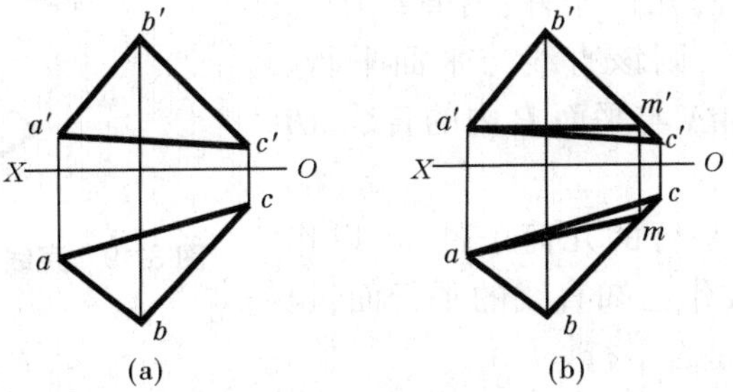

图 3-17 平面上的水平线

作图：

(1)先利用水平线的投影特性，过 a' 作 OX 轴的平行线，交 $b'c'$ 于 m'。

(2)利用线上点的投影特性，在 bc 上求得 m。直线 AM 即为所求，如图 3-17(b)所示。

【例 3-7】 如图 3-18(a)所示，已知四边形平面 $ABCD$ 的投影 $a'b'c'd'$ 及 abc，完成其 H 面投影。

分析：A、B、C 三点确定一个平面，它们的 H 面、V 面投影已知。因此，完成四边形平面 $ABCD$ 的 H 面投影的问题，实质为已知平面 ABC 上一点 D 的 V 面投影，求其 H 面投影 d 的问题。

作图：

(1)连接 ac 和 $a'c'$，即作直线 AC 的 H 面和 V 面投影。

(2)连接 $b'd'$，与 $a'c'$ 相交于 k' 点。

(3)根据直线上点的投影特性，在 ac 上作出 k 点的 H 面投影。

(4)连接 bk，在其延长线上求出 d 点。

(5)连接 ad 和 cd，即为所求，如图 3-18(b)所示。

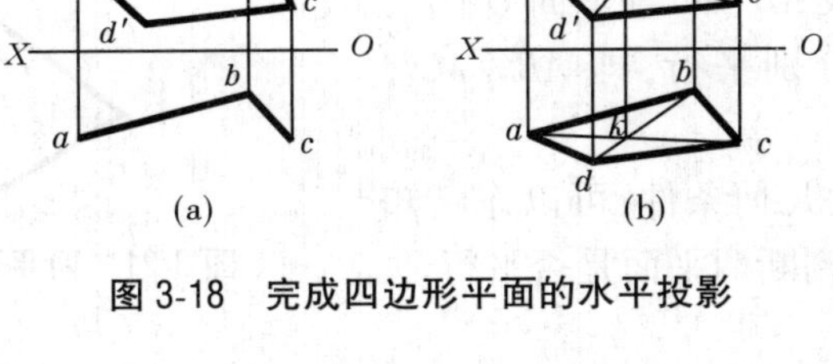

图 3-18 完成四边形平面的水平投影

任务四 直线与平面、平面与平面的相对位置

直线与平面、平面与平面的相对位置分两种：平行和相交。

一、平行位置

(一)直线与平面平行

直线与平面平行的几何条件：若直线平行于平面内任一条直线，则该直线与平面平行。如图3-19所示，直线 MN 与平面 P 内的直线 AB 平行，则 $MN/\!/P$ 面。

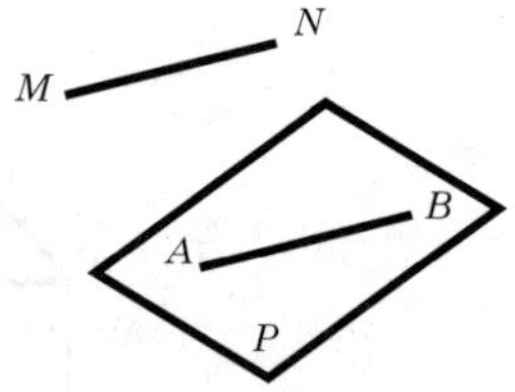

图3-19 直线与平面平行的几何条件

根据直线与平面平行的几何条件，可以作已知平面的平行线，或作已知直线的平行面，也可以判断直线与平面是否平行。

【例3-8】 如图3-20(a)所示，判断直线 MN 与平面 ABC 是否平行。

分析： 问题归结于能否在平面 ABC 内作出平行 MN 的直线。

作图：

(1)在平面 ABC 内任作一直线 EF，使 $e'f'/\!/m'n'$。

(2)求出 ef。由于 ef 不平行于 mn，可得直线 MN 与平面 ABC 不平行，如图3-20(b)所示。

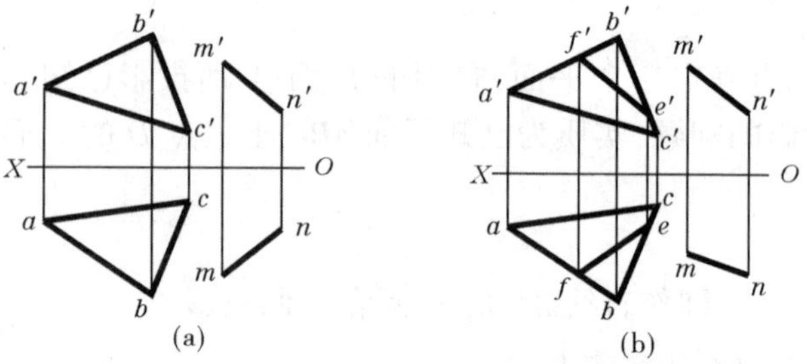

图3-20 判断直线与平面是否平行

(二)平面与平面平行

平面与平面平行的几何条件：若一平面内的两相交直线分别平行于另一平面内的两相交直线，则两平面互相平行。如图3-21所示，平面 P 内的两相交直线 AB、BC 与平面 Q 内的两相交直线 MN、NI 分别平行，即 $AB/\!/MN$，$BC/\!/NI$，则 $P/\!/Q$。

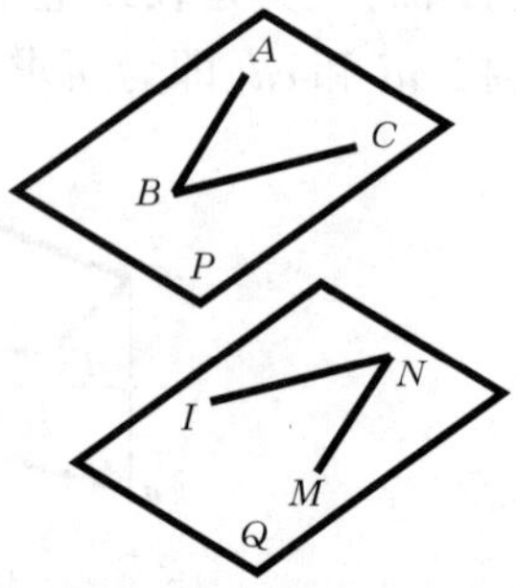

图3-21 两平面平行的几何条件

根据两平面平行的几何条件，可以作已知平面的平行面，也可以判断两平面是否平行。

【例 3-9】 如图 3-22(a)所示,已知△ABC 和点 E,过点 E 作平面平行于△ABC。

分析:只需过点 E 分别作直线 $EF//AB$,$EG//BC$,直线 EF、EG 确定的平面即为所求平面。

作图:

(1)作直线 $EF//AB$ 边,即 $ef//ab$,$e'f'//a'b'$。

(2)作直线 $EG//BC$ 边,即 $eg//bc$,$e'g'//b'c'$,如图 3-22(b)所示。

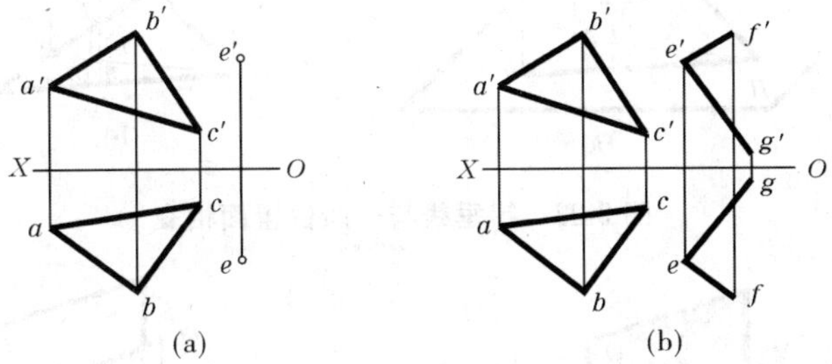

图 3-22 作平面平行于已知平面

二、相交位置

相交位置主要解决直线与平面相交求交点、两平面相交求交线,并考虑可见性的问题。

直线与平面的交点是线面的共有点,它既在直线上,又在平面内。两平面的交线是两平面的共有线,它同时属于两个平面。以上性质是求交点、求交线的作图依据。

在投影作图中,假设平面是不透明的,将相交时被平面遮住的直线段(或另一平面的部分轮廓线)的投影画成虚线,即为求可见性。线面的交点及两面的交线是可见与不可见的分界。

下面介绍几类相交情况。

(一)投影面垂直线与一般位置平面相交

由于直线有积聚性,可利用积聚投影求出交点,再利用重影点判别可见性。

如图 3-23(a)所示,铅垂线 MN 与一般位置面 ABC 相交。由于交点 K 是直线 MN 上的点,k 一定重合于其积聚投影 $m(n)$,K 点又在 ABC 面内,现已知 k,可根据平面上取点的方法过点 K 作辅助线 AE,然后求出 k',如图 3-23(b)所示。

在正面投影中,利用两交叉直线的重影点来判别可见性。MN 线上的Ⅰ点与 BC 线上的Ⅱ点正面投影重合,由水平投影看出,Ⅰ点在前,Ⅱ点在后,故 $k'n'$ 段有一部分不可见,应将该段与平面投影重叠的部分画成虚线。

(二)一般位置直线与特殊位置平面相交

由于平面处于特殊位置,它的某一面投影有积聚性,因此可利用其积聚性投影求出交点,并判别可见性。

如图 3-24(a)所示,一般位置线 MN 与铅垂面 Q 相交。交点 K 既在 MN 上,又在 Q 面内,现平面 Q 的水平投影积聚为直线 q,故 mn 与 q 的交点即为 k,然后由 k 作投影连线,与 $m'n'$ 相交于 k',K 即为 MN 与 Q 的交点,如图 3-24(b)所示。由水平投影的前后位置可看出,kn 段有一部分被 q 遮挡,故应将该段与平面投影重叠的部分画成虚线。

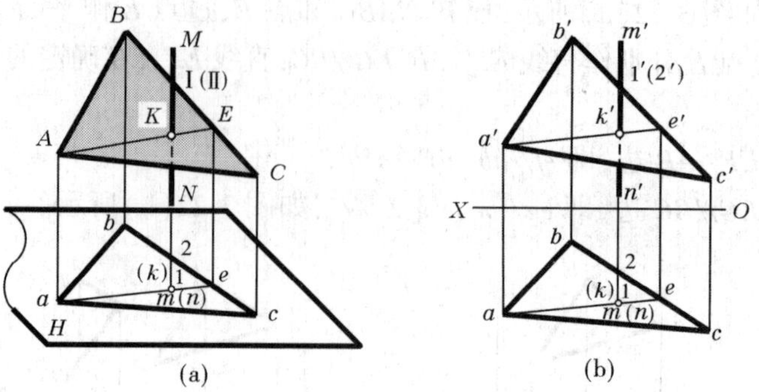

图 3-23　铅垂线与一般位置面相交

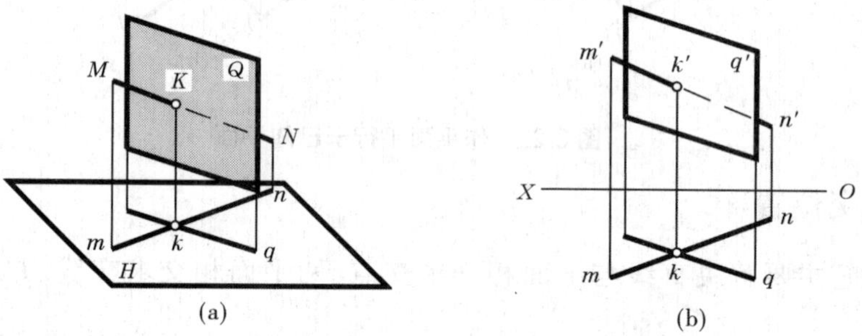

图 3-24　一般位置线与铅垂面相交

(三)两特殊位置平面相交

两平面均垂直于某投影面时,它们的交线也垂直于该投影面。可利用两平面的积聚投影求交线,并判别可见性。

(四)一般位置平面与特殊位置平面相交

利用特殊位置平面的积聚投影求交线并判别可见性。

如图 3-25(a)所示,一般位置面 ABC 与铅垂面 Q 相交。由于 Q 面的水平投影积聚为直线 q,交线 KL 的水平投影 kl 重合在 q 上;交线 KL 又是 ABC 面内的直线,可由 kl 求出 $k'l'$。作图时,可分别作出 AB、AC 边与 Q 面的交点 K 和 L,连之即得交线 KL。根据水平投影可判断出 ABC 面的 AKL 部分在 Q 面之前,故在正面投影中 $a'k'l'$ 是可见的,另一部分不可见,虚线和实线如图 3-25(b)所示。

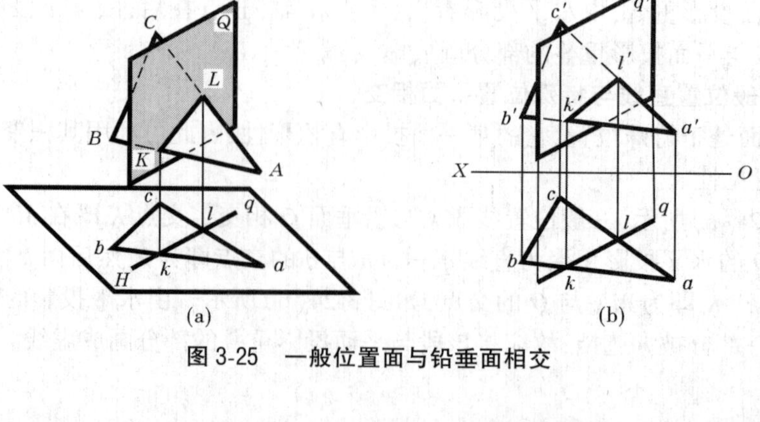

图 3-25　一般位置面与铅垂面相交

项目四 基本体的投影

【课程思政】

中国是砌体大国,在历史上有举世闻名的万里长城,万里长城是两千多年前用“秦砖汉瓦”建造的世界上最伟大的砌体工程之一。砌体就是基本体的一种形式,是构成建筑物的基本构件,依据基础能力体系化的规律和特点学习基本体三视图的画法。

基本体是构成工程形体的基本单元。如图 4-1(a)所示的闸墩,可视为由若干基本体经叠加或切割而形成,如图 4-1(b)所示。掌握基本体视图的画法和识读方法,可为研究工程形体的视图打下基础。

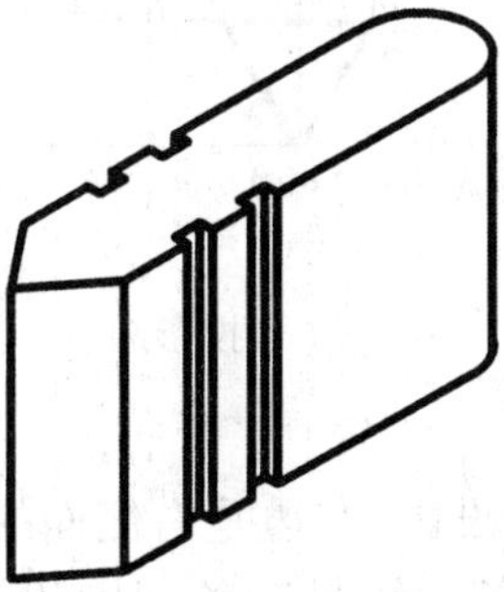

(a)

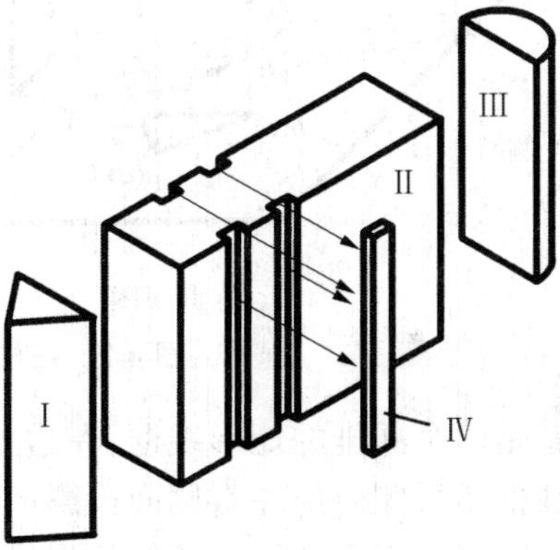

(b)

图 4-1 基本几何体与工程形体

基本体根据其表面的几何性质可分为平面立体和曲面立体两大类:

平面立体是由若干平面围成的几何体,如棱柱体、棱锥体等。

曲面立体是由曲面或曲面与平面所围成的几何体,如圆柱体、圆锥体、圆球体等。

任务一 平面立体投影及表面上的点线

平面立体的表面都是由平面围成的,作平面体的投影,就是作出各平面的投影。因此,分析组成立体表面的各平面对投影面的相对位置及其投影特性,对正确作图是很重要的。

一、棱柱体的投影及表面上的点线

码 4-1 微课-平面体三视图

(一)棱柱体的投影

如图 4-2 所示,在三面投影体系中的一个三棱柱体,其上底面和下底面都是水平面,左、右两侧面是铅垂面,后侧面是正平面。

水平投影是一个三角形线框,它是上底面和下底面投影的重合,并反映实形。三角形的三条边是垂直于 H 面的三个侧立面的积聚投影,三个顶点是垂直于 H 面的三条侧棱的积聚投影。

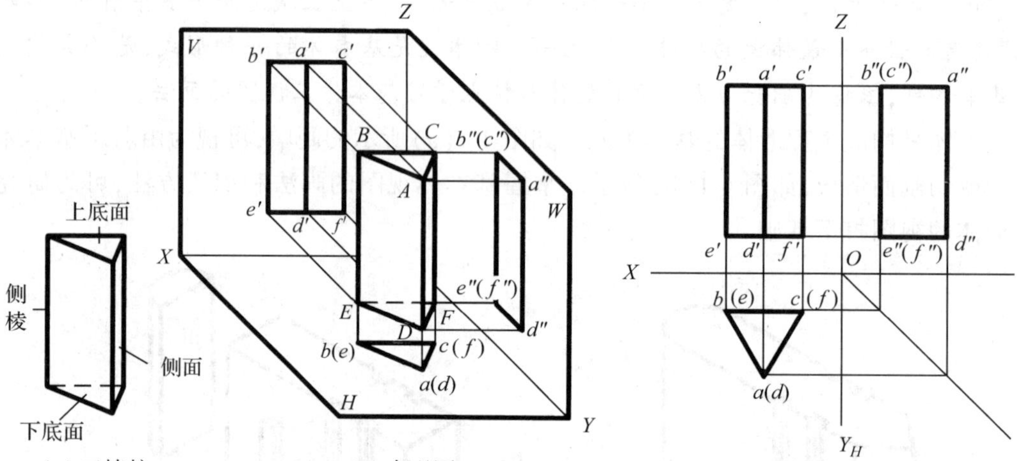

(a)三棱柱 (b)直观图 (c)投影图

图 4-2 三棱柱体的投影

正面投影是两个并排的矩形线框,左边是左侧面的投影,右边是右侧面的投影。两个矩形的外围线框是后侧面与左右侧面投影的重合。三条垂线是三条侧棱的投影,反映实长。两条水平线是上底面和下底面的积聚投影。

侧面投影是一个矩形线框,是左、右两个侧面投影的重合。两条铅垂线,左边一条是后侧面的积聚投影,右边一条是左右两侧面交线(三棱柱前面的一条侧棱)的投影。两条水平线是上底面和下底面的积聚投影。

(二)三棱柱体投影图的画法

三棱柱体投影图的画法如图 4-3 所示。

(三)棱柱体表面上的点和直线

在棱柱体表面取点和直线,可利用表面的积聚性作图。

如图 4-4 所示,在四棱柱体侧面 $ABFE$ 上有一点 K。侧面 $ABFE$ 为正平面,其正面投影为矩形线框,水平投影和侧面投影积聚成直线。点 K 的水平投影和侧面投影 k、k''在四棱柱侧面 $ABFE$ 的积聚投影上,正面投影 k'在四棱柱正面 $ABFE$ 的正面投影矩形线框内。

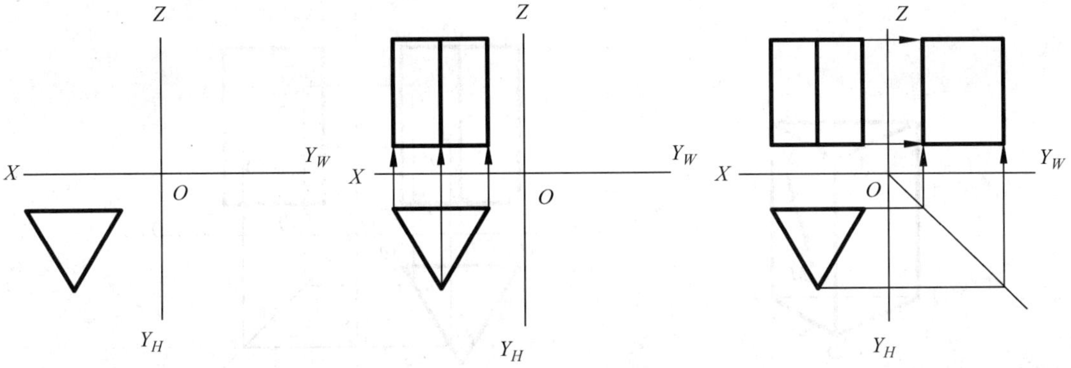

(a) 画反映上下底面实形的俯视图　(b) 根据“长对正”和三棱柱高画正视图　(c) 根据“高平齐、宽相等”画左视图

图 4-3　三棱柱体投影图的画法

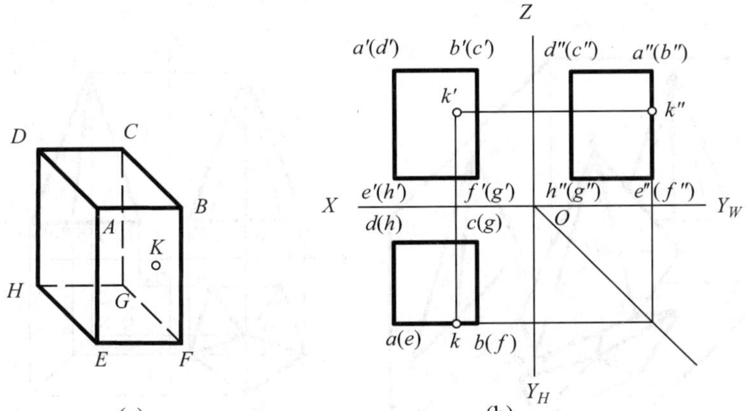

(a)　(b)

码 4-2　微课-立体表面点的绘制

图 4-4　四棱柱体面上点的投影

如图 4-5 所示，在三棱柱体的侧面 *ABED* 上有一直线 *MN*。三棱柱体的侧面 *ABED* 为铅垂面，其水平投影积聚成直线，正面投影和侧面投影为矩形线框。直线 *MN* 的水平投影 *mn* 在三棱柱侧面 *ABED* 的积聚投影上，正面投影 $m'n'$ 和侧面投影 $m''n''$ 分别在两个同面投影的矩形线框内。在侧面投影中因三棱柱的侧面 *ABED* 与 *ADFC* 重合，且为不可见，因此直线 *MN* 的投影 $m''n''$ 不可见，用虚线表示。

二、棱锥体的投影及表面上的点线

(一) 棱锥体的投影

如图 4-6 所示，在三面投影体系中的一个五棱锥体，其底面是水平面，五个侧面中的 *SCD* 是侧垂面，其余都是一般位置平面。

水平投影中外形正五边形线框是底面的投影，反映实形。顶点的投影 *s* 在正五边形的中心，它与五个角点的连线是五条侧棱的投影。五个三角形线框是五个侧面的投影。

正面投影外形是三角形线框，水平线是底面的积聚投影，两条斜边、竖直直线和两条

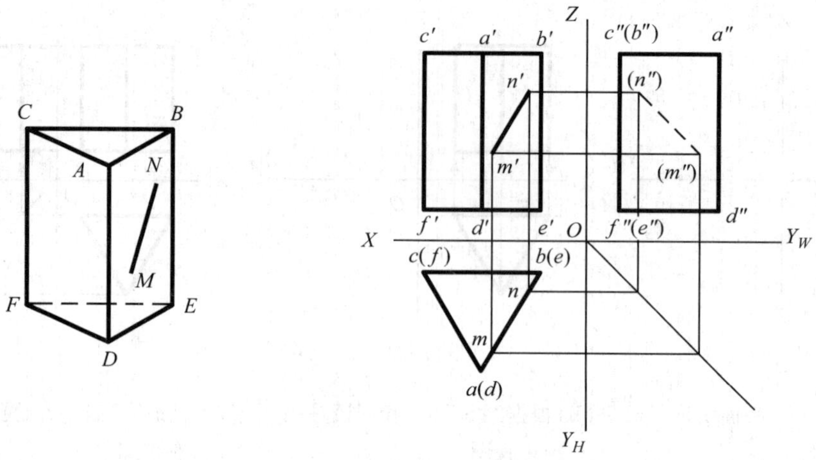

(a)直观图　　　　(b)投影图

图 4-5　三棱柱体表面上的直线的投影

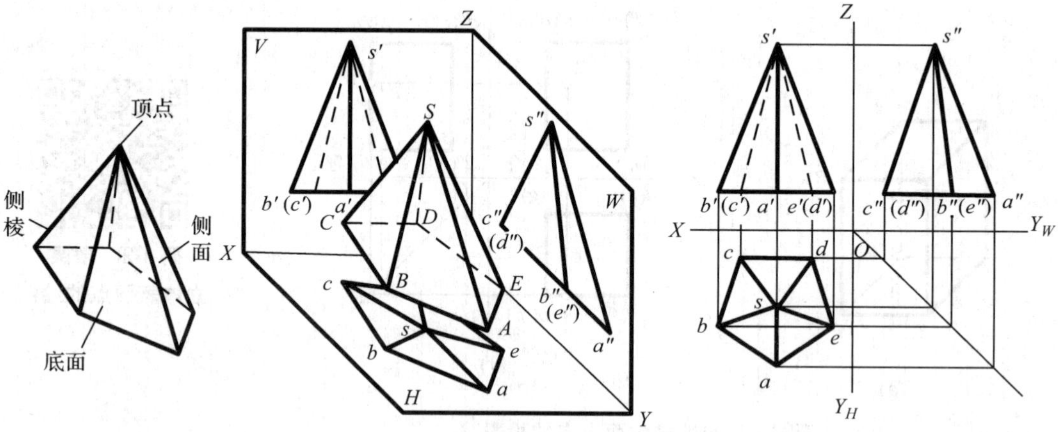

(a)五棱锥体　　　　(b)直观图　　　　(c)投影图

图 4-6　五棱锥体的投影

虚线是五条侧棱的投影。虚线是位于五棱锥体后方两条看不见的侧棱的投影。三角形线框内的小三角形,分别为五个侧面的投影。

侧面投影外形也是三角形线框,水平线是底面的积聚投影。斜边 $s''c''(d'')$ 是侧垂面 SCD 的积聚投影,$s''a''$ 是侧棱 SA 的投影。中间斜线 $s''b''(e'')$ 是侧棱 SB、SE 的投影。三角形线框内的两个小三角形是其余四个侧面投影的重合。

(二)三棱锥体投影图的画法

三棱锥体投影图的画法如图 4-7 所示。

(三)棱锥体表面上的点和直线

在棱锥体表面取点和直线时,可利用平面上的辅助线进行作图。

如图 4-8 所示,在三棱锥体侧面 SAC 上有一点 K。三棱锥的侧面 SAC 为一般位置平面,其三面投影外形都是三角形线框。由于点 K 在侧面 SAC 上,因此点 K 的三面投影必

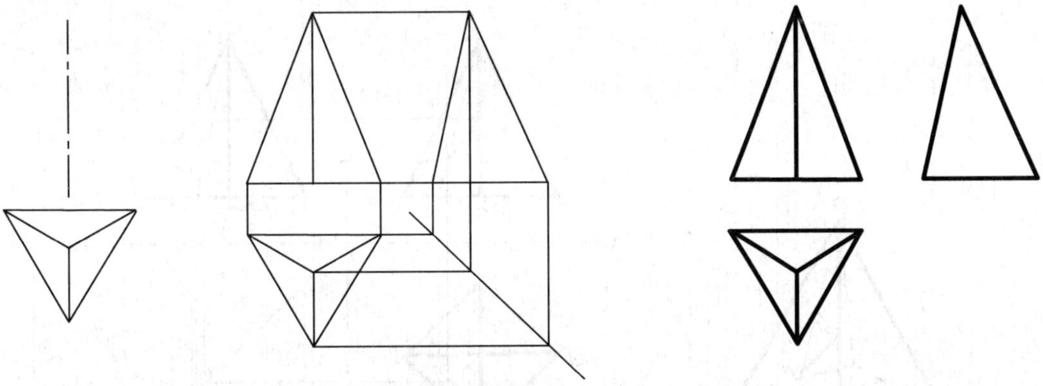

(a)画轴线及反映底面实形的水平投影　(b)按投影关系画其他两投影　(c)检查底稿图,整理并描深图线

图 4-7　三棱锥体投影图的画法

定在三棱锥侧面 SAC 上过点 K 的 SD 直线上(或过点 K 平行于 CD 边的直线上)。

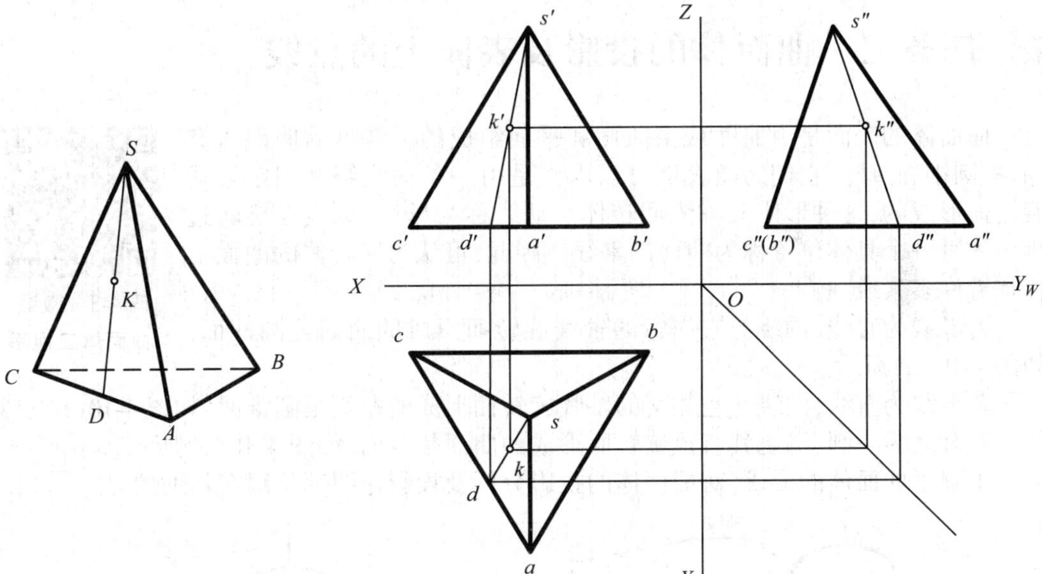

图 4-8　三棱锥体表面上点的投影

如图 4-9 所示,在四棱锥表面 SAB 上有一直线 MN。四棱锥的侧面 SAB 为一般位置平面,其三面投影外形都是三角形线框。直线 MN 的三面投影 mn、m′n′ 和 m″n″分别在四棱锥侧面 SAB 的同面投影内。由于四棱锥的侧面 SAB 在 W 面上的投影为不可见,因此直线 MN 的侧面投影 m″n″亦为不可见,故用虚线表示。

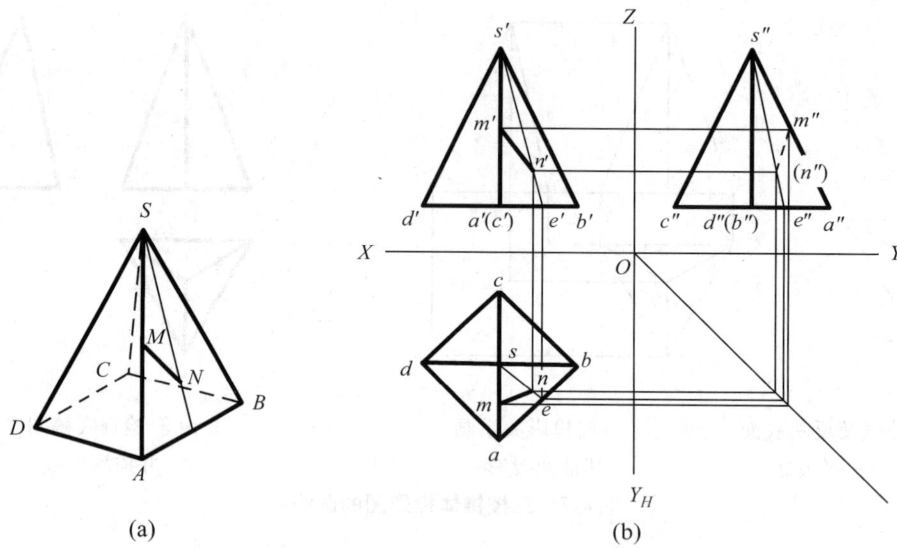

图 4-9　四棱锥体表面上直线的投影

任务二　曲面体的投影及表面上的点线

曲面体的表面是由曲面或由曲面和平面组成的。常见的曲面体有圆柱、圆锥、圆球。它们的曲表面可以看作是由一条动线绕某固定轴线旋转而形成的,这种形体又称为回转体。动线称为母线,母线在旋转过程中的每一个具体位置称为曲面的素线。因此,可认为回转体的曲面上存在着许多素线。

码 4-3　微课-曲面体三视图

若母线为直线,围绕与它平行的轴线旋转而形成的曲面是圆柱面,如图 4-10(a)所示。

若母线为直线,围绕与它相交的轴线旋转而形成的曲面是圆锥面,如图 4-10(b)所示。

若母线为一圆,围绕其直径旋转而形成的曲面是球面,如图 4-10(c)所示。

了解了曲面体的形成,对曲面体的投影分析及投影作图都是很有帮助的。

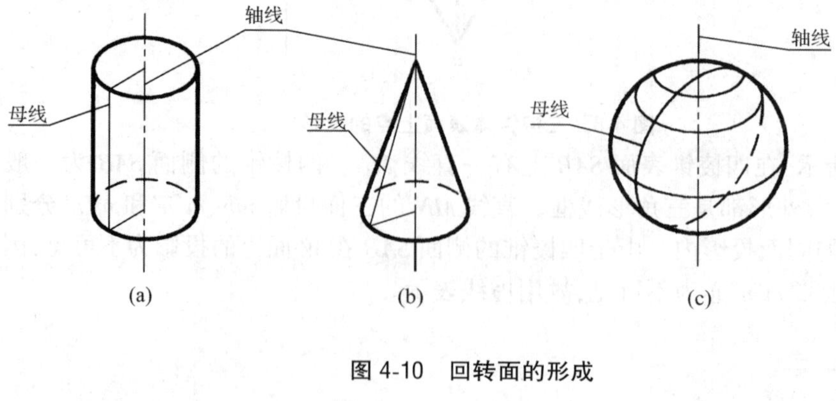

图 4-10　回转面的形成

一、圆柱体的投影及表面上的点线

(一)圆柱体的投影

圆柱体由圆柱面和上、下底平面所围成,如图 4-11(a)所示。图 4-11(b)为一轴线垂直于水平投影面的正圆柱体的三面投影图。其中上、下两底平面为水平面,它的水平投影仍为圆,正面投影和侧面投影均积聚为直线;圆柱体轴线垂直于水平投影面,圆柱面的水平投影有积聚性,在正立投影面上画出轮廓素线 AA_1 和 BB_1 的投影;在侧立投影面上画出轮廓素线 CC_1 和 DD_1 的投影。应注意的是,轮廓素线 AA_1 和 BB_1 的侧面投影及 CC_1 和 DD_1 的正面投影与轴线的投影重合,均不必画出。同时,应在投影图中用点画线画出圆柱体轴线的投影和圆的中心线。

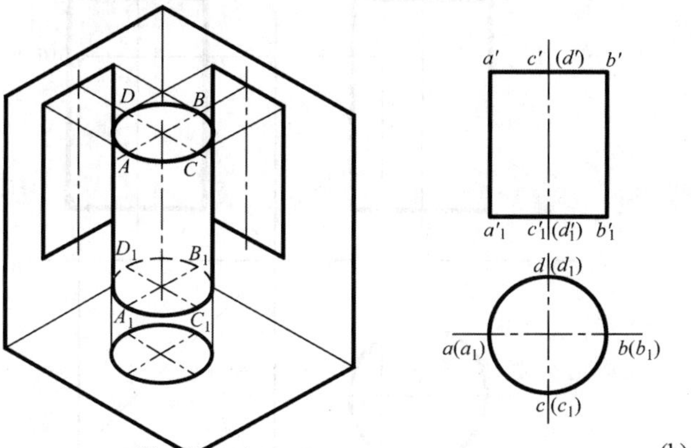

(a)　　(b)

图 4-11　圆柱体的投影图

(二)圆柱体投影图的画法

圆柱体投影图的画法见图 4-12。

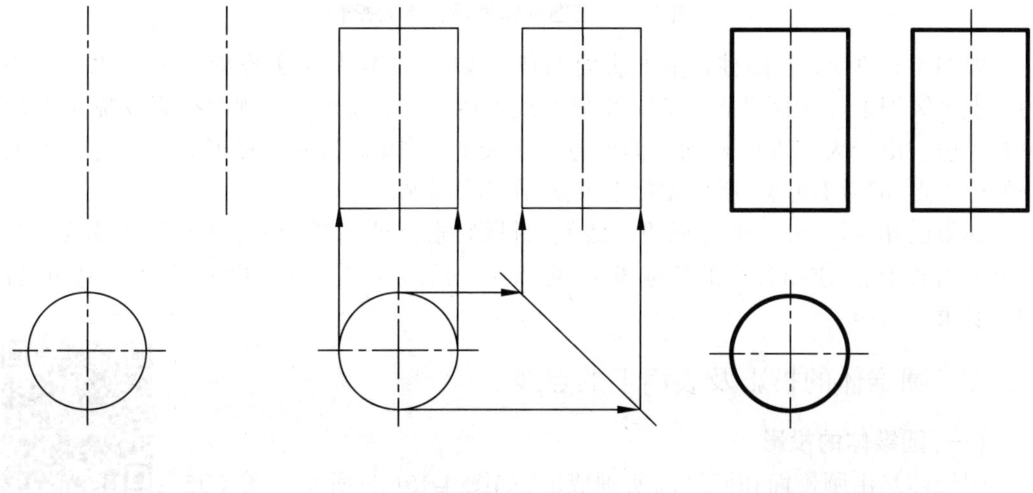

(a)画中心线及反映底面实形的投影　(b)按投影关系画其他两投影　(c)检查底图,整理并描深图线

图 4-12　圆柱体投影图的画法

(三)圆柱体表面上的点和线

在圆柱体表面上取点,可利用圆柱表面的积聚性投影来作图。

如图 4-13 所示,在圆柱体右前方表面上有一点 A,其水平投影 a 在水平中心线的下半个圆周上。正面投影 a'在矩形的右半边,并且为可见。侧面投影 a''也在矩形的右半边,为不可见。

如果已知点 A 的正面投影 a',求其他两投影时,可利用圆柱面的积聚投影,先过 a'作 OX 轴的垂线,与水平投影下半个圆周交于 a,即为点 A 的水平投影,再利用已知点的两个投影求出点 A 的侧面投影 a''。

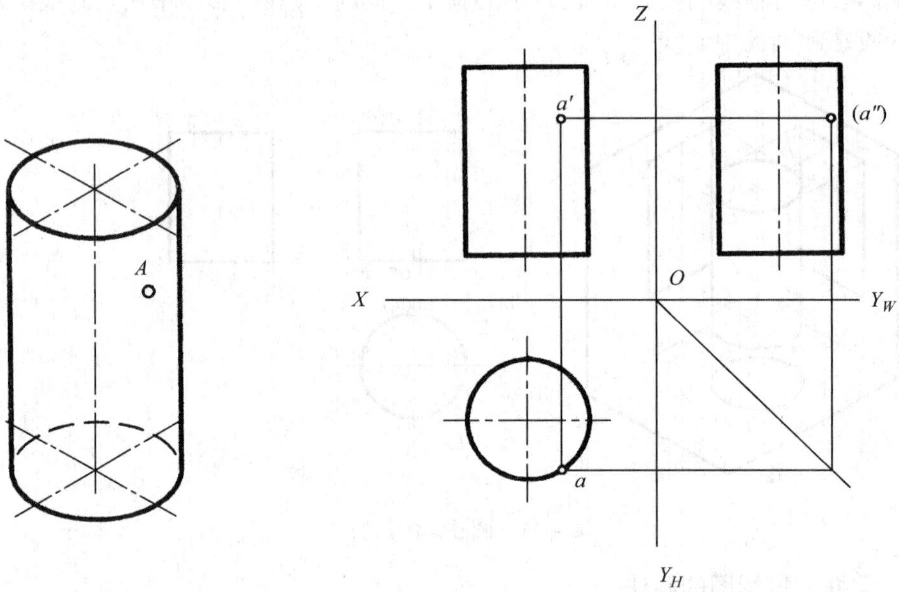

(a)直观图　　(b)投影图

图 4-13　正圆柱体表面上点的投影

如图 4-14 所示,在圆柱体前方表面上有一线段 MKN,其水平投影 mkn 在水平中心线的下半个圆周上。正面投影 $m'k'n'$在矩形线框内,并且为可见。侧面投影 $m''k''n''$在矩形的右半边。由于 K 点在圆柱面最前的轮廓素线上,所以 k''为 $m''k''n''$可见部分与不可见部分的分界点,n''为不可见,所以 $k''n''$不可见,用虚线表示。

如果已知线段 MKN 的正面投影或侧面投影,求其他两投影时,可先在线段的已知投影上定出若干点,求出各点的其他投影,再依次光滑地连接其同面投影,并判别其可见性,即为所求。

二、圆锥体的投影及表面上的点线

(一)圆锥体的投影

圆锥体是由圆锥面和底平面所围成的,如图 4-15(a)所示。图 4-15(b)为一轴线垂直于水平投影面的圆锥体的三面投影图。其中圆锥体底平面平行于 H 面,故其水平投影为反映底平面实形的圆,它的正面投

码 4-4　微课-曲面体上找点

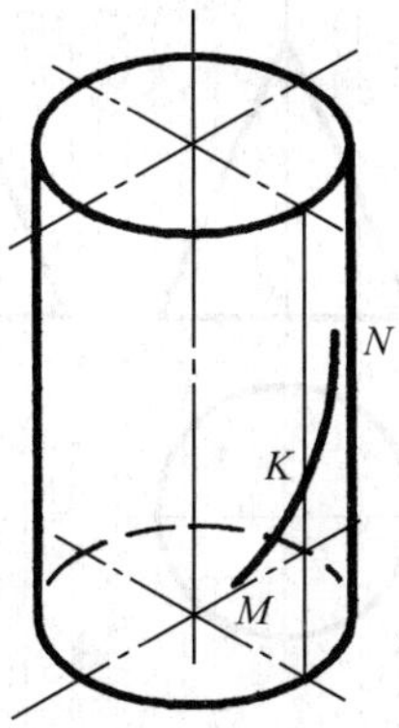

(a) 直观图

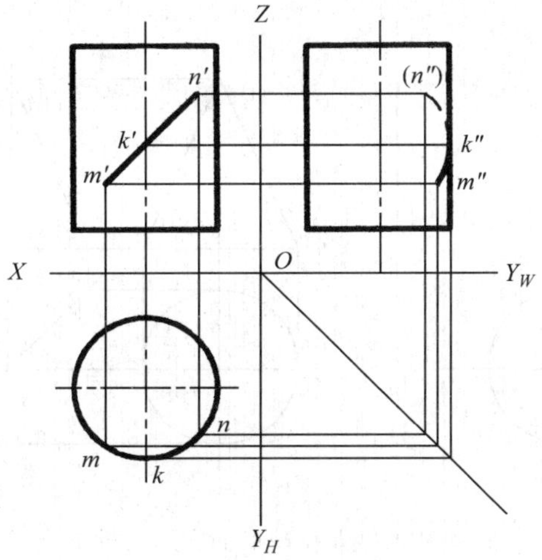

(b) 投影图

图 4-14　正圆柱体表面上线段的投影

影和侧面投影为一直线（$a'b'$ 和 $c''d''$）；圆锥面的正面投影是画出轮廓素线 SA 和 SB 的投影，这两条素线的水平投影和侧面投影不必画出；侧面投影应画出轮廓素线 SC 和 SD 的投影，该两条素线的另两个投影不必画出；水平投影与底面的水平投影重合。对于圆锥面来讲，三个投影都没有积聚性。

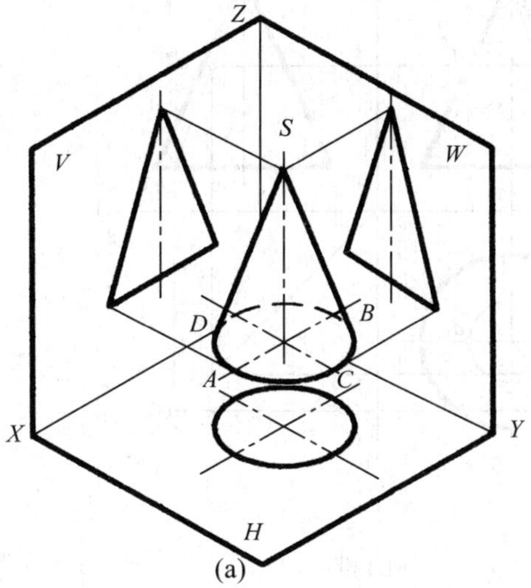

(a)

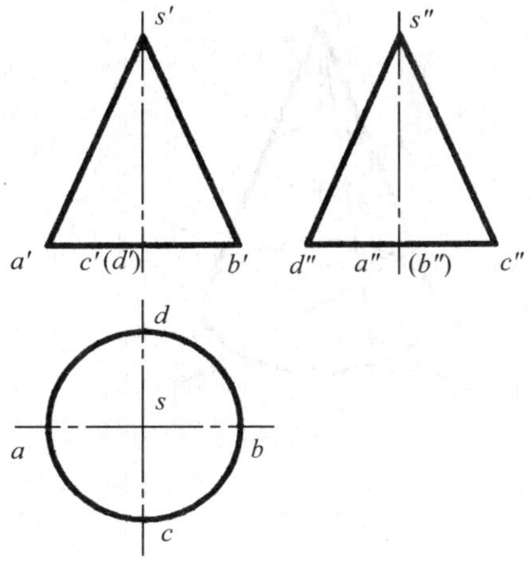

(b)

图 4-15　圆锥体的投影图

（二）圆锥体投影图的画法

圆锥体投影图的画法如图 4-16 所示。

（三）圆锥体表面上的点和线

根据圆锥体的形成可知，圆锥面的三个投影都没有积聚性，所以在圆锥表面上取点时，必须采用过顶点的辅助素线或垂直于圆锥轴线并在锥面上的辅助圆。

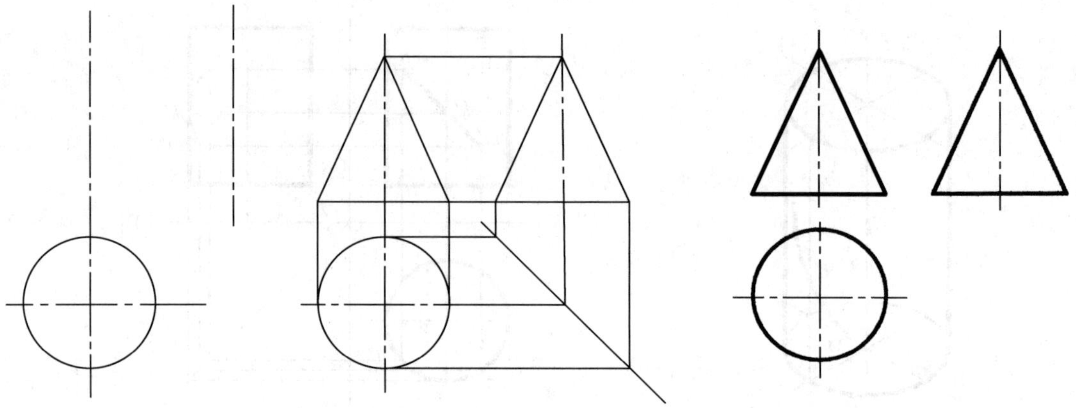

(a)画中心线及反映底面实形的投影

(b)按投影关系画其他投影

图 4-16 圆锥体投影图的画法

如图 4-17 所示,在圆锥体表面上有一点 A,其投影必定在过点 A 的素线 SB 上或过点 A 且平行于底面的圆周上。

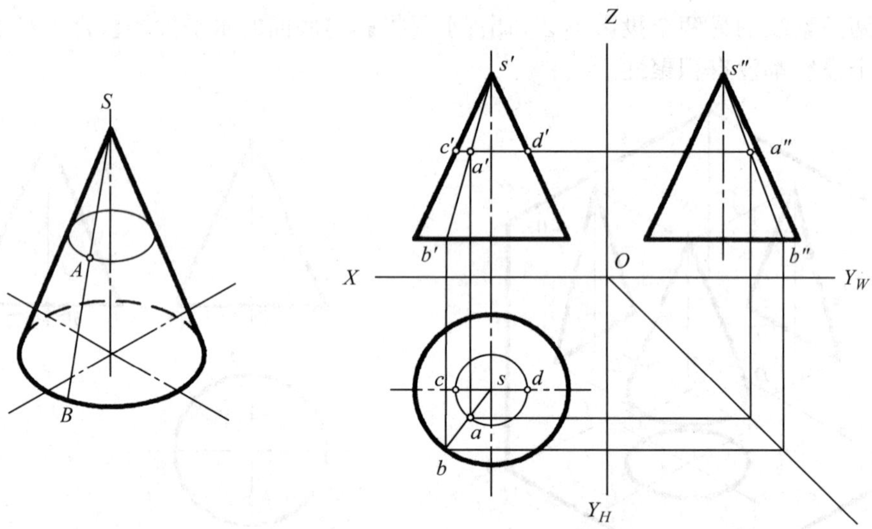

(a)直观图

(b)投影图

图 4-17 正圆锥体表面上点的投影

现以已知点 A 的正面投影 a'求点 A 的其他投影为例,将两种辅助线的作图方法分述如下:

(1)辅助素线法。过 a'作素线 SB 的正面投影 $s'b'$,求出素线的水平投影和侧面投影 sb 和 $s''b''$,再过 a'分别作 OX 轴和 OZ 轴的垂线,交 sb、$s''b''$于 a 和 a''即为所求,如图 4-17(b)所示。

(2)辅助圆法。过 a' 作水平线,交圆锥的轮廓素线于 c'、d',$c'd'$ 即为辅助圆在正面上的积聚投影,其长度等于辅助圆的直径。以 $c'd'$ 为直径、以 s 为圆心在圆锥的水平投影中作底圆投影的同心圆,即为辅助圆的水平投影。再过 a' 作 OX 轴的垂线,交辅助圆的水平投影于 a,即为点 A 的水平投影。最后根据点的投影规律求得点 A 的侧面投影 a''。

求圆锥体表面上线段的投影,可利用上述方法先求出线段上若干点的投影,注意转折点的投影必须求出,再依次光滑地连接其同面投影,并判别其可见性,即为所求。如图 4-18 所示,c'' 点是可见与不可见的分界点,$a''c''$ 为实线,$c''(d'')$ 为虚线。

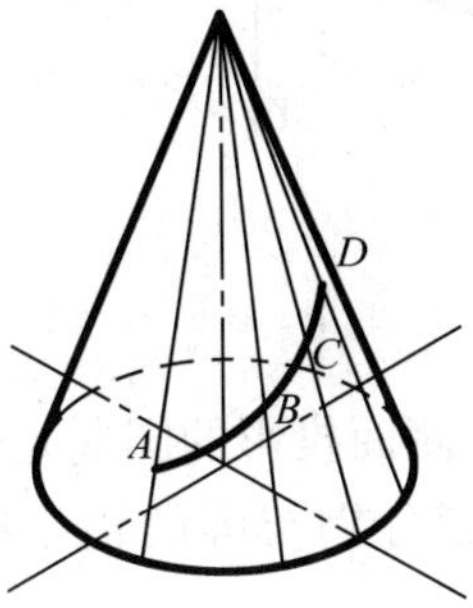

(a) 直观图

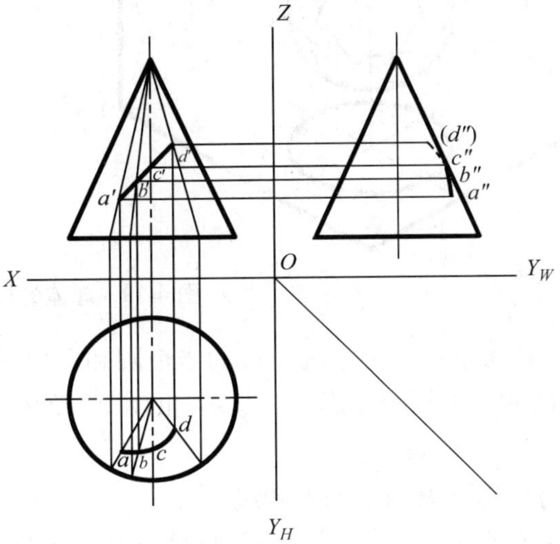

(b) 投影图

图 4-18 正圆锥体表面上线段的投影

三、圆球体的投影及表面上的点线

(一) 圆球体的投影

如图 4-19 所示,在三面投影体系中有一球体。其三个投影为三个直径相等并等于球径的圆。

水平投影是看得见的上半球面和看不见的下半球面投影的重合,与其对应的正面投影和侧面投影分别为水平中心线上面的半个圆和下面的半个圆。水平投影的圆周是球面上平行于 H 面的最大圆的投影,与其对应的正面投影和侧面投影与圆的水平中心线重合,仍然用点画线表示。

正面投影是看得见的前半球面和看不见的后半球面投影的重合。与其对应的水平投影是水平中心线下面的半个圆和上面的半个圆,侧面投影是铅垂中心线右边的半个圆和左边的半个圆。正面投影的圆周是球面上平行于 V 面的最大圆的投影,与其对应的水平投影和侧面投影分别与圆的水平中心线和铅垂中心线重合,仍然用点画线表示。

侧面投影是看得见的左半球面和看不见的右半球面投影的重合,与其对应的水平投

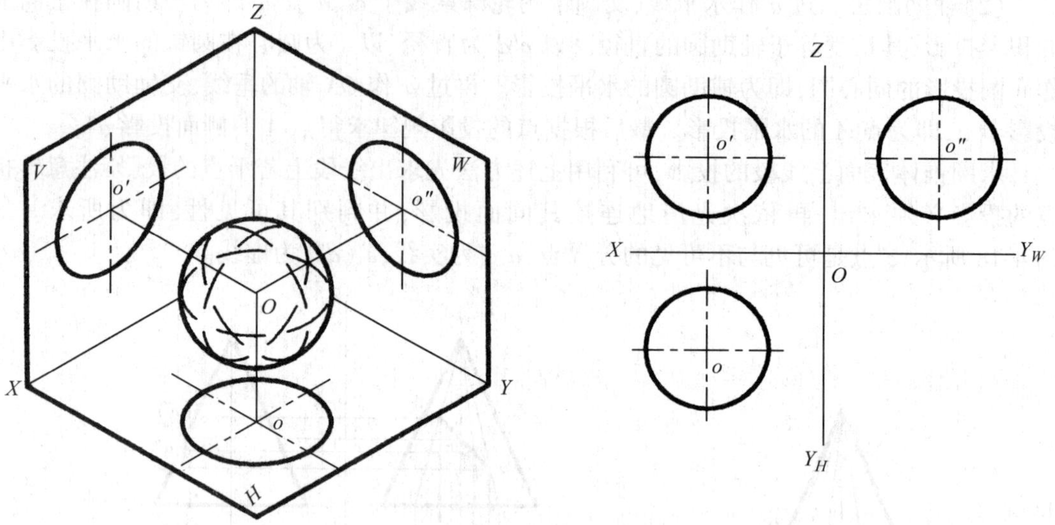

图 4-19　球体的投影

影和正面投影是铅垂中心线左边的半个圆和右边的半个圆。侧面投影的圆周是球面上平行于 W 面的最大圆的投影,与其对应的水平投影和正面投影分别与圆的铅垂中心线重合,仍然用点画线表示。

(二)圆球体表面上的点和线

在球体表面上取点,可以利用球面上平行于投影面的辅助圆进行作图。

如图 4-20 所示,在球体左前下方表面上有一点 A,其投影必定在过点 A 而平行于投影面的圆上。点 A 的水平投影 a 在中心线左下方的四分之一圆内,且为不可见。正面投影 a′在中心线左下方的四分之一圆内,为可见。侧面投影 a″在中心线右下方的四分之一圆内,为可见。

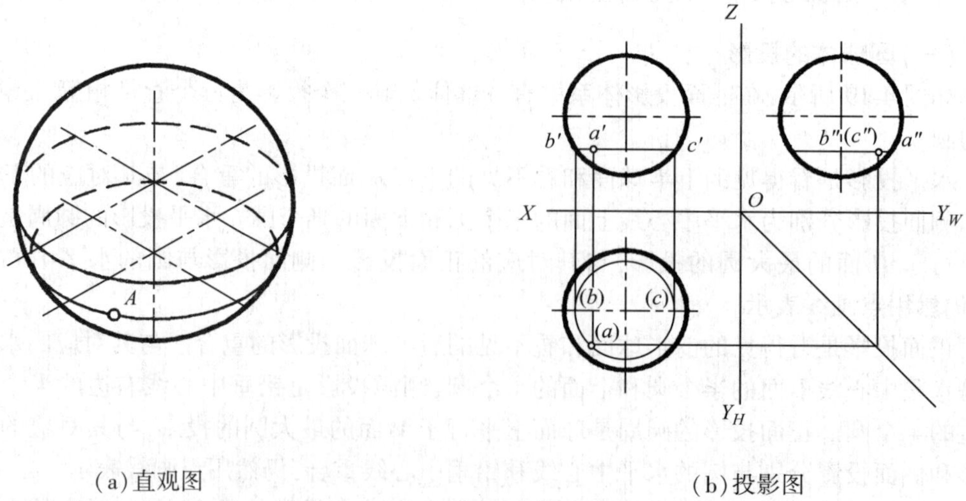

(a)直观图　　(b)投影图

图 4-20　球体表面上点的投影

如果已知点 A 的正面投影 a'，要求其他两投影时，可以通过作辅助圆的方法进行作图。

在正面投影上过 a'作平行于 OX 轴的直线，交球的轮廓素线于 b'、c'。$b'c'$即为过点 A 且平行于 H 面的辅助圆的积聚投影，其长度等于辅助圆的直径。以 $b'c'$为直径在水平投影中作球体投影的同心圆，即为辅助圆的水平投影。再过 a'作 OX 轴的垂线，交辅助圆的水平投影于 a，即为过点 A 的水平投影。最后根据 a、a'求得 a''。

求球体表面上线段的投影，可以用上述方法先求出线段上若干点的投影，注意转折点的投影，再依次光滑地连接各点的同面投影，并判别可见性，即为所求。

任务三　基本体视图的识读

所谓基本体视图的识读，是指通过基本体视图特征的分析、归纳，对基本体视图所表达的对象作出迅速而又准确的判断。对众多基本体的视图特征可概括为下述四个方面。

一、柱体的视图特征——矩矩为柱

如图 4-21 所示，柱体的视图特征为“矩矩为柱”。其含义是，在基本几何体的三视图中，如有两个视图的外形轮廓为矩形，则可肯定它所表达的是柱体。至于是何种柱体，可结合阅读第三视图判定。在图 4-21 所示的三组基本几何体视图中，图 4-21(a)的正、左视图是矩形，俯视图为五边形，说明所表达的是一个五棱柱。图 4-21(b)的正、左视图为矩形，俯视图为三角形，所表达的是三棱柱。同法可知图 4-21(c)所示为圆柱的三视图。

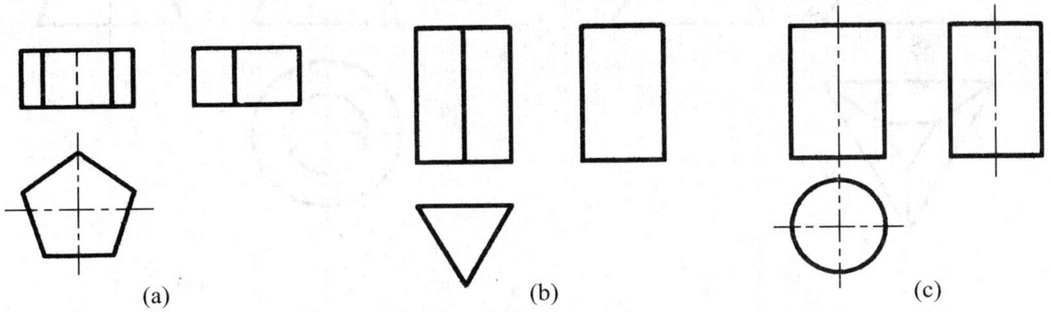

图 4-21　柱体的视图特征

二、锥体的视图特征——三三为锥

如图 4-22 所示，锥体的视图特征可概括为“三三为锥”，即在基本几何体的三视图中，如有两个视图的外形轮廓为三角形，则可肯定它所表达的是锥体。至于是何种锥体，由第三视图确定。由此不难看出，图 4-22(a)所示为六棱锥，图 4-22(b)所示为四棱锥，图 4-22(c)所示为圆锥。

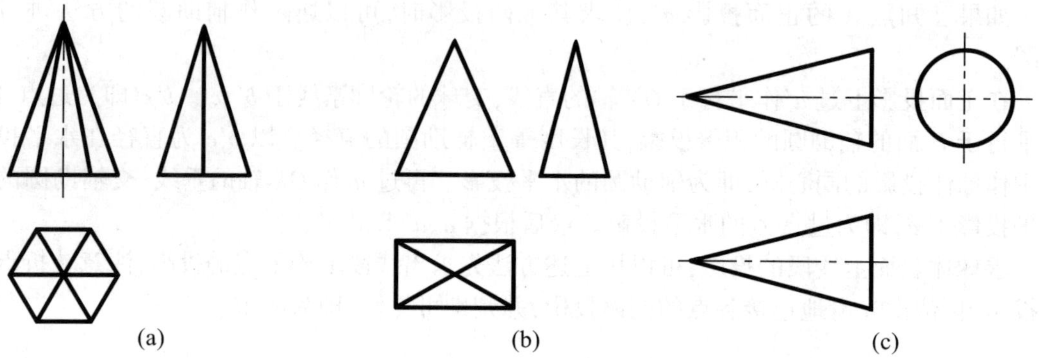

图 4-22　锥体的视图特征

三、台体的视图特征——梯梯为台

如图 4-23 所示，台体的视图特征可概括为“梯梯为台”，即在基本几何体的三视图中，如有两个视图的外形轮廓为梯形，所表达的一定是台体。由第三视图可进一步确知其为何种台体。据此可知，图 4-23(a)所示为三棱台，图 4-23(b)所示为圆台。

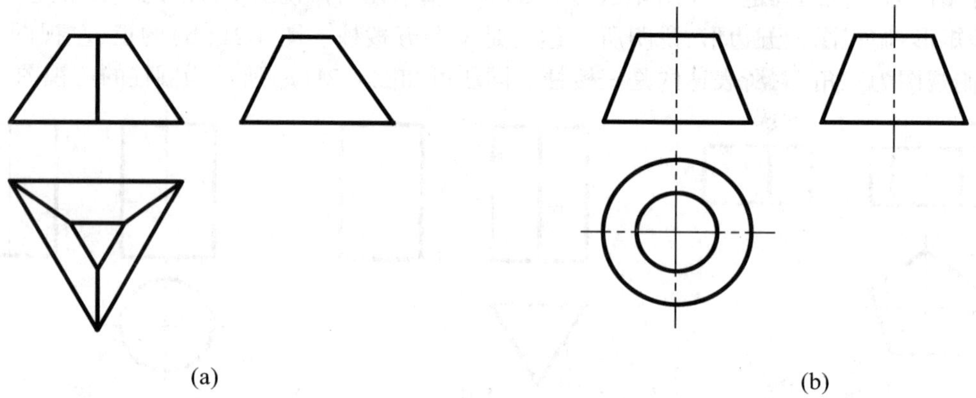

图 4-23　台体的视图特征

四、球体的视图特征——三圆为球

如图 4-24 所示，球体的三个视图都具有圆的特征，即“三圆为球”。图 4-24(a)所示为圆球，图 4-24(b)所示为半圆球。

对于上述柱、锥、台、球体的视图，如已知其中两个视图，且其中一个视图反映底面实形，同样可确知其几何形状。

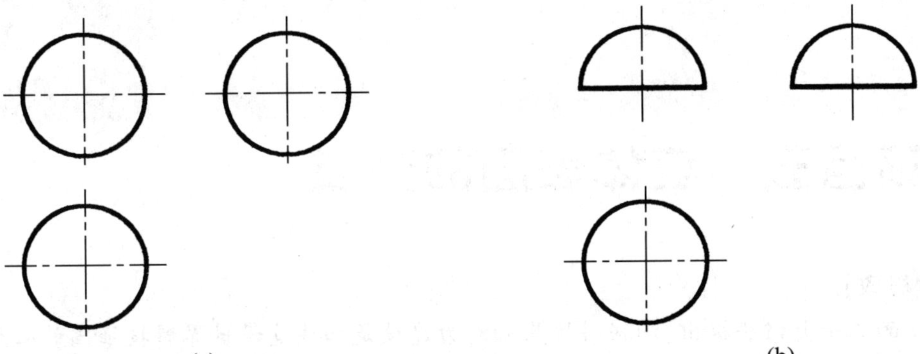

(a) (b)

图 4-24 球体的视图特征

项目五　立体表面的交线

【课程思政】

党的二十大报告提出,加强科技基础能力建设是加快建设世界科技强国的必然要求,统筹发展和安全,坚持立足长远、适度超前、科学规划、多轮驱动、注重效益,优化基础设施布局、结构、功能和发展模式,加快构建现代化基础设施体系,为推动高质量发展提供坚实支撑。

平面或曲面截切(截断)立体所产生的表面交线称为截交线,这个平面或曲面称为截切面,如图5-1所示。截交线的投影可见性判别原则为:位于被截体一可见面上的截交线为可见。

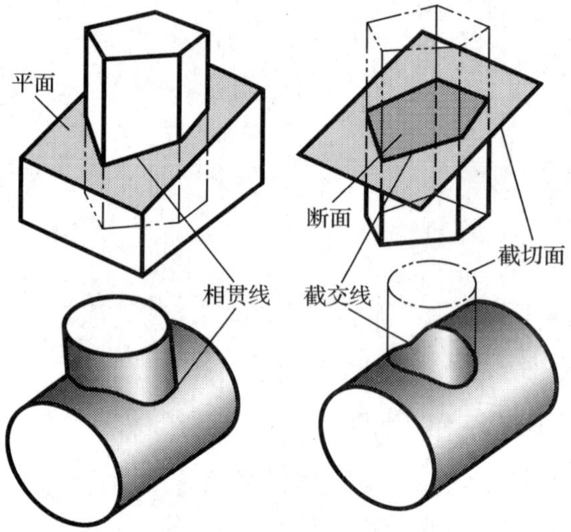

图5-1　截交线和相贯线

两立体相交,其表面所产生的交线称为相贯线,如图5-1所示。相贯线的投影可见性判别原则为:只有同时位于两立体都可见表面上的那段相贯线才是可见的,否则为不可见。

立体表面的交线具有共有性和封闭性。

在房屋建筑和工程部件的表面,经常出现许多交线(截交线和相贯线),求作截断体或相贯体投影的难点也就是求作这些交线的投影。

任务一　平面体的交线

一、截交线

码 5-1　微课-平面体截交线

平面体的表面是由一些平面形所围成的。平面体被一平面截割后形成的截交线，为截切面上的封闭折线，折线的每一线段为形体的棱面与截切面的交线。转折点为平面体的棱线与截切面的交点。因此，求作平面体截交线的方法为：先求出各棱线与截切面的交点，再依次连接各交点，并判别可见性。连点的原则为：只有位于立体的同一面上又同时位于同一截切面上的相邻两点方可连接。下面举例说明求作截交线的方法。

【例 5-1】　已知正五棱柱被一正垂面 P 所截断，求作截交线的投影和断面实形。

分析：如图 5-2 所示，五棱柱垂直于 H 面，因此其各个棱面在 H 面上的投影具有积聚性，所以截交线的 H 面投影为已知。又由于截切面 P 为一正垂面，P_V 具有积聚性，因此截交线的 V 面投影为已知。需求截交线的 W 面投影。

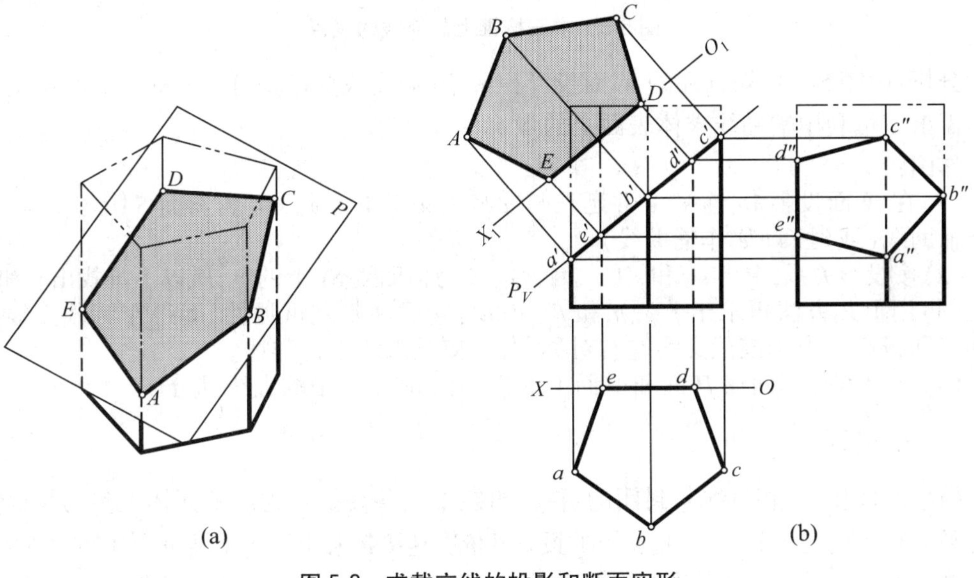

图 5-2　求截交线的投影和断面实形

作图：

（1）设各棱线与截切面 P 的交点为 A、B、C、D、E，则它们的 H 面投影 a、b、c、d、e 和 V 面投影 a'、b'、c'、d'、e'可在五棱柱的投影中直接找出。

（2）自 a'、b'、c'、d'、e'各点作水平线，分别与五棱柱的 W 面投影中对应的各棱线相交，得 a''、b''、c''、d''、e''，连接各点，即为截交线的 W 面投影。

（3）求断面实形可用变换投影面法，在五棱柱的 V 面投影中，自 a'、b'、c'、d'、e'各点作 P_V 的垂线，分别量取 a、b、c、d、e 到 OX 的距离等于 A、B、C、D、E 到 O_1X_1 的距离，连接 A、B、C、D、E 各点，所得的五边形即为所求断面的实形。

【例 5-2】 求三棱锥上开方孔的截交线,如图 5-3 所示。

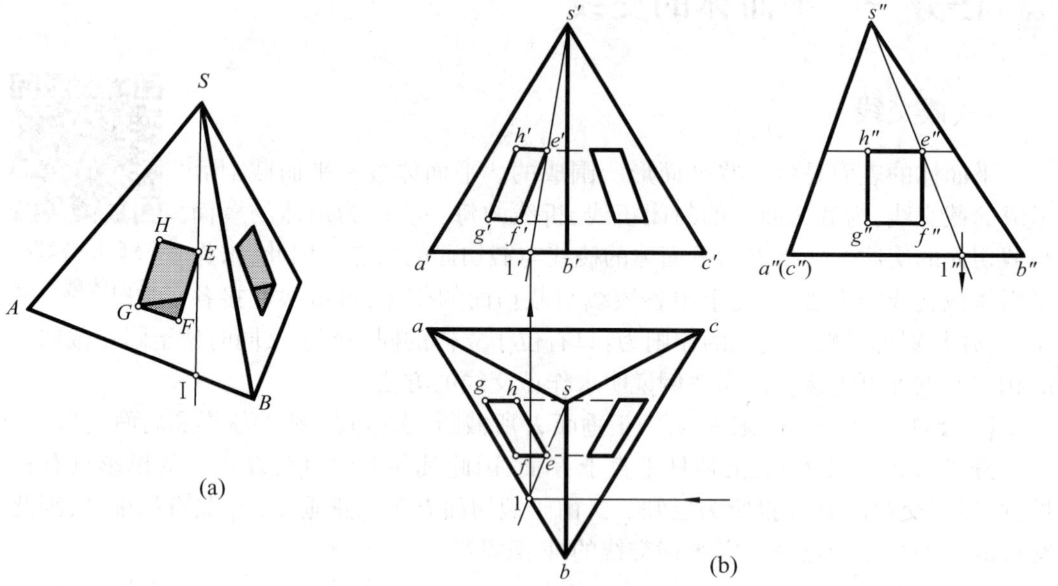

图 5-3 求三棱锥上截交线的投影

分析:由图 5-3 可知方孔的 *W* 面投影积聚,其截交线为已知,而 *H* 面和 *V* 面截交线的投影需求。可利用辅助线求体表面上的点。

作图:

(1)在 *W* 面投影中,连 s''、e''并延长与 $a''b''$相交于 $1''$。此 $s''1''$为斜面 *SAB* 上过点 *E* 的一条辅助线(或延长 $h''e''$作辅助线)。

(2)按投影关系,求出 $s1$ 和 $s'1'$。因为点 *E* 为辅助线 SⅠ 上的点,所以不难找出 e 和 e'。

(3)用上述方法再求出 f、g、h 和 f'、g'、h',连线并判别可见性,即得左侧截交线的 *H* 面和 *V* 面投影。由于该截交线左右对称,右侧交线求法不再详述。

(4)画出方孔四面在 *H* 面和 *V* 面上的投影,如图 5-3 中的虚线部分。

二、相贯线

两平面体相贯,相贯线是封闭的折线,折线上的各转折点为两平面体上参与相交的棱线与平面相互的交点,求出这些交点的投影并依次连接起来,即可得两平面体相贯线的投影。连点原则为:只有位于立体的同一面上又同时位于另一立体的同一面上的相邻两点方可连接。

【例 5-3】 已知正五棱柱与平面相交,求相贯线的投影,如图 5-4 所示。

分析:对照图 5-2 和图 5-4 可看出,正五棱柱的截交线与相贯线的空间形状相同,其相贯线的 *H* 面与 *V* 面投影也都有积聚性,为已知投影,需求相贯线的 *W* 面投影。

作图:其求作相贯线投影的方法同图 5-2 中求截交线投影的方法。不同之处为可见性的判别(如图 5-4 中的投影)。

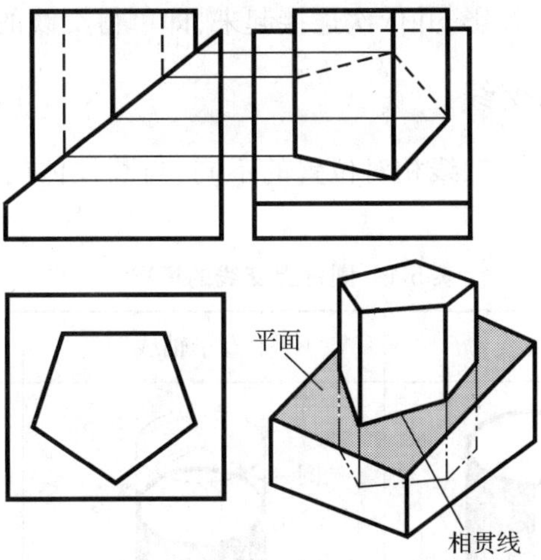

图 5-4　求相贯线的投影

【例 5-4】　如图 5-5 所示,求作三棱锥与四棱柱的相贯线。

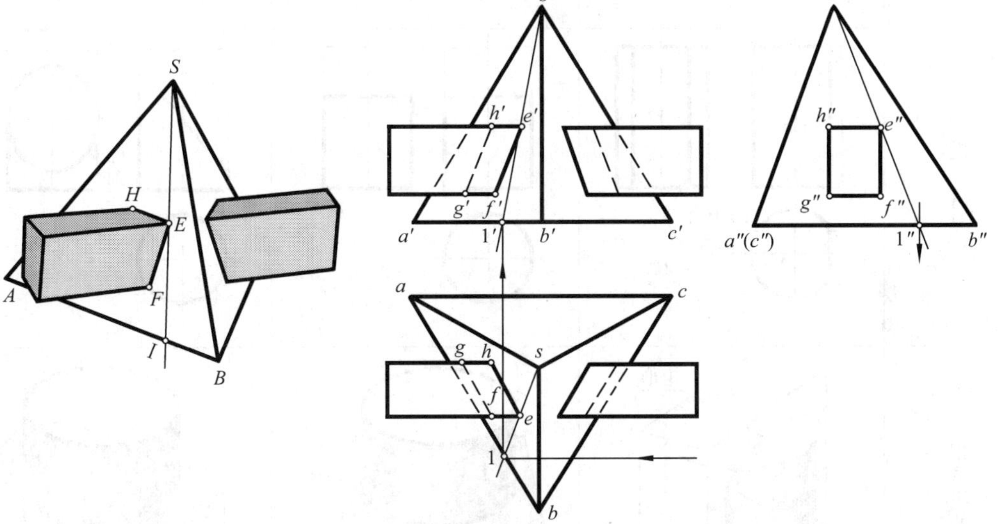

图 5-5　求三棱锥与四棱柱的相贯线投影

分析:对照图 5-3 和图 5-5 可看出,三棱锥上的截交线与相贯线的空间形状相同,其相贯线的 *W* 面投影积聚(已知),需求 *H* 面和 *V* 面相贯线的投影。

作图:其求作相贯线投影的方法同图 5-3 中求截交线投影的方法。不同之处为可见性的判别。另外要注意,两相贯体公共部分融合为一体,其内部不存在看不见的棱线、面。

任务二　平面与曲面体的交线

码 5-2　微课-曲面体截交线

平面截切曲面体的截交线或平面与曲面体相交的相贯线,一般是平面曲线或平面折线,这需根据截切面或平面与曲面体的相对位置而定。曲面体交线上的每一点,都是截切面或平面与曲面体表面的共有点,因此求出它们的一些共有点的投影,并依次连接起来,即可得交线的投影。

一、平面与圆柱面的交线

根据截切面或平面与圆柱轴线相对位置的不同,与圆柱体的交线有圆、椭圆、矩形三种形状(见表 5-1)。

表 5-1　圆柱上交线的情况

截平面位置	平行于轴线	垂直于轴线	倾斜于轴线
截交线形状	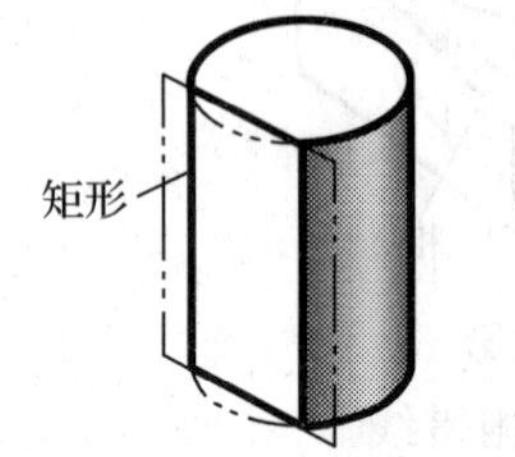	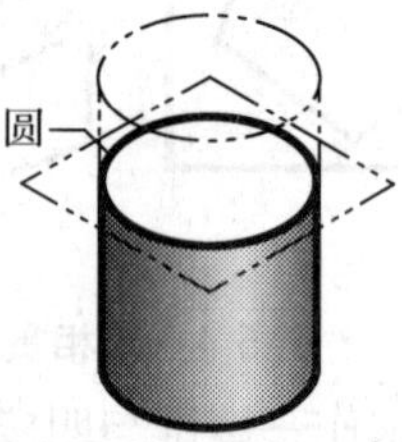	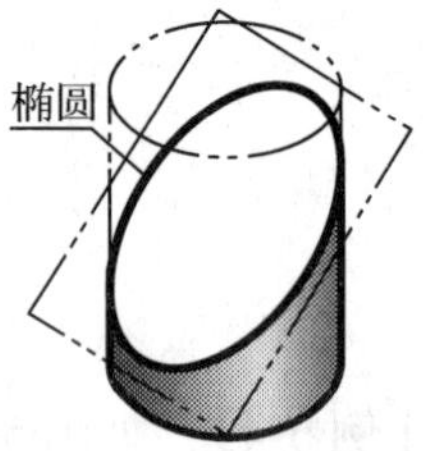
投影情况	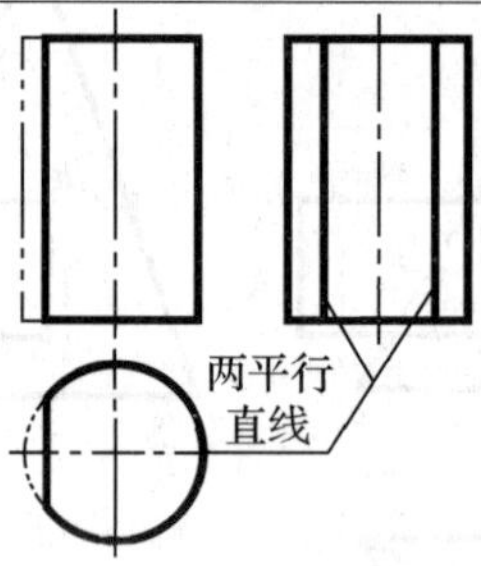	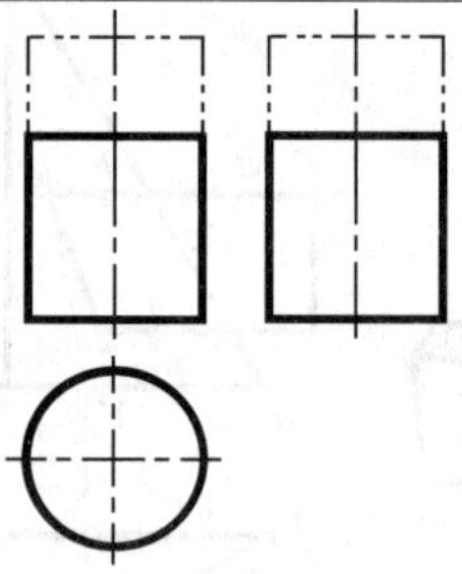	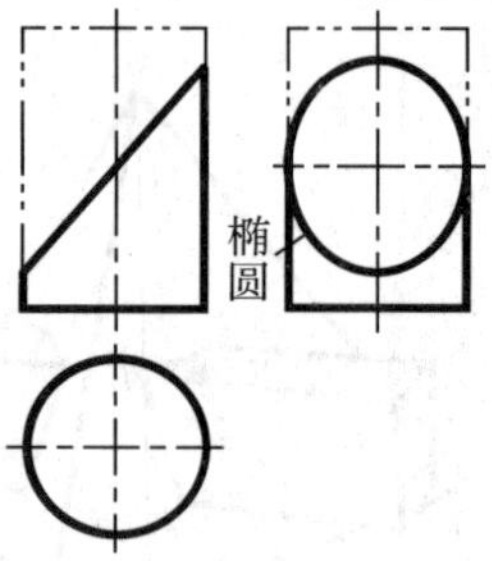
相贯线的情况	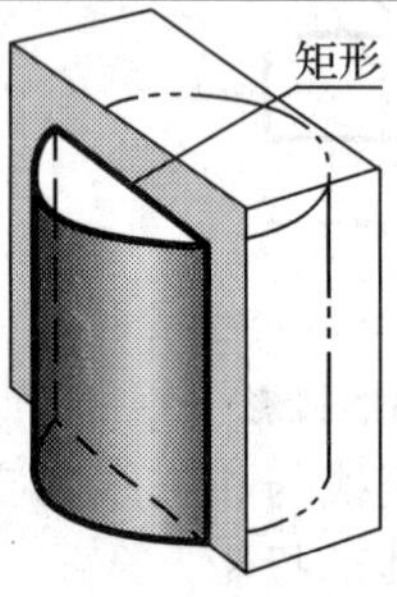	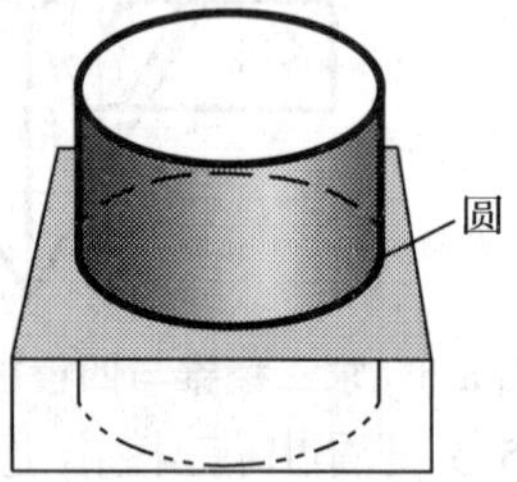	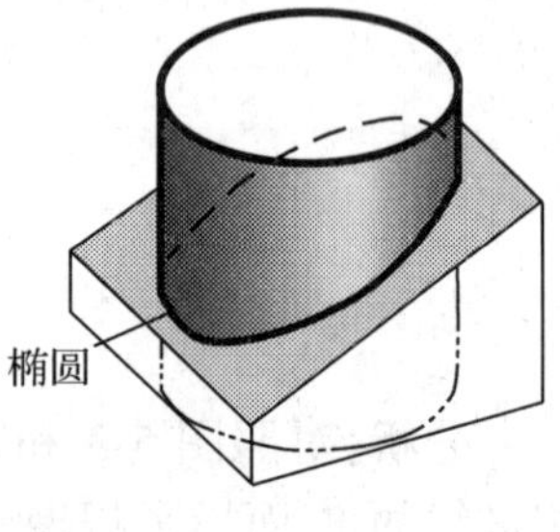

【例 5-5】　已知圆柱和截切面 P 的投影,如图 5-6(a)所示,求截交线的投影和断面的实形。

分析:从图 5-6(a)可看出,截切面 P 与圆柱轴线斜交,交线为椭圆。又因圆柱轴线垂直于 W 面,P 面为正垂面,所以其截交线的 V 面和 W 面投影有积聚性,为已知投影,需求 H 面投影。

作图:

(1)求特殊点(一般指投影轮廓线上的点及转折点)。根据交线的 V 面已知投影 P_V

和 W 面已知投影圆周，找出 V 面、H 面轮廓线上的点 A、B、C、D，即根据 a''、b''、c''、d'' 找出 a'、b'、c'、d'，再根据投影规律求出 a、b、c、d，如图 5-6(b) 所示。

(2) 求一般点，为使作图准确，需要再求交线上若干个一般点。例如在截交线 W 面投影上任取点 $1''$，据此求得 V 面投影 $1'$ 和 H 面投影 1。由于其是对称图形，可作出与点Ⅰ对称的点Ⅱ、Ⅲ、Ⅳ的各投影。

(3) 连点，在 H 面投影上顺次连接 a-1-c-3-b-4-d-2-a 各点，即为椭圆形截交线的 H 面投影。

(4) 求断面实形，用换面法作出 a_1、1_1、c_1、3_1、b_1、4_1、d_1、2_1 各点，顺次连接各点，即为所求断面实形，如图 5-6(b) 所示。

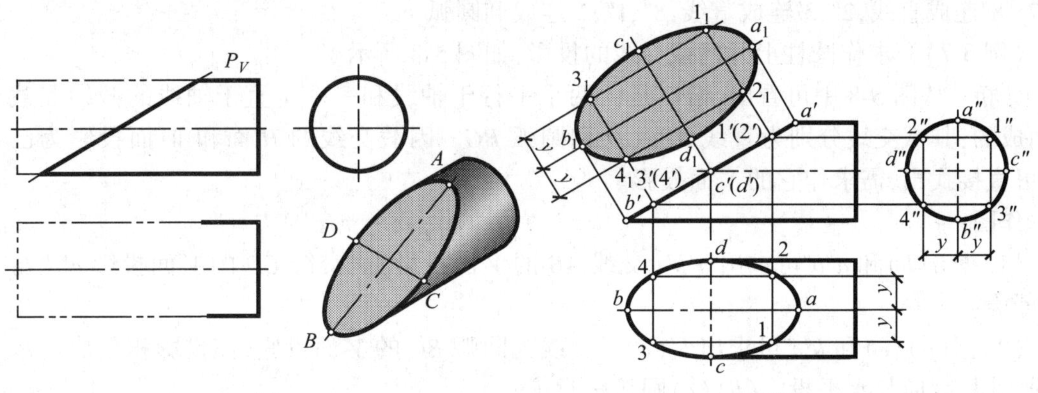

图 5-6 斜切圆柱截交线的画法

【例 5-6】 求圆柱与四棱锥的相贯线，如图 5-7 所示。

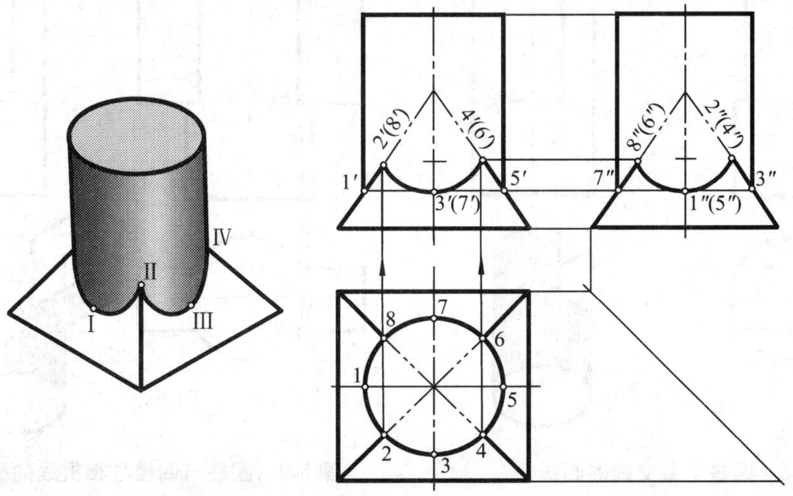

图 5-7 圆柱与四棱锥相贯线的画法

分析：由图 5-7 可知，相贯线是由四棱锥的四个棱面与圆柱相交所产生的四段相同的椭圆弧。四棱锥的四条棱线与圆柱的四个交点是四段椭圆弧的转折(结合)点。由于圆柱的水平投影有积聚性,因此四段椭圆弧的水平投影已知。V 面投影,前后两段椭圆弧重影,左右两段椭圆弧分别积聚在四棱锥左右两棱面投影上。W 面投影,相贯线的左右两段椭圆弧重影,前后两段椭圆弧分别积聚在四棱锥前后两棱面投影上。

作图:

(1)求特殊点,在 H 面上用 2、4、6、8 标出四个转折点的水平投影,用 1、3、5、7 标出轮廓线上点(四段椭圆弧的最低点)的水平投影。分别求出 1′、2′(8′)、3′(7′)、4′(6′)、5′和 7″、8″(6″)、2″(4″)、3″、1″(5″)。

(2)求一般点,若精确度要求不高,一般点可不求。

(3)连点,在 V 面上,1′、2′连成直线,4′、5′连成直线,2′、3′、4′连成椭圆弧。在 W 面上,7″、8″连成直线,2″、3″连成直线,8″、1″、2″连成椭圆弧。

【例 5-7】 求作圆柱上开槽截交线的投影,如图 5-8 所示。

分析:从图 5-8 中可看出,槽口是由两个平行于轴线和一个垂直于轴线的截切面截切而成的,其截交线分别为直线 AB、CD 和圆弧 BC。因截交线的 H 面和 W 面投影为已知,可直接找出,需求作它的 V 面投影。

作图:

(1)据 a(b)和 a″b″可求出 a′b′(交线 AB 的 V 面投影)。交线 CD 的 V 面投影 c′d′与 a′b′重合。

(2)据(b)(c)和 b″c″可求出 b′(c′)[交线为圆弧 BC 的 V 面投影,该投影积聚成一水平线,其长度应与水平投影(b)(c)圆弧长对正]。

(3)由于交线的 V 面投影左右对称,右边画法不再详述。画全其余棱线、面的投影。

【例 5-8】 求作四棱柱梁与圆柱的相贯线,如图 5-9 所示。

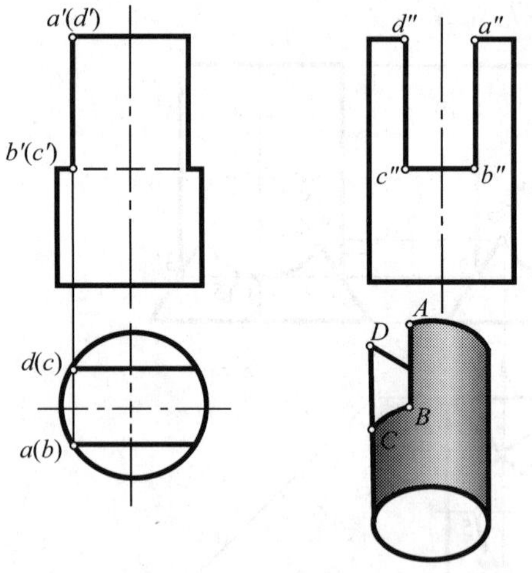

图 5-8　圆柱上截交线的画法

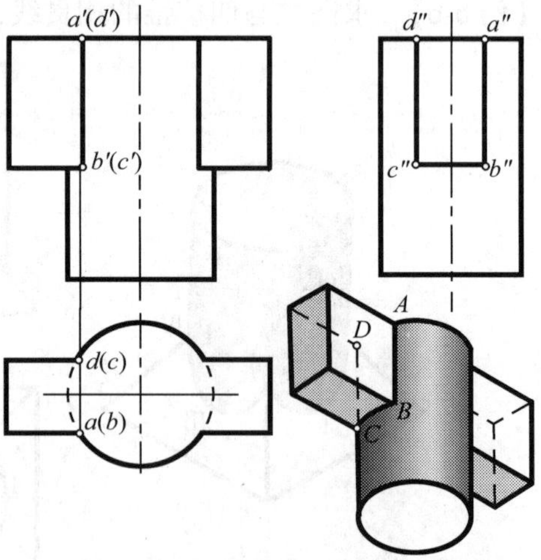

图 5-9　圆柱与四棱柱相贯线的画法

分析:从图 5-9 中可看出,梁与柱顶面处于同一个平面。其相贯线分别为直线 AB、CD 和圆弧 BC(与图 5-8 中截交线相同)。因相贯线的 H 面和 W 面投影为已知,可直接找出,需求作它的 V 面投影。

作图:其相贯线的画法同图 5-8 中截交线的画法,不再详述。其不同之处是梁与柱相交的公共部分融合为一个整体，V 面投影没有虚线。

二、平面与圆锥体的交线

根据截切面或平面与圆锥轴线相对位置的不同，可产生五种不同形状的交线（见表 5-2）。

表 5-2　圆锥上交线的情况

平面 P 位置	平面垂直于圆锥轴线	平面与锥面上所有素线相交	平面平行于圆锥面上一条素线	平面平行于圆锥面上两条素线	平面通过锥顶
截交线空间形状	圆	椭圆	抛物线	双曲线	两条素线
	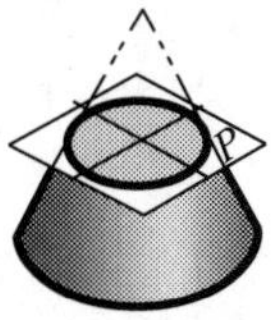	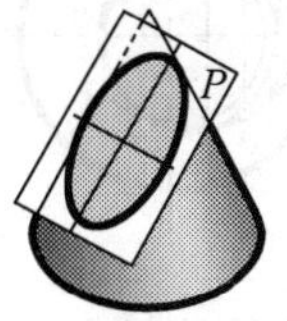	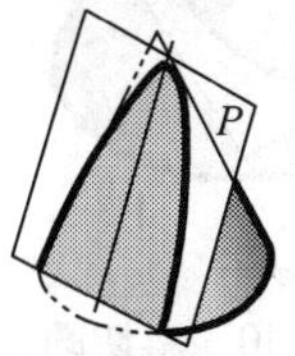	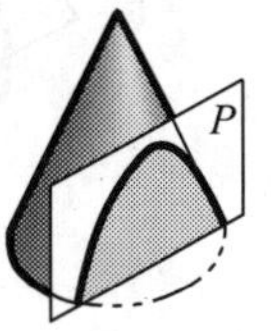	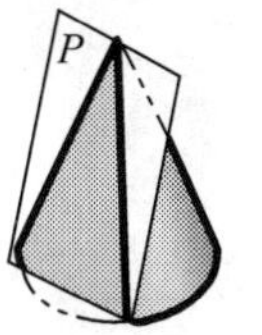
投影情况	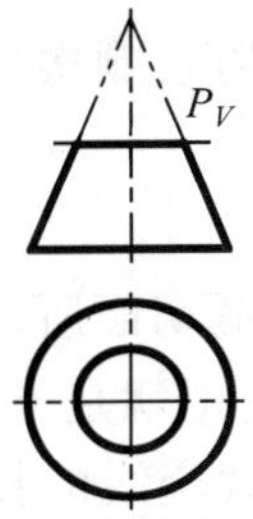	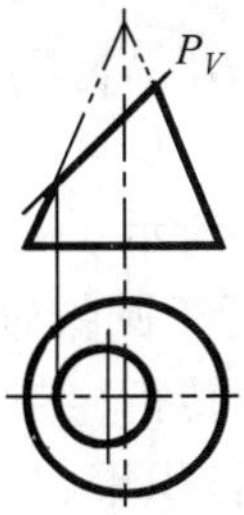	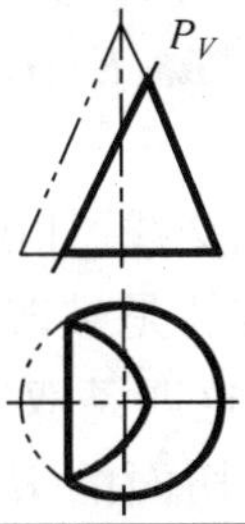	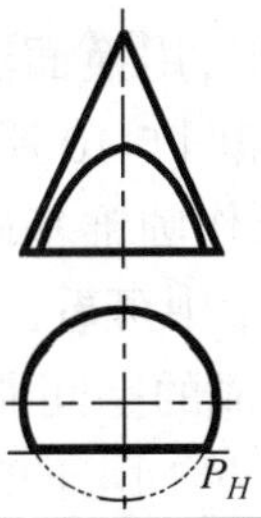	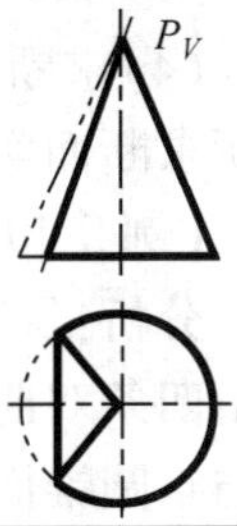
相贯线的情况	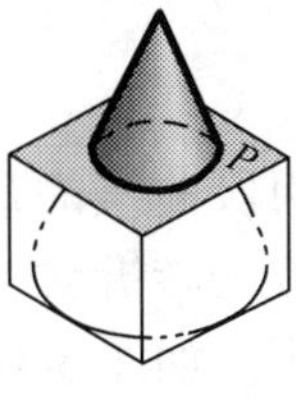	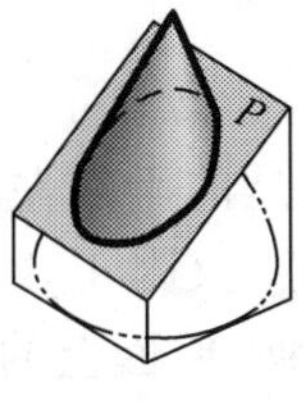	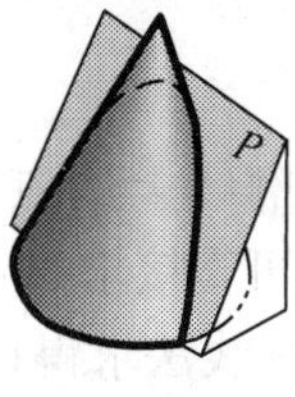	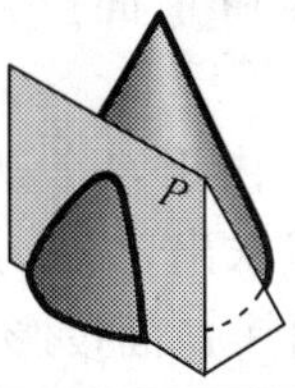	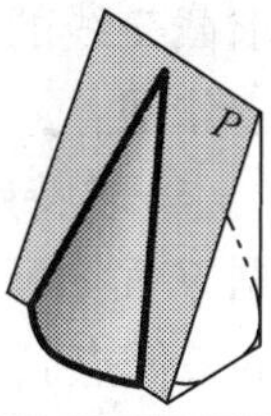

【例 5-9】　已知正圆锥被一正垂面 P 截断，求作截交线的投影和断面实形，如图 5-10 所示。

分析：从图 5-10 中可看出，截切面 P 倾斜于圆锥轴线，且垂直于 V 面，故截交线的 V 面投影已知，需求椭圆 H 面与 W 面投影（图中 W 面投影略）。

作图：

（1）求特殊点，由于 A、B 两点为轮廓线上的点（又是椭圆长轴的两个端点），根据 a'、b'可直接找出 a、b。D、C 为椭圆短轴的两个端点（位于$\frac{1}{2}a'b'$处），M、N 为 W 面轮廓线上的点，根据 $m'(n')$ 和 $c'(d')$ 的位置用纬圆法分别求出 m、n、c、d。

（2）求一般点，在 V 面已知投影中任选 $e'(f')$ 两点，用纬圆法求出 e、f。为作图更准确，用纬圆法或素线法可再作出若干一般点。

（3）连点，顺次连接 H 面中的 a、e、c、m、b、n、d、f、a，即得截交线椭圆的 H 面投影。

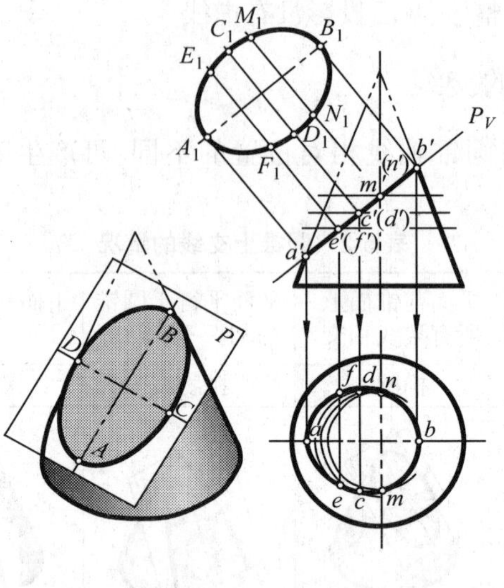

图 5-10　斜切圆锥截交线的画法

(4)求断面实形,用换面法作出 A_1、E_1、C_1、M_1、B_1、N_1、D_1、F_1 各点,顺次连接各点,即为所求断面实形,如图 5-10 所示。

【例 5-10】　求作圆锥基础的截交线,如图 5-11 所示。

分析:从图 5-11 中可看出,圆锥体是被四个平行于圆锥轴线的截切面所截切,其交线是由四条双曲线组成的空间曲线。这四条双曲线的转折(结合)点,也就是方孔的四条棱线与正圆锥面的交点。由于四个截切面的 H 面投影积聚,H 面上截交线的投影为已知,需求截交线的 V 面和 W 面投影。

作图:

(1)求特殊点,由于 C、E 为轮廓线上的点(又是前面和左面两段曲线的最高点),所以据 H 面 c 可直接求出 c''、c',据 e 可直接求出 e'、e''。又因 A、B、D、G 为转折点(又是四段曲线的最低点),可据其 H 面投影,用素线法求得在 V 面、W 面上的投影。如图 5-11 中,自点 s 过 a 引线,交圆锥底面圆于 1 点,再作出 $s'1'$,$s'1'$ 与孔棱线的交点即为 a'。该题 A、B、D、G 四点同高,可据高平齐分别求出(d')、b'(g')和 a''(b'')、d''(g'')。

(2)求一般点,在截交线的 H 面投影上任取一点 f,用素线法(作素线 SⅡ)求出 f',同法可求出若干一般点。

(3)连点,顺次连接 a'、c'、f'、b' 得前边截交线在 V 面的投影,前、后交线对称,V 面投影重合,它们的 W 面投影积聚成两直线。顺次连接 a''、e''、d'' 得左边截交线在 W 面的投影,左、右交线对称,W 面投影重合,它们的 V 面投影积聚成两直线。

(4)画全方孔等的投影。

【例 5-11】　求作圆锥基础与四棱柱的相贯线,如图 5-12 所示。

分析:从图 5-12 中可看出,圆锥体是同平行于圆锥轴线的四个平面相交,其交线是由四条双曲线组成的空间曲线。这四条双曲线的转折点,也就是四棱柱四条棱线与正圆锥面的交点。由于四棱柱四个平面垂直于 H 面,H 面上相贯线的投影为已知,需求相贯线的 V 面和 W 面投影。

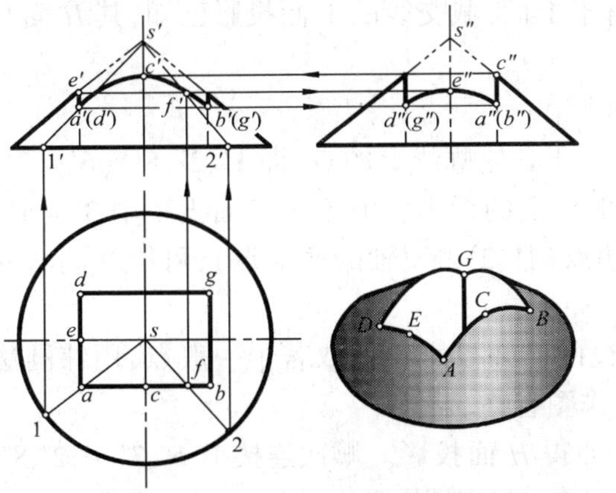

图 5-11 圆锥基础截交线的画法

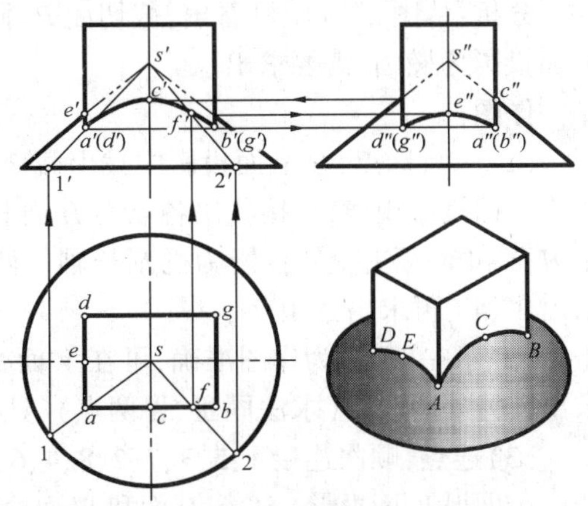

图 5-12 圆锥与四棱柱相贯线的画法

作图：对照图 5-11 和图 5-12 可看出截交线与相贯线的形状相同，其作图方法一样，这里不再详述。不同之处，图 5-12 中没有方孔投影的虚线，而凸出了四棱柱的投影。

三、平面与球体的交线

平面截切球体时，不管截切面的位置如何，截交线的空间形状总是圆。当截切面平行于投影面时，截交线在该投影面上的投影，反映圆的实形；当截切面倾斜于投影面时，截交线在该面上的投影为椭圆。

【例 5-12】 求正垂面 P 与球面截交线的投影及断面实形，如图 5-13 所示。

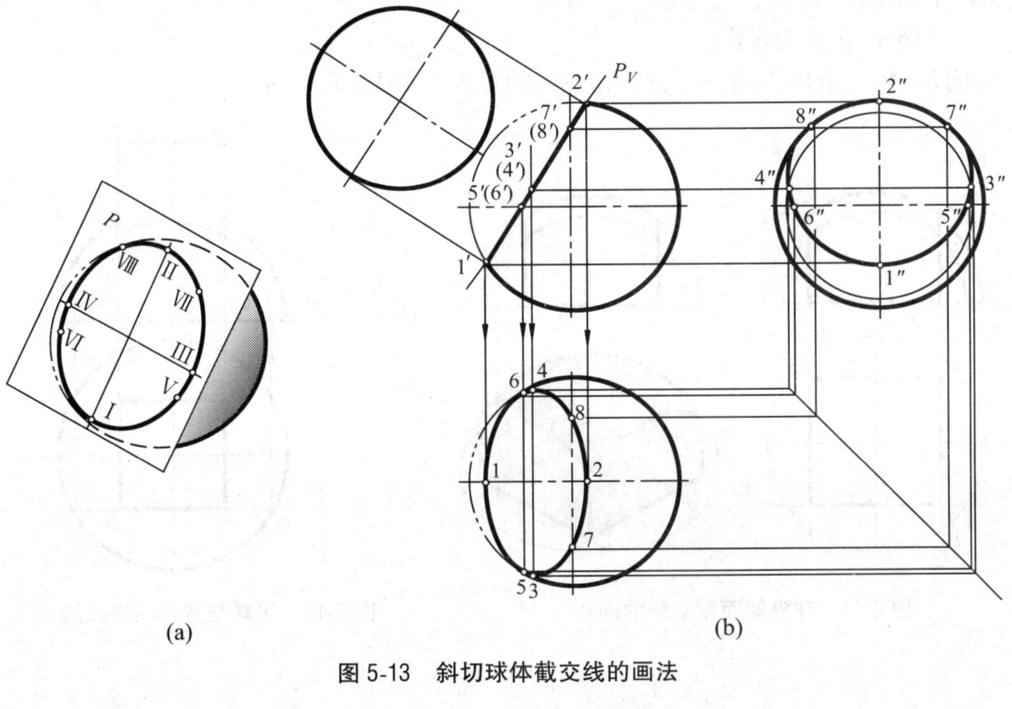

(a) (b)

图 5-13 斜切球体截交线的画法

分析: 从图 5-13 中可看出,截切面 P 垂直于 V 面,截交线的 V 面投影已知,其 H 面和 W 面投影为椭圆,需要求出。

作图:

(1)求特殊点,在 V 面投影中找出截交线位于各轮廓线上的点,即 $1'$、$2'$、$5'$、$(6')$、$7'$、$(8')$。据投影规律,直接找出各点在 H 面和 W 面上的投影。由于在 V 面投影中 $3'$、$(4')$ 是 H 面和 W 面上交线投影为椭圆长轴的两端点($1'$、$2'$为短轴的两端点),可用纬圆法先求出 $3''$、$4''$,再求出 3、4。

(2)求一般点,为作图准确,可在 V 面交线的已知投影中任取若干一般点,用纬圆法求出其另外两投影(求法同Ⅲ、Ⅳ两点),具体作图省略。

(3)连点,顺次连接 1、5、3、7、2、8、4、6、1 即得 H 面投影。顺次连接 $1''$、$5''$、$3''$、$7''$、$2''$、$8''$、$4''$、$6''$、$1''$即得 W 面投影。注意:H 面和 W 面轮廓线应加粗到的位置分别为 5、6 和 $7''$、$8''$。

(4)求断面实形,用换面法求出截交线的实形圆,该断面实形圆的直径等于 V 面投影中 $1'$和 $2'$两点间的距离(如图 5-13 中的圆)。

【例 5-13】 已知一建筑物为球壳屋面,求其截交线的投影,如图 5-14 所示。

分析: 从图 5-14 中可看出,半球体被四个平面对称地截切。前后两个截切面为正平面,其 H 面和 W 面投影积聚,V 面截交线的投影反映圆弧实形。左右两个截切面为侧平面,其 H 面和 V 面投影积聚,W 面截交线的投影反映圆弧的实形。

作图:

(1)在 H 面上作侧平面 Q_H,得截交线圆弧的直径 cd,再在 W 面上画出同直径的圆弧 $c''d''$。由于右边截切面与左边对称,故在 W 面上两截交线圆弧重合。

(2)在 H 面上作正平面 P_H,得截交线圆弧的直径,再在 V 面上画出同直径的圆弧。具体作图由同学们看图自己分析。

(3)加粗截交线的投影。

【例 5-14】 求球壳屋面与方柱相贯线的投影,如图 5-15 所示。

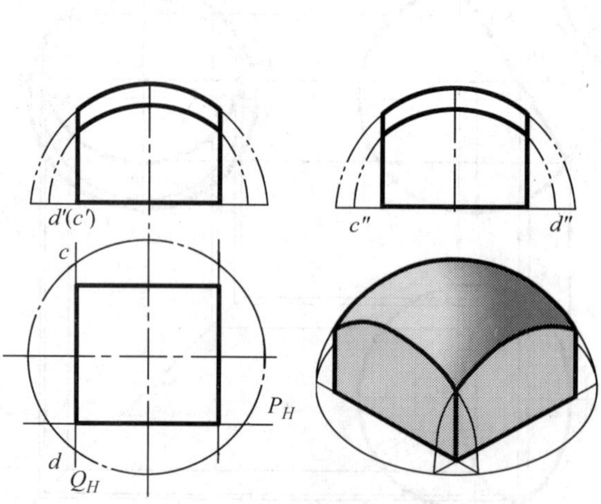

图 5-14 球壳屋面截交线的画法

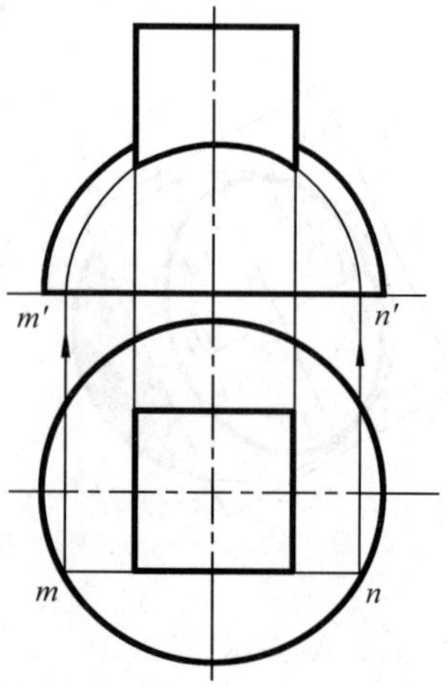

图 5-15 半球与方柱相贯线的画法

分析：对照图 5-15 和图 5-14 可看出其相贯线的形状与投影的求法与截交线相同，故不再具体分析作图。

任务三　曲面与曲面的交线

两曲面相交所得交线，一般是空间封闭的曲线，特殊情况可以是平面曲线或直线。

一、两圆柱面相交

当两个圆柱面正交且轴线垂直于投影面时，则圆柱面在该投影面上的投影积聚为圆，而交线的投影也重合在圆上，可利用点、线的两个已知投影求其他投影的方法画出交线的投影。

码 5-3　微课-曲面体与曲面体相贯

【例 5-15】　求作圆柱穿孔的截交线，如图 5-16 所示。

分析：从图 5-16 中可看出，两圆柱面轴线分别垂直于 H 面和 W 面，因此截交线的水平投影与小圆柱截切面的水平投影重合，截交线的侧面投影与大圆柱面的侧面投影重合，所以只需求出截交线的正面投影，且截交线前后对称，其正面投影的前半部分与后半部分重合。

作图：

(1)求特殊点，设Ⅰ、Ⅱ、Ⅲ点是小圆柱截切面轮廓线上的点，据 H 面与 W 面投影可直接定出 V 面投影 1′、2′、3′。

(2)求一般点，利用积聚性和投影关系，根据水平投影 4、5 和侧面投影 4″、(5″)，求出正面投影 4′、5′。

(3)连点，将各点光滑连接，即得截交线的正面投影。

图 5-17 所示为两圆柱正交，其相贯线画法与图 5-16 所示圆柱穿孔截交线的画法相同，不再详述。

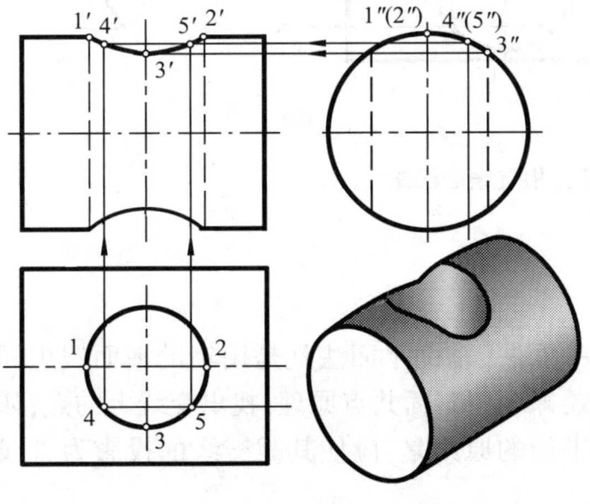

图 5-16　圆柱穿孔截交线的画法

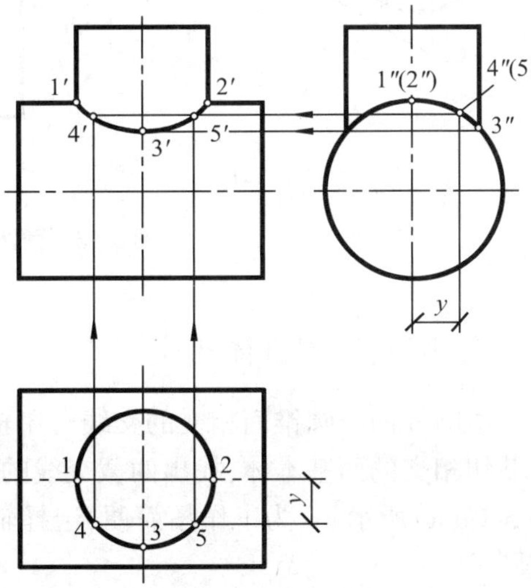

图 5-17　两圆柱正交

【例 5-16】 求作两圆柱偏交的相贯线,如图 5-18 所示。

分析:从图 5-18 中可看出,两圆柱轴线分别垂直于 *H* 面及 *W* 面,因此相贯线的水平投影与小圆柱面的水平投影重合为一圆,其侧面投影与大圆柱面的侧面投影重合为一段圆弧,只需求出相贯线的 *V* 面投影即可。

作图:

(1)求特殊点,设Ⅰ、Ⅱ、Ⅲ、Ⅵ是小圆柱各轮廓线上的点,Ⅳ、Ⅴ为大圆柱轮廓线上的点,根据 1″、6″、2″、(3″)求出 1′、(6′)、2′、3′,根据 4、5 求出(4′)、(5′)。

(2)求一般点,在相贯线的水平投影上任定出点 7、8,后找出 7″、(8″),再求出 7′、8′。也可理解为用辅助平面法求作。

(3)连点并判别可见性,根据判别可见性的原则知,2′和 3′是可见与不可见的分界点。将 2′、7′、1′、8′、3′连成实线,3′、(5′)、(6′)、(4′)、2′连成虚线即可。注意各轮廓线应画到的位置(如图 5-18 中放大图所示)。

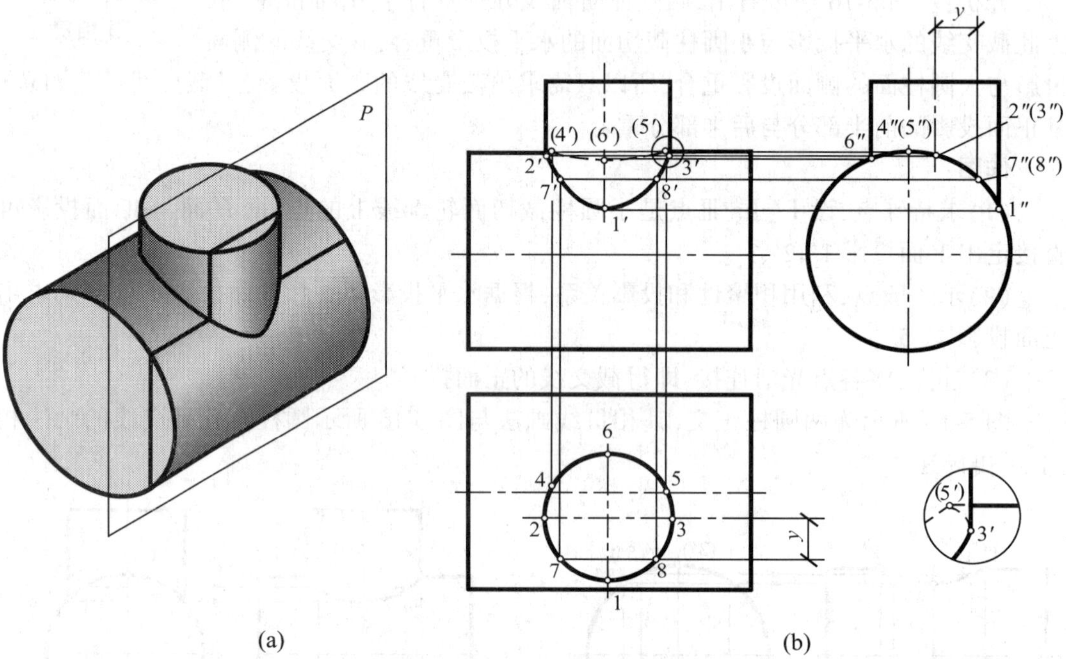

图 5-18 两圆柱偏交相贯线的画法

二、圆柱与圆锥体相交

求圆柱面与圆锥面相交的交线可用辅助平面法[辅助平面法就是用辅助平面假想同时截切相交的两基本体,找出两截交线的交点,即利用三面共点原理,找出交线上的点,如图 5-19(a)所示]。为了作图简便,选择辅助平面的原则是:应使其截交线的投影为直线或圆。

【例 5-17】 求作圆柱与圆锥台正交的相贯线,如图 5-19 所示。

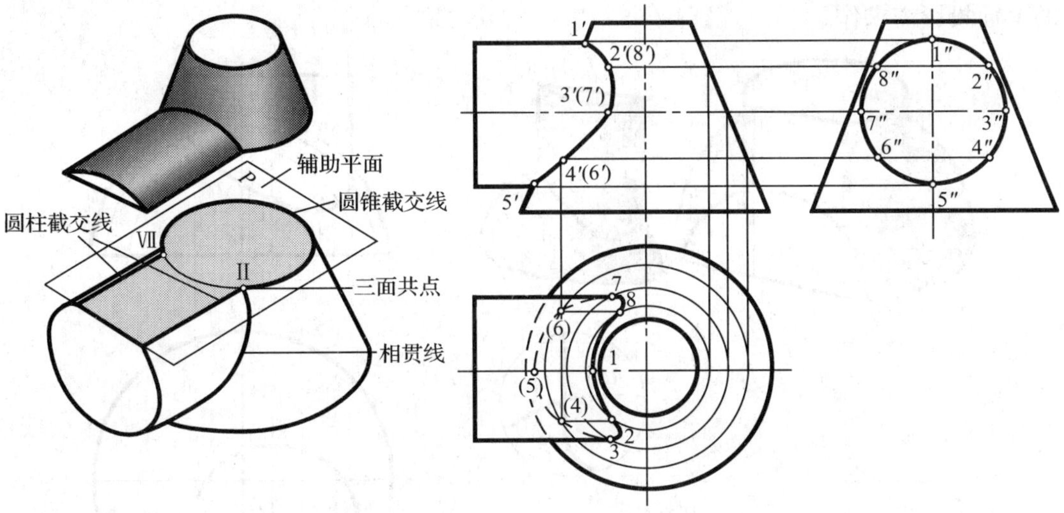

(a) (b)

图 5-19 圆柱与圆锥台正交相贯线的画法

分析：从图 5-19 中可看出，圆柱轴线垂直于 W 面，相贯线的 W 面投影与圆柱的 W 面投影重合为已知。相贯线的 H 面和 V 面投影需求作。因相贯线是圆柱与圆锥表面内的共有线，所以可利用圆锥表面内求点和线的方法求作，也可用辅助平面法求作。

作图：(用辅助平面法)

(1)求特殊点，从 W 面投影可以看出，相贯线上的Ⅰ、Ⅴ两点是圆柱与圆锥台 V 面投影轮廓线的交点，由 1′、5′可直接求出 1 和 5。相贯线上的Ⅲ、Ⅶ两点是圆柱面水平投影轮廓线上的，过Ⅲ、Ⅶ两点作水平辅助平面，截切圆锥成交线圆，截切圆柱面成两条直素线(水平投影的轮廓线)，交线圆与直素线的交点即为Ⅲ、Ⅶ的水平投影 3、7，由 3、7 和 3″、7″求出 3′、7′。

(2)求一般点，为作图准确，可作适量的一般点，如Ⅱ、Ⅳ、Ⅵ、Ⅷ，据 W 面投影 2″、8″和 4″、6″分别作水平辅助平面，可求出 2、8 和 4、6，用 H 面和 W 面投影即可求出 V 面投影 2′、8′、4′、6′。

(3)连点并判别可见性，据相贯线 W 面投影各点的顺序，光滑连接其 V 面和 H 面投影，即为所求。注意判别可见性，对于水平投影，圆锥面都可见，而圆柱面只有上半部可见，所以相贯线的水平投影 3、2、1、8、7 段为可见，而 7、6、5、4、3 段为不可见。相贯线因前后对称，可见的前半部与不可见的后半部 V 面投影重合。

三、圆柱与圆球相交

当圆柱面的轴线穿过球心时，其交线为平面曲线圆，否则交线为一空间曲线。

【例 5-18】 求作圆柱与半球的相贯线，如图 5-20 所示。

分析：从图 5-20 可看出圆柱轴线没有穿过球心，相贯线为闭合的空间曲线。由于圆柱轴线垂直于 H 面，所以相贯线水平投影重合在圆柱的积聚投影圆周上，为已知，相贯线

的 V 面投影需求作。

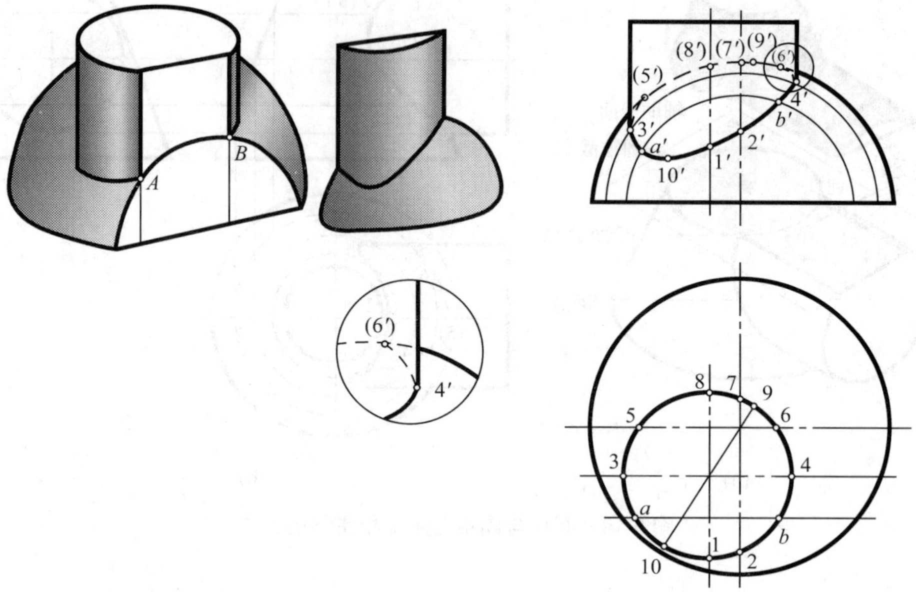

图 5-20　圆柱与半球相贯线的画法

作图:(辅助平面法)

(1)求特殊点,本题共有十个特殊点,Ⅰ～Ⅷ点分别为圆柱或圆球轮廓线上的点,Ⅸ点和Ⅹ点为相贯线的最高转折点和最低转折点。根据 5、6 两点可直接求出 5′、6′。其余各点的 V 面投影需通过 H 面上各点的位置作相应数量的正平辅助平面求出。

(2)求一般点,为作图准确,在交线范围内,用辅助平面法再求作适当数量的一般点,如图 5-20 所示 A、B 两点。

(3)连点并判别可见性,由于 3′、4′为相贯线 V 面投影的可见与不可见的分界点,所以 3′、a'、10′、1′、2′、b'、4′连成粗实线,3′、(5′)、(8′)、(7′)、(9′)、(6′)、4′连成虚线。注意各轮廓线应画到的位置(如图 5-20 中的放大图)。

任务四　相贯线的特殊情况

两回转体相交,在特殊情况下,相贯线可能是平面曲线或直线。下面介绍几种特殊的相贯线。画相贯线时,若是可以直接画出的就不必用前面所介绍的方法求作。

(1)当圆柱与圆柱、圆柱与圆锥轴线相交,并公切于一圆球时,相贯线为平面曲线椭圆,如图 5-21(a)所示,在两回转体轴线所同时平行的投影面上的投影为两条相交直线。

(2)当两回转体具有公共轴线时,相贯线是垂直于轴线的圆,在轴线所平行的投影面上的投影为与轴线垂直的直线,如图 5-21(b)所示。

(3)当两圆柱轴线平行或两圆锥共顶相交时,相贯线为直线,如图 5-21(c)所示。

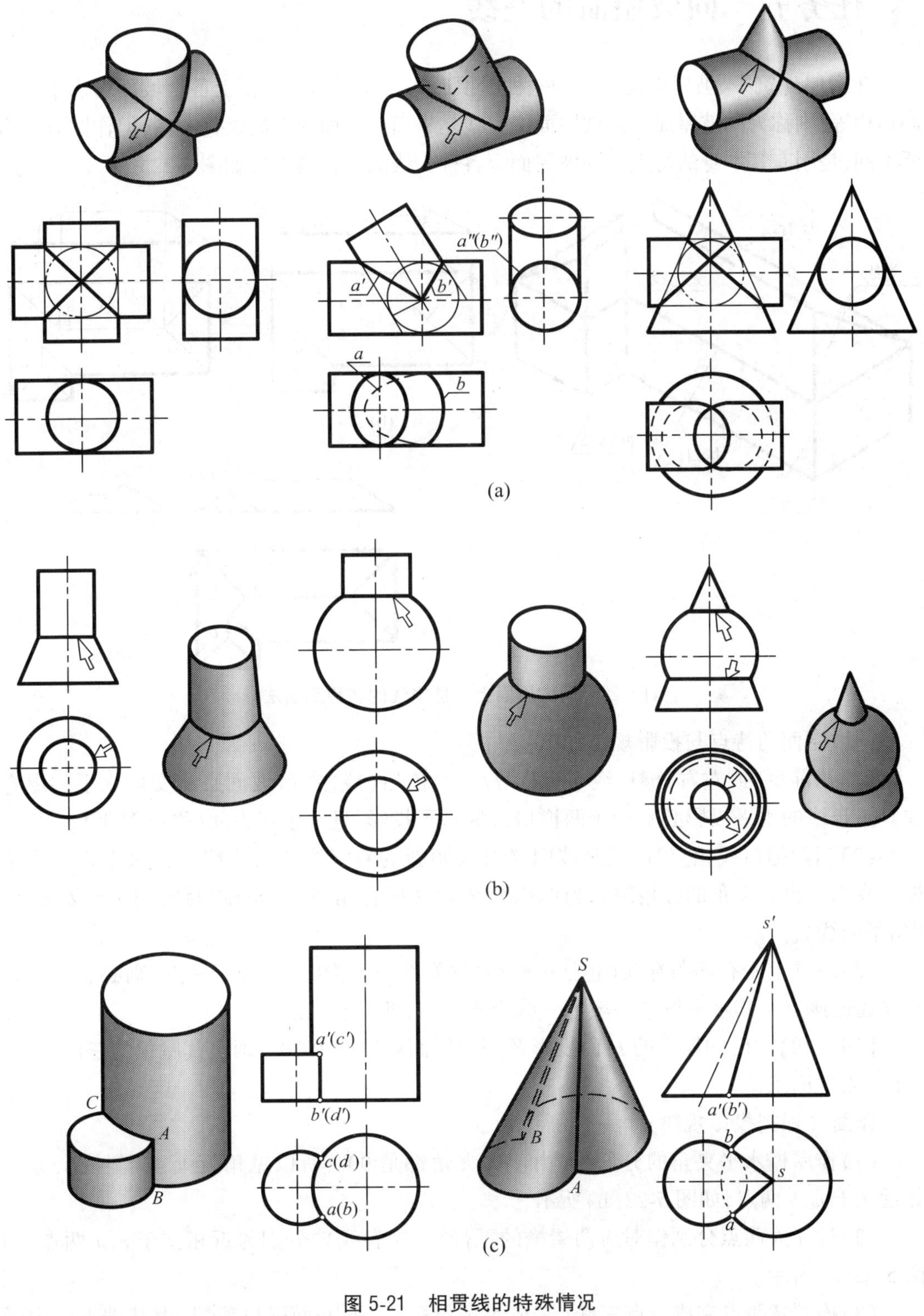

图 5-21　相贯线的特殊情况

任务五　同坡屋面的交线

在房屋建筑中,坡屋面是常见的一种屋顶形式。如果同一屋顶上各个坡面与水平面的倾角相等,则称为同坡屋面。同坡屋面的交线是平面与平面相交的工程实例,但作图方法有所不同,是因有其本身的特点。同坡屋面上各种交线的名称及画法如图5-22所示。

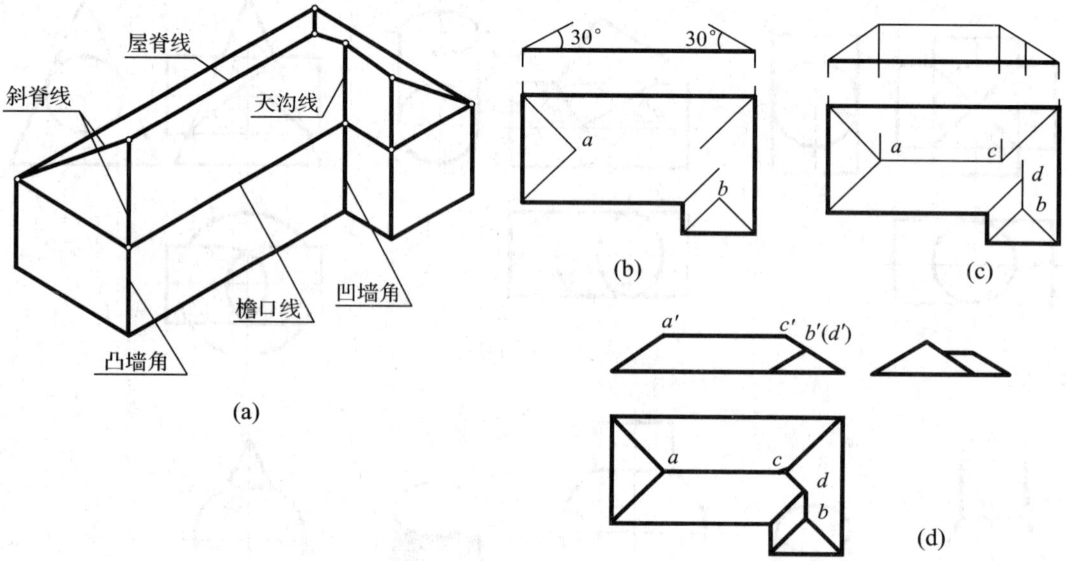

图5-22　同坡屋面上各种交线的名称及画法

同坡屋面的特点与投影规律如下:

(1)当前后(或左右)檐口线平行且等高时,前后(或左右)坡面必相交成水平的屋脊线。屋脊线的水平投影必平行于两檐口线的水平投影,且位于正中间(平行等距)。

(2)当两檐口线相交时,该两坡面必交成倾斜的斜脊线或天沟线。其水平投影为两檐口线水平投影夹角的分角线。当两檐口线相交成直角时,其与檐口线的投影成45°角(角平分线)。

(3)屋顶上若有两条脊线(包括屋脊线、斜脊线或天沟线)相交于一点,则必有第三条脊线通过该点。其水平投影一般为三线交于一点,即一点三线。

【例5-19】　已知屋檐的 H 面投影及同坡屋面的坡度为30°,画出其屋顶的三面投影,如图5-22所示。

作图:(根据投影规律)

(1)作屋檐水平夹角的分角线(由于其夹角都是90°,所以见角就画45°斜线),分别邻近交于 a、b 两点,如图5-22(b)所示。

(2)过 a、b 两点分别作对应两屋檐的平行线(屋脊线),分别邻近相交于 c、d 两点,如图5-22(c)所示。

(3)连 c、d 两点完成一点三线(完成水平投影)。据 V 面檐口位置,由其端点向内画

30°斜线,再由水平投影中各点向上引铅垂线与30°线相交,得a'、b'、c'、d',顺次连接各有关点,即得V面投影。再据H面和V面投影求出W面投影,如图5-22(d)所示。

【例5-20】 已知同坡屋面檐口线的H面投影和坡面的倾角为30°,求同坡屋面交线的H面、V面和W面投影,如图5-23所示。

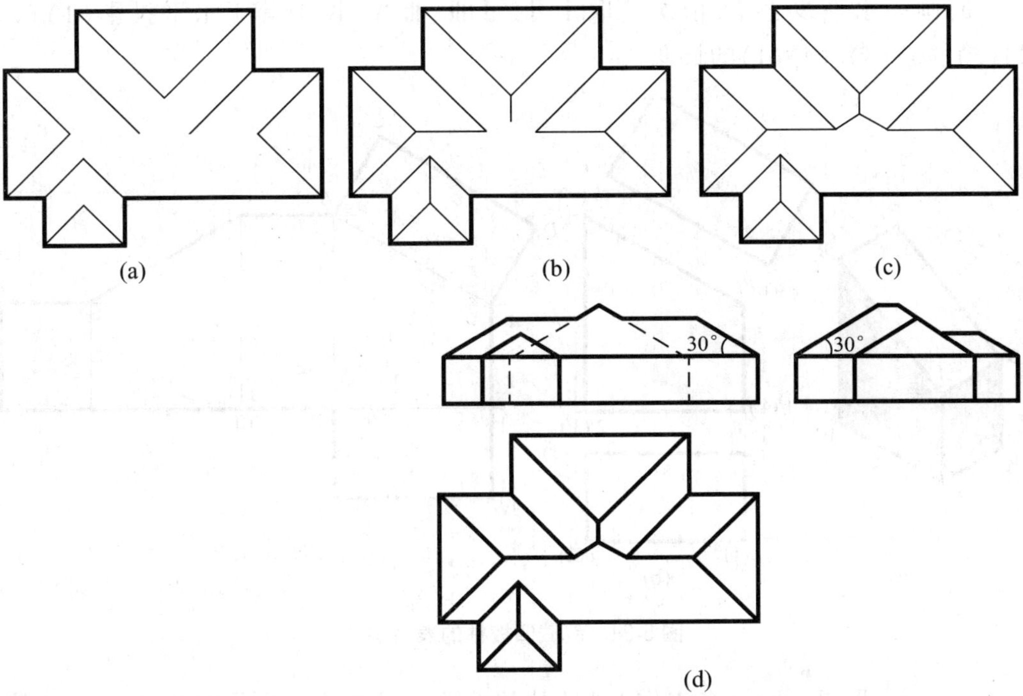

图5-23 同坡屋面交线的作图步骤

图5-23(a)、(b)、(c)为求H面投影的作图步骤。图5-23(d)为完成的H面、V面和W面投影,具体作图方法,可据其投影规律自己分析,并参阅例5-19的作图方法。

任务六 柱体的展开图

把围成立体的表面实形依次地展开,摊平画在一平面上的图形,称为立体的表面展开图。在建筑工程中,常使用金属(或木材)薄板制作空心的建筑设备构件,而展开图就是制作时裁剪下料的重要依据。

一、棱柱表面的展开图

棱柱类表面棱线均互相平行,可借助这些平行线来作展开图。作棱柱体表面展开图实质上就是求出所有棱面和底面实形,然后依次地摊开画在一个平面上的图形。

【例5-21】 已知斜截四棱柱的投影,求作表面展开图,如图5-24所示。

分析:斜截四棱柱的前后表面为梯形,左右上下表面为长方形,分别依次画出六个四边形的实形。

作图:

(1)用换面法求出上边斜面的实形,如图5-24(b)中所示实形。

(2)画一水平线Ⅰ Ⅰ,依次量取ⅠⅡ、ⅡⅢ、ⅢⅣ、ⅣⅠ等于水平投影(1)(2)、(2)(3)、(3)(4)、(4)(1)的长度。

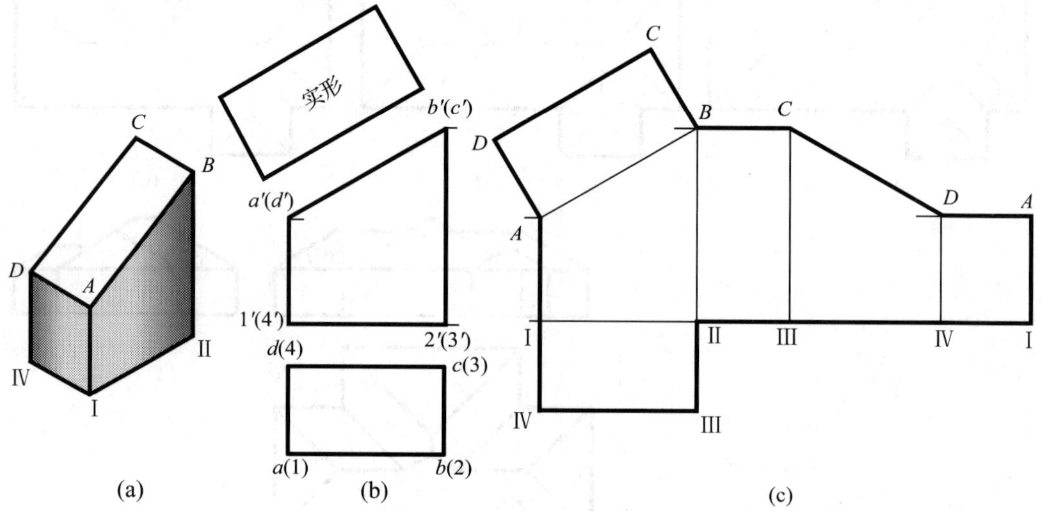

图5-24　斜截四棱柱的表面展开

(3)过Ⅰ、Ⅱ、Ⅲ、Ⅳ、Ⅰ各点作Ⅰ Ⅰ直线的垂线,在垂线上分别量取A、B、C、D、A的高度等于a'、b'、(c')、(d')、a'各点的高度。

(4)用直线依次连接各点,再沿AB和ⅠⅡ边分别画出$ABCD$和ⅠⅡⅢⅣ的实形,即得展开图,如图5-24(c)所示。

二、圆柱表面的展开图

圆柱面可看作是棱线无限多的柱面,棱线(素线)之间互相平行,其展开图的画法与棱柱面相似。

【例5-22】　已知斜截圆柱的投影,求作表面展开图,如图5-25(a)、(b)所示。

分析:由于该圆柱面的素线之间互相平行,可据棱柱面展开图的画法画出其展开图。

作图:

(1)把H面投影圆周分为12等份(或更多),过各等分点找出V面上相应的素线。

(2)将底圆展成一直线Ⅰ Ⅰ$=2\pi R$,量取12段等距离,得Ⅰ、Ⅱ、Ⅲ、…点。过Ⅰ、Ⅱ、Ⅲ、…点作直线的垂线,并在垂线上量取相应素线的高度,得A、B、C、…点。

(3)过A、B、…、G各点光滑连线,得前半圆柱面的展开图。因前后对称,据对称性可作出后半圆柱面的展开图,如图5-25(c)所示。

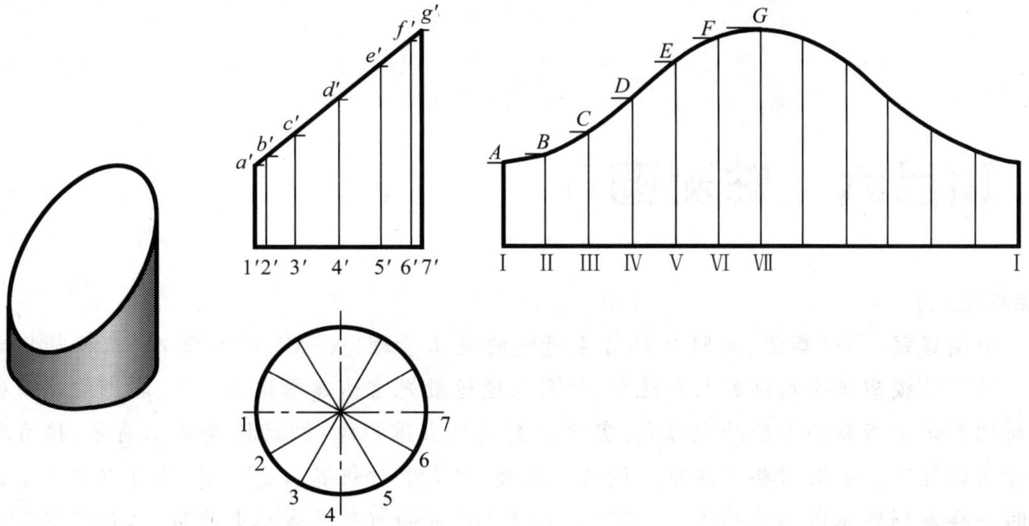

(a) (b) (c)

图 5-25 斜截圆柱的表面展开

项目六　轴测图

【课程思政】

中国建筑一局(集团)有限公司自主研发的施工管理“X-MEN”机器人,工程师提前将建筑三维模型传输到机器人系统中,机器人通过激光雷达建图定位系统,在围绕建筑行进时同步记录距离和方位的坐标点,实时生成建筑立体影像,辅助检查施工质量、校准机电管线位置等。如果需要对房屋结构进行改造,只需要让机器人走一圈,就可以像开了透视眼一样看到墙体内部的构造,施工时完美避开内部的钢筋或者水电线路,真正实现建筑数字化管理。

任务一　概　述

用正投影法画出物体的几个视图并标注出尺寸,能够比较完整、准确地表达物体的形状和大小,并且作图也比较简便,所以是工程上普遍采用的图示方法。但多面正投影图的每一个投影,只能反映物体的两向尺度,缺乏立体感,读图时需几个投影联系起来看,才能想象出空间立体的形状。为了便于读图,在工程图中常用一种富有立体感的投影图来表示物体,作为辅助图样,这种投影图称为轴测投影图,简称轴测图,如图 6-1(b)所示。

码 6-1　微课-轴测图的基本知识

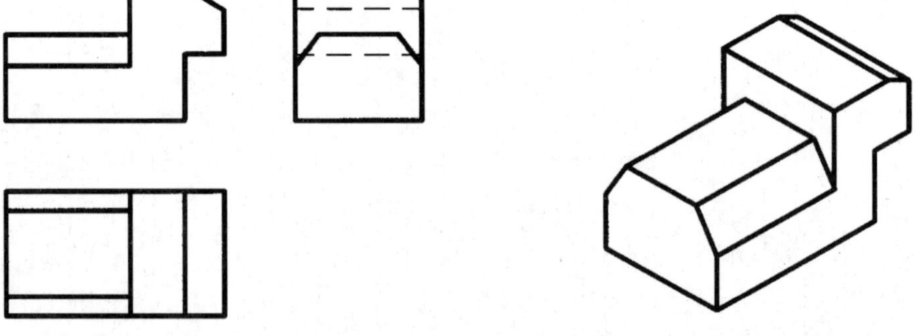

(a)正投影图　　(b)轴测投影图

图 6-1　物体的正投影图和轴测投影图

在给水排水、供暖通风等工程中,也常用单线的轴测图来表达管路的布置,如图 6-2 所示。

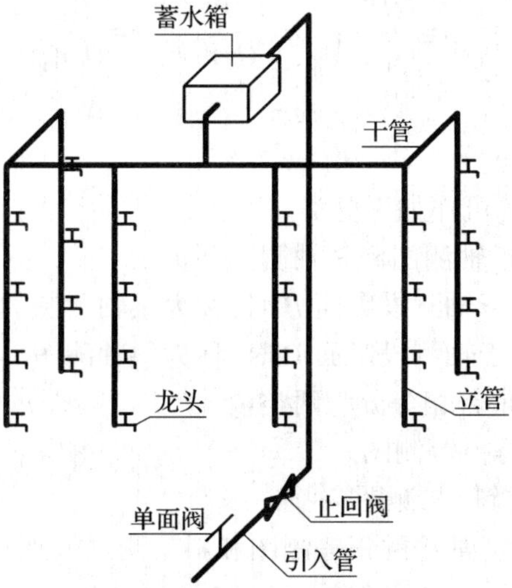

图 6-2 室内给水管网轴测图

一、轴测图的形成

怎样才能画出物体的轴测图，使其能够反映物体上三个方向表面的形状而富有立体感呢？如图 6-3(a)所示，将物体引入空间直角坐标系，使立方体的一个顶点与坐标系的原点 O_1 重合，物体长、宽、高三个方向的棱线分别与 O_1X_1、O_1Y_1、O_1Z_1 重合。这时，将立方体连同其三个坐标轴 O_1X_1、O_1Y_1、O_1Z_1 一起投影到投影面 P 上(投影方向 S 与三个坐标轴方向都不一致)，得到物体及三个坐标轴的投影，如图 6-3(b)所示。其中，投影面 P 称为轴测投影面，空间坐标轴 O_1X_1、O_1Y_1、O_1Z_1 的投影 OX、OY、OZ 称为轴测轴，物体在轴测投影面上的投影称为轴测图。

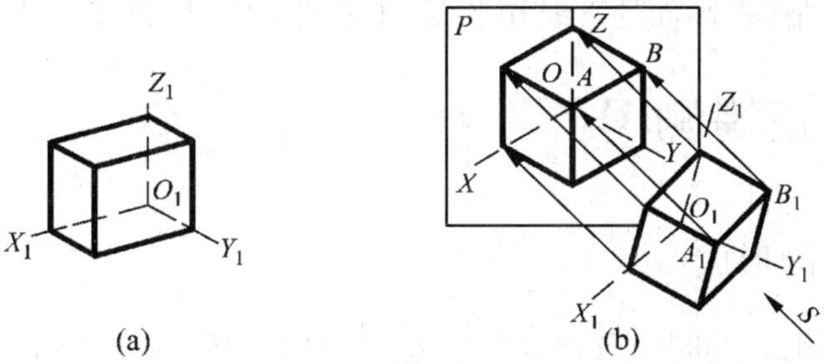

图 6-3 轴测图的形成

二、轴间角和轴向变形系数

(1)轴间角。轴测轴之间的夹角 $\angle XOY$、$\angle XOZ$、$\angle YOZ$ 称为轴间角。

(2)轴向变形系数。轴测图上沿轴测轴方向的线段长度与物体上沿坐标轴方向的对应线段长度之比，称为轴向变形系数。X、Y、Z 轴向变形系数分别用 p、q、r 表示，即

$$p=\frac{OX}{O_1X_1};\quad q=\frac{OY}{O_1Y_1};\quad r=\frac{OZ}{O_1Z_1}$$

三、轴测图的分类

工程中常用的轴测图,可作如下分类。

(1)按投影方向分为正轴测图和斜轴测图两类:

①当投影方向 S 垂直于轴测投影面 P 时,称为正轴测图。

②当投影方向 S 倾斜于轴测投影面 P 时,称为斜轴测图。

(2)按轴向变形系数是否相等分为两类:

①$p=q=r$,称为正(或斜)等测图。

②$p=r\neq q$,称为正(或斜)二测图。

本项目主要介绍工程上常用的正等测图和斜二测图的画法。

四、轴测图的基本特性

(一)平行性

由于轴测图采用平行投影法投影,所以物体上互相平行的线段,在轴测图中仍然互相平行。物体上平行于坐标轴的线段,在轴测图中平行相应的轴测轴。

(二)轴测性

物体上与坐标轴互相平行的线段,它们与其相应的轴测轴有着相同的轴向变形系数。因此,在画轴测图时,只有沿轴测轴方向的线段才能按其相应的轴向变形系数直接测量尺寸,凡是不平行于轴测轴的线段都不能直接测量尺寸。沿轴才能进行测量,这就是"轴测"二字的意义。

(三)真实性

物体上平行于轴测投影面的直线和平面,在轴测图中仍然反映实长和实形。

任务二　正等测图

一、正等测图的形成

将物体置于轴测投影面之前,使坐标轴 O_1X_1、O_1Y_1、O_1Z_1 对 P 面的倾角相同,按正投影法投影,所得即为正等测轴测图,简称正等测图。

码6-2　微课-正等测轴测图(一)

二、轴间角和轴向变形系数

(一)轴间角

$\angle XOY=\angle YOZ=\angle XOZ=120°$,如图6-4(a)所示。作图时,用30°三角板和丁字尺配合进行,如图6-4(b)所示。

根据习惯画法,在轴测图中 Z 轴总是竖直放置,X 轴和 Y 轴的位置可以互换。

（二）轴向变形系数

为了简化作图，制图标准规定：$p=q=r=1$。

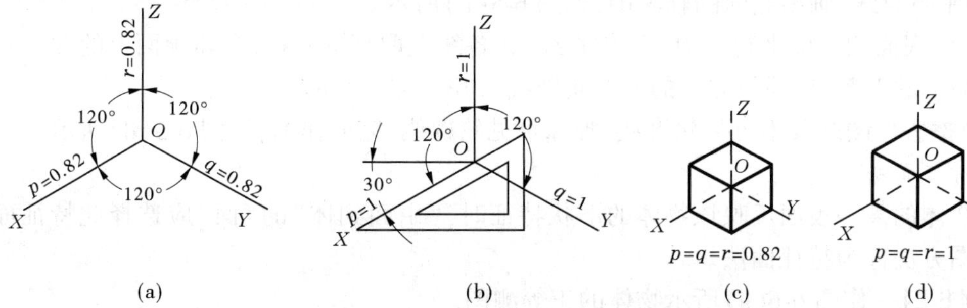

图 6-4 正等测图的轴间角、轴向变形系数

上述轴向变形系数表明，画正等测图时，X、Y、Z 三轴方向均按 1∶1画图，这是轴向变形系数的理论值 0.82［见图 6-4(a)］的 1.22 倍，即画出的正等测图的大小是理论图形的 1.22 倍［见图 6-4(d)］，但不影响物体形状及各部分相对位置的表达。

三、图示方法

（一）平面体正等测图的画法

平面体正等测图画图的总体步骤是“由面到体”，即先画出物体某一表面的轴测投影，然后“扩展”成立体。具体作图方法有下列几种。

1. 坐标法

按坐标值确定平面体各特征点的轴测投影，然后连线成物体的轴测图，这种作图方法称为坐标法。坐标法是画轴测图的基本方法，其他作图方法都是以坐标法为基础的。

【例 6-1】 作出图 6-5(a)所示长方体的正等测图。

分析：长方体上各表面都平行于相应的坐标面，各轮廓直线都平行于相应的坐标轴。因此，可采用坐标法，先画出长方体 8 个顶点的位置，连接平行于相应轴测轴的平行线，即为轮廓线。

作图：如图 6-5 所示。

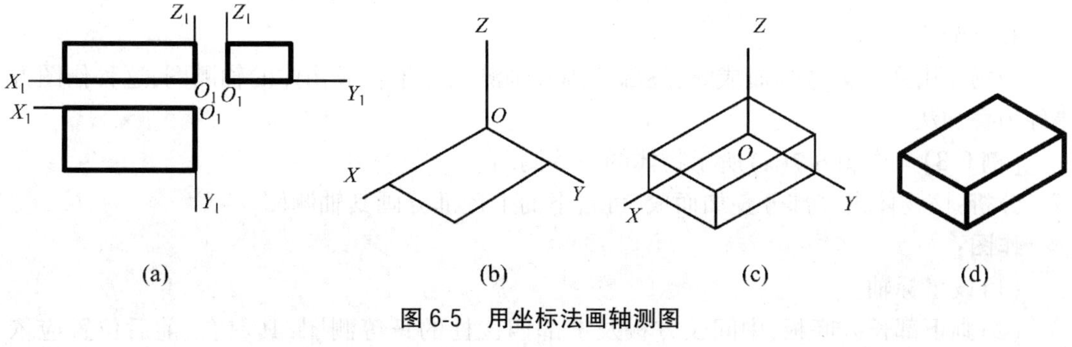

图 6-5 用坐标法画轴测图

(1)为了作图方便,首先在原视图中选定坐标轴 O_1X_1、O_1Y_1、O_1Z_1,如图 6-5(a)所示。

(2)画出轴测轴,用简化率($p=q=r=1$)在 OX 轴上取长,在 OY 轴上取宽,引 OX 轴和 OY 轴的平行直线,画出底面的轴测图,如图 6-5(b)所示。

(3)由底面四点引平行于 OZ 轴的直线,在各线上取高,即得长方体顶面上的四个点。连接顶面上的上各点,画长方体的所有轮廓线,如图 6-5(c)所示。

(4)擦去作图线及不可见轮廓线,加深可见轮廓线,完成作图,如图 6-5(d)所示。

2. 特征面法

当物体的某一表面反映该物体的形状特征时,“由面到体”的“面”应选择此特征面,这种作图方法称为特征面法。

【例 6-2】 作图 6-6(a)所示物体的正等测图。

分析:由图 6-6(a)可知,物体的前面反映形状特征,正视图反映前端面实形,故可采用特征面法,依据正视图先画前端面的正等测图,然后引宽度方向的棱线完成作图。

作图:如图 6-6 所示。

(1)设坐标原点、坐标轴。

(2)根据正视图画出特征面的轴测图,如图 6-6(b)所示。应当注意,斜线ⅠⅡ的长度不能直接测量,应作出Ⅰ、Ⅱ两点的轴测图后连线。

(3)由特征面各顶点引平行于 OY 轴的平行线,并在这些平行线上取宽度尺寸,得等宽各点,如图 6-6(c)所示。

(4)连接等宽各点,加深轮廓线,完成作图,如图 6-6(d)所示。

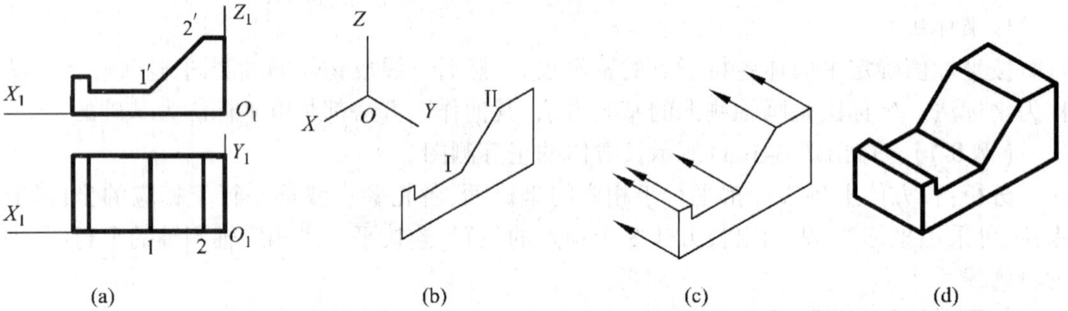

图 6-6　用特征面法画轴测图

3. 叠加法

当物体由几部分叠加而成时,逐部分画其轴测图并组合成物体的轴测图,这种作图方法称为叠加法。

【例 6-3】 作图 6-7(a)所示物体的正等测图。

分析:该物体由三部分叠加而成,可自下而上逐部分画其轴测图。

作图:

(1)设坐标轴。

(2)画下部长方底板、中间长方板及上部四棱柱的正等测图,其左右、前后位置应依俯视图确定,作图结果如图 6-7(b)所示。

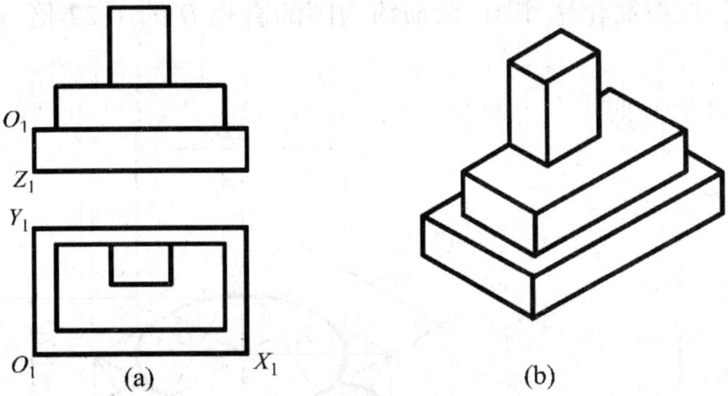

图 6-7　用叠加法画轴测图

码 6-3　微课-正等测轴测图(二)

4. 切割法

当物体由基本体经切割而形成时,可按先外形后切割的顺序画轴测图,这种画图方法称为切割法。

【例 6-4】　作图 6-8(a)所示物体的正等测图。

分析: 该物体可认为是在五棱柱上切矩形槽而形成的。

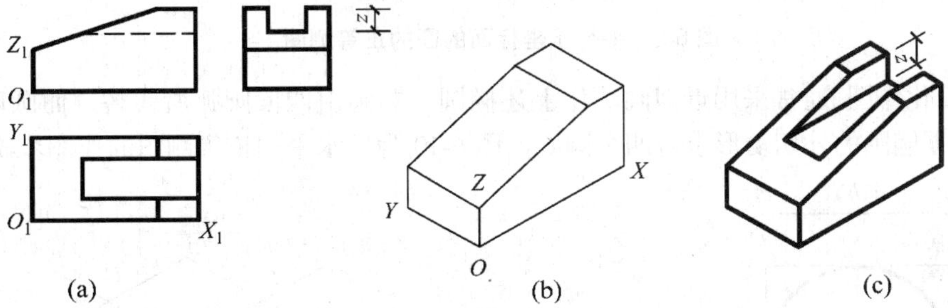

图 6-8　用切割法画轴测图

作图:

(1)设坐标轴。

(2)用特征面法画五棱柱的等测图,如图 6-8(b)所示。

(3)在五棱柱上部前后居中位置切矩形通槽,注意槽深方向应平行于 Z 轴方向,如图 6-8(c)所示。

(4)擦去作图线及被切轮廓线,加深后完成作图。

(二)曲面体正等测图的画法

1. 平行于坐标面的圆的正等测图

如图 6-9(a)所示,立体上分别平行于三个坐标面的正方形表面,它们的正等测图都是菱形,它们的内切圆的正等测图都是椭圆。三个椭圆的形状和大小及画法是相同的,但三个椭圆的长、短轴方向都不相同。椭圆的长轴方向是菱形的长对角线。与它们在坐标面外的另一个轴测轴垂直。如图 6-9(b)所示,椭圆Ⅰ的长轴垂直于 OZ 轴;椭圆Ⅱ的长轴垂直于 OY 轴;椭圆Ⅲ的长轴垂直于 OX 轴。椭圆的短轴位于菱形的短对角线上,它与长轴互相垂直平分。

三个椭圆的长、短轴的长度,如按简化率作图,长轴约为圆的直径 D 的 1.22 倍,短轴约为圆的直径 D 的 0.7 倍。

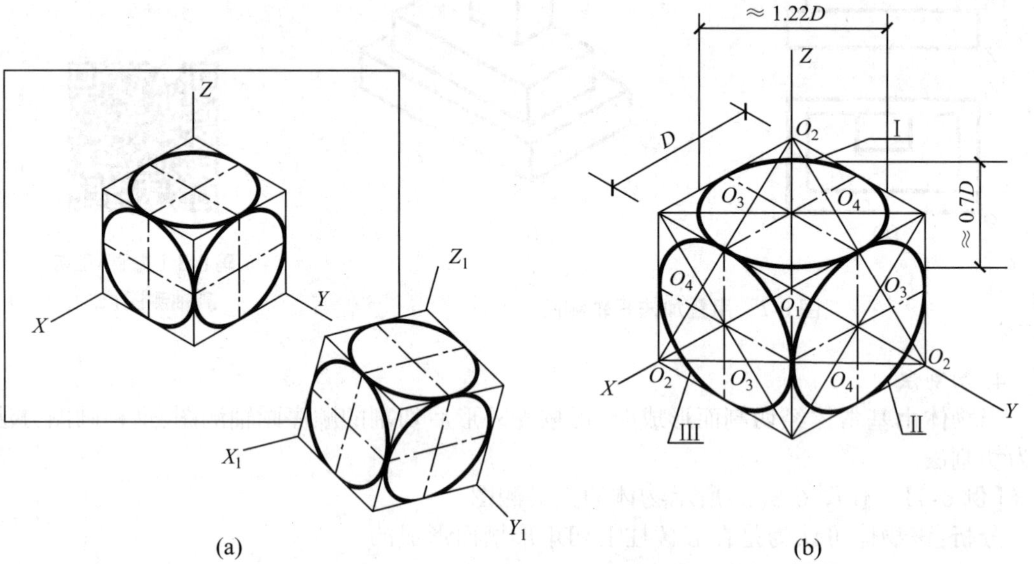

图 6-9　平行于坐标面的圆的正等测图

为了简化作图,通常采用近似画法作上述椭圆。椭圆由四段圆弧所代替。而画四段圆弧时,需根据椭圆的外切菱形求得四个圆心。图 6-10 为一水平圆正等测图的作图步骤。

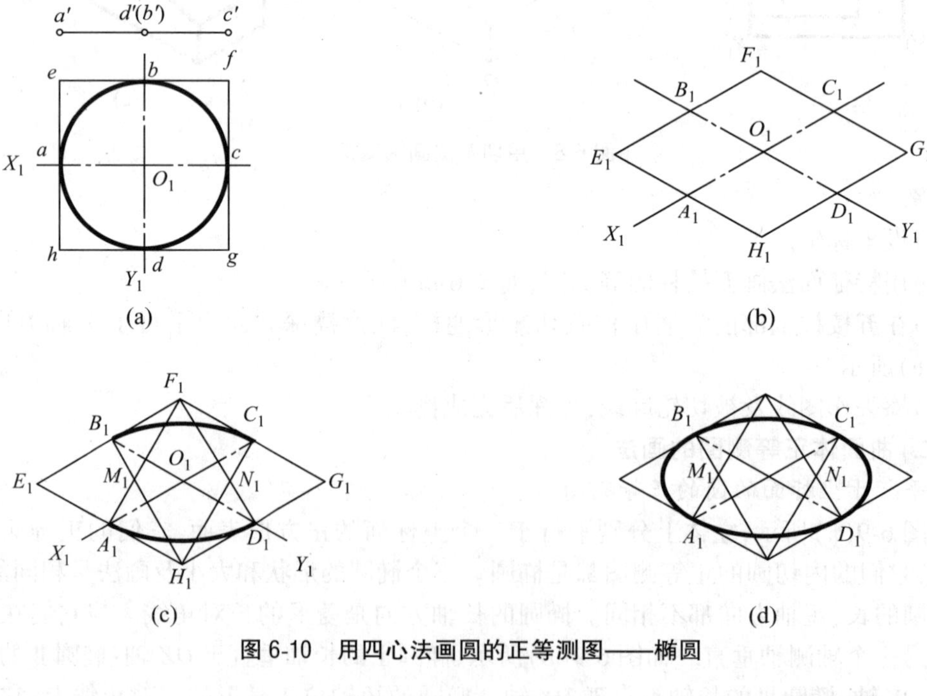

图 6-10　用四心法画圆的正等测图——椭圆

掌握了圆的正等测图画法后,即可进一步掌握曲面立体的正等测图的画法。

【例 6-5】 作圆柱体的正等测图。

画圆柱体的轴测图,可先作上下底面圆的轴测图,然后再作轮廓素线,如图 6-11 所示。

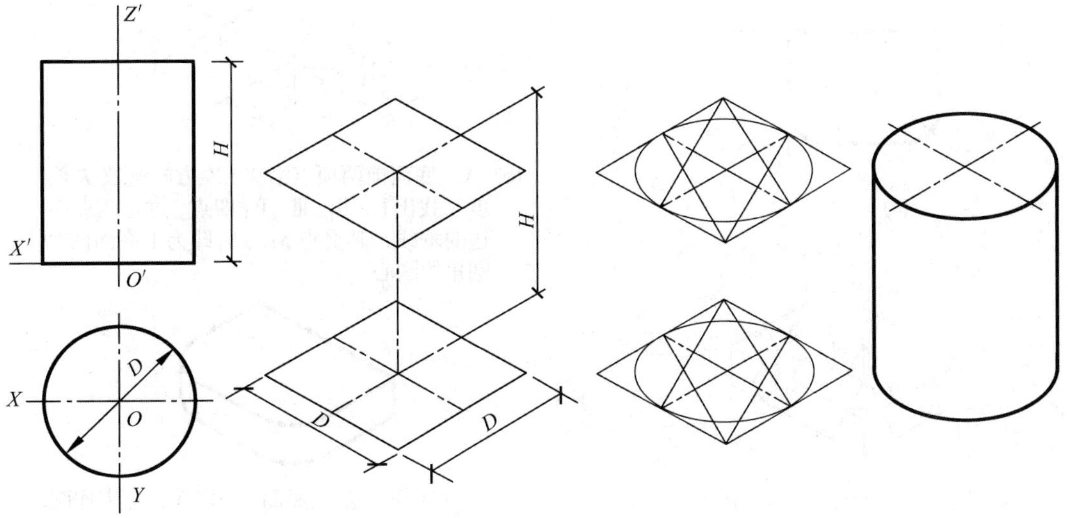

(a) 在正投影图上定出原点和坐标轴位置　(b) 根据圆柱的直径 D 和高 H,作上下底圆外切正方形的轴测图　(c) 用四心法画上下底圆的轴测图　(d) 作两椭圆公切线,擦去多余线条并描深,即得圆柱体的正等测图

图 6-11　圆柱体的正等测图画法

2. 圆角的正等测图

圆角是四分之一圆周,其正等测图为四分之一椭圆,画法如图 6-12 所示。

【例 6-6】 作图 6-13(a)所示物体的正等测图。

分析:该物体外形为半圆头板,前后贯通圆柱孔。用切割法画其正等测图。

作图:

(1)设坐标轴,作二分之一外切正方形,如图 6-13(a)所示。

(2)作长方形板的正等测图,如图 6-13(b)所示。

(3)先用圆角画法求出前端面上半圆的正等测图。然后用平移法作后端面上半圆的正等测图,再在右上角作两圆弧的公切线,如图 6-13(c)所示。

(4)切圆孔,擦去作图线并加深,如图 6-13(d)所示。

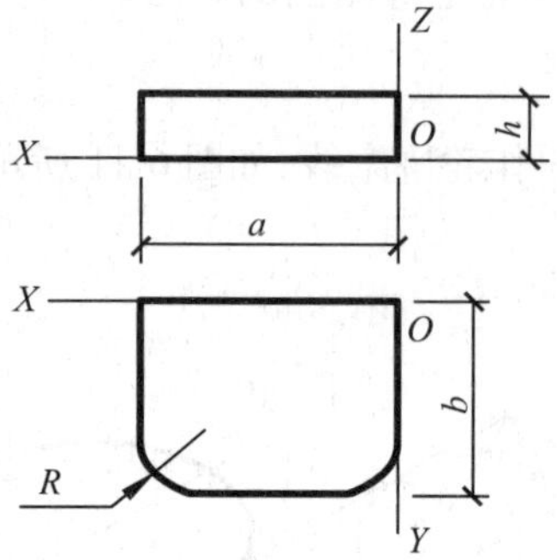

(a)

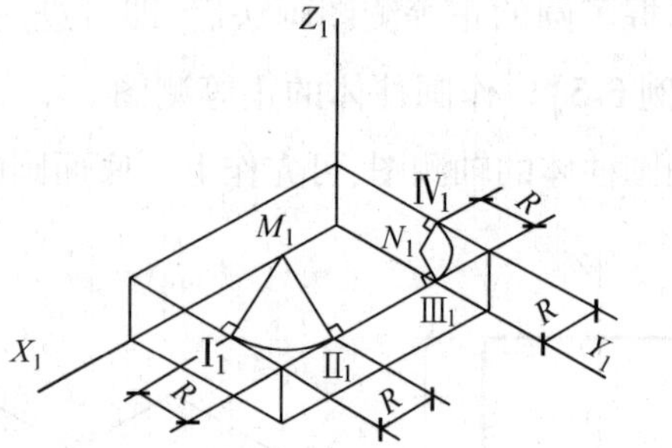

(b) 从上底面前两顶点沿 X、Y 方向量取 R 长度，找出 I_1、II_1、III_1、IV_1 四点，过这四点作边的垂线，其交点 M_1、N_1 即为上底面两个圆角的圆心

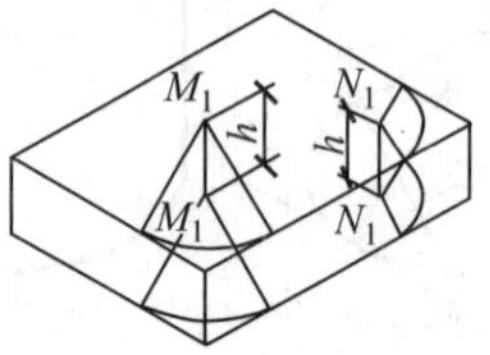

(c) 沿高度方向将上底面圆弧下移高度 h，即为下底面的圆弧

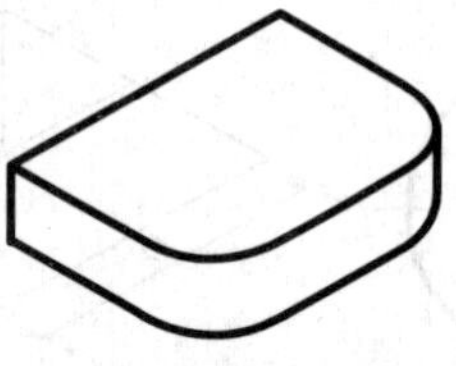

(d) 作右边两圆弧的公切线，擦去作图线并加深图线

图 6-12　圆角的正等测图画法

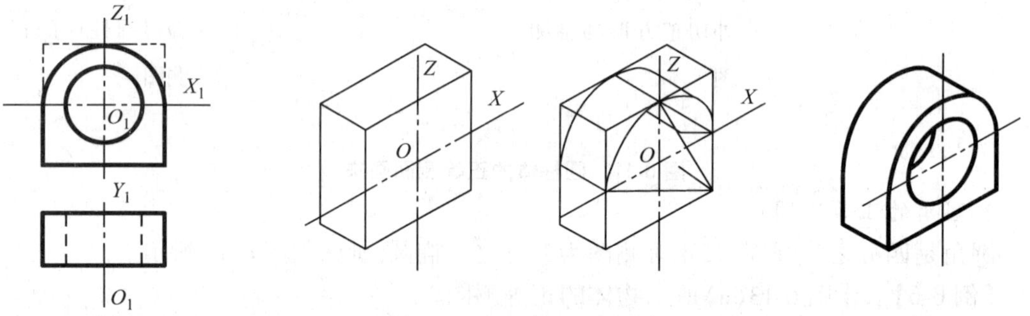

(a)　(b)　(c)　(d)

图 6-13　半圆的正等测图画法

任务三　斜二测图

一、斜二测图的形成

斜二测图是将物体上的 $X_1O_1Z_1$ 坐标面平行于轴测投影面 P,用斜投影法作出物体在 P 面上的投影,即得斜二测图。

二、轴间角和轴向变形系数

码 6-4 微课-斜二测轴测图

（一）轴间角

OZ 轴仍处于竖直位置，*OX* 轴与 *OZ* 轴垂直，所以 $\angle XOZ=90°$，*OY* 轴的方向随投影方向 *S* 的不同而变化，通常采用 *OY* 轴与水平方向成 45°，所以 $\angle XOY=\angle YOZ=135°$，如图 6-14 所示。

（二）轴向变形系数

$p=r=1, q=0.5$，如图 6-14 所示。

（三）斜二测图的特点

根据轴测图的基本特性，由于 *XOZ* 坐标面平行于 *P* 面（轴测投影面），物体上所有平行于 *XOZ* 坐标面的平面，其斜二测图反映实形。因此，斜二测图特别适用于表达正面形状比较复杂或正面形状为曲线的柱体。

三、作图方法

斜二测图的作图方法与正等测图相同，都是以坐标法为基本方法。为了作图简便，画斜二测图时，一般将物体的特征面平行于 *P* 面（轴测投影面），这样可以直接画出特征面的实形，然后沿 45°线方向引伸宽度，并取二分之一的 *Y* 轴方向尺寸完成作图。

圆的斜二测图如图 6-15 所示。平行于 *XOZ* 坐标面的圆，其斜二测图仍然是直径为 *D* 的圆。平行于 *XOY* 或 *ZOY* 坐标面的圆，其斜二测图为椭圆。椭圆的长轴方向与 *OX* 轴或 *OZ* 轴的夹角约为 7°，短轴与长轴互相垂直。两个椭圆的长轴约为圆的直径 *D* 的 1.06 倍，短轴约为圆的直径 *D* 的 0.33 倍。其画法可用坐标点法。下面以水平圆为例说明其斜二测图的作图步骤，如图 6-16 所示。

（1）将圆的直径 *ac* 分成若干等份，并过各等分点作平行于 *bd* 的弦线。

（2）根据圆的直径 *D* 作平行四边形（圆的外接正方形的斜二测图）。注意 $AC=\frac{1}{2}ac$。

（3）与图 6-16（a）配合，将 *AC* 分为相同等份，并过等分点作 *OX* 轴的平行线。

（4）与图 6-16（a）配合，在平行线上找出相应弦的八个端点。

（5）将八个端点及 *A*、*B*、*C*、*D* 四点用曲线光滑连接起来，即为椭圆。

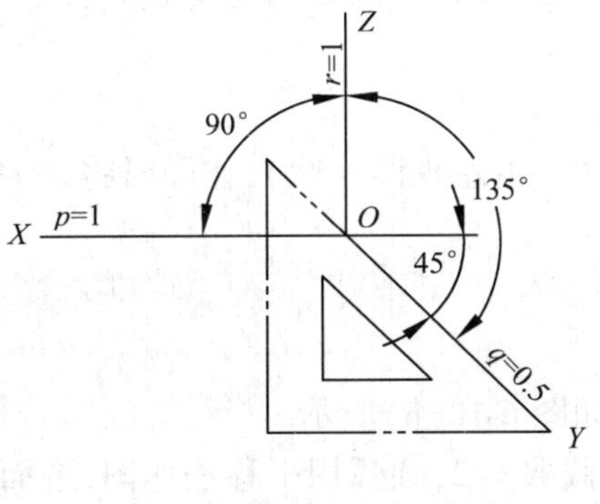

图 6-14 斜二测图的轴测轴、轴间角、轴向变形系数

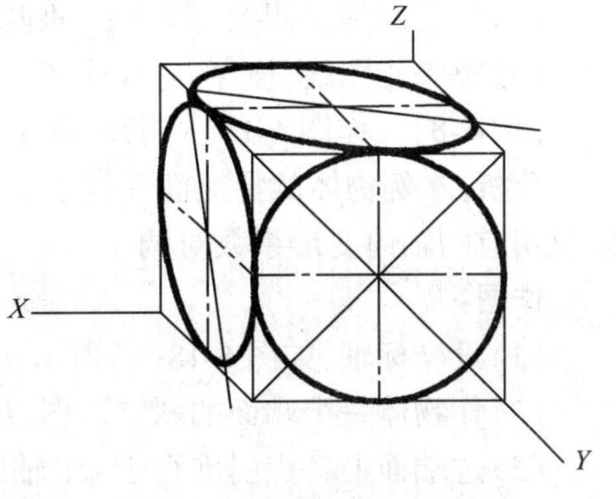

图 6-15 圆的斜二测图

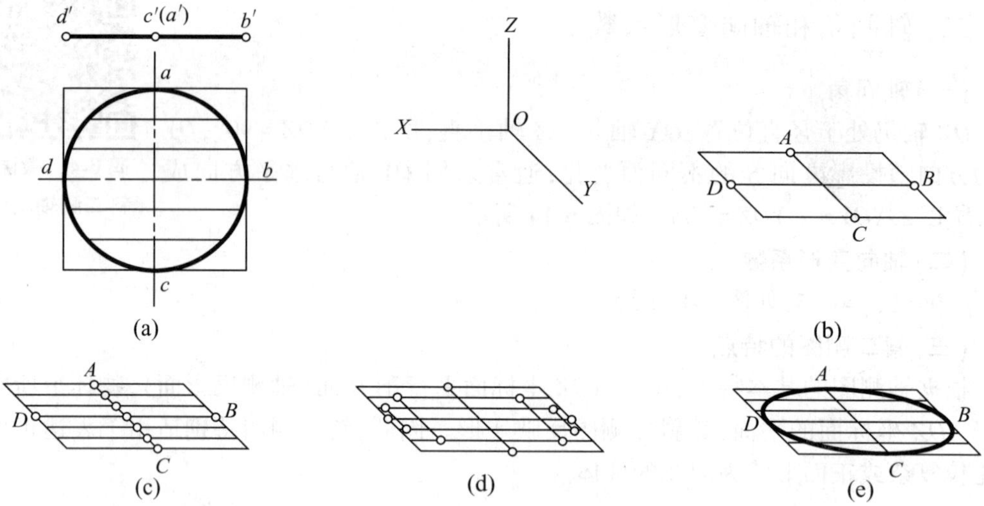

图 6-16　圆的斜二测图的画法

【例 6-7】　如图 6-17(a)所示,作挡土墙的斜二测图。

分析:该物体正视图反映形状特征,用斜二测图表达是适宜的。作图方法可采用叠加法。

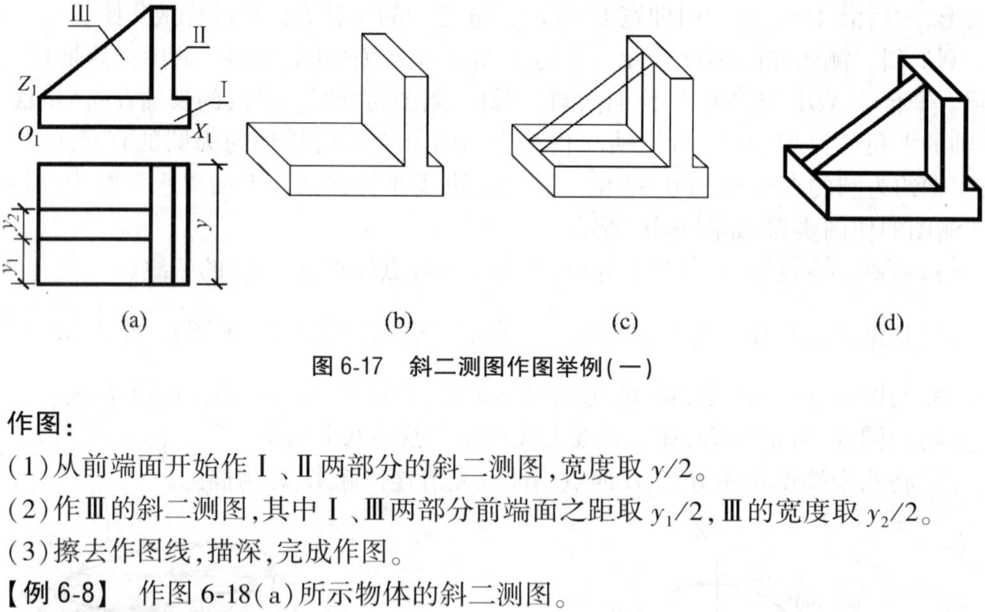

图 6-17　斜二测图作图举例(一)

作图:

(1)从前端面开始作Ⅰ、Ⅱ两部分的斜二测图,宽度取 $y/2$。

(2)作Ⅲ的斜二测图,其中Ⅰ、Ⅲ两部分前端面之距取 $y_1/2$,Ⅲ的宽度取 $y_2/2$。

(3)擦去作图线,描深,完成作图。

【例 6-8】　作图 6-18(a)所示物体的斜二测图。

分析:本例物体的特征面平行于 $Y_1O_1Z_1$ 坐标面(由左视图反映),作图时将 X 轴与 Y 轴及相应的轴向变形系数对调。

作图:

(1)设坐标轴,如图 6-18(a)所示。

(2)作物体一个端面的斜二测图,反映真形,如图 6-18(b)所示。

(3)过端面上各点引平行于 OY 轴的直线,均截取 $y/2$,圆弧用平移法作图,进而作出另一端面的斜二测图,如图 6-18(c)所示。

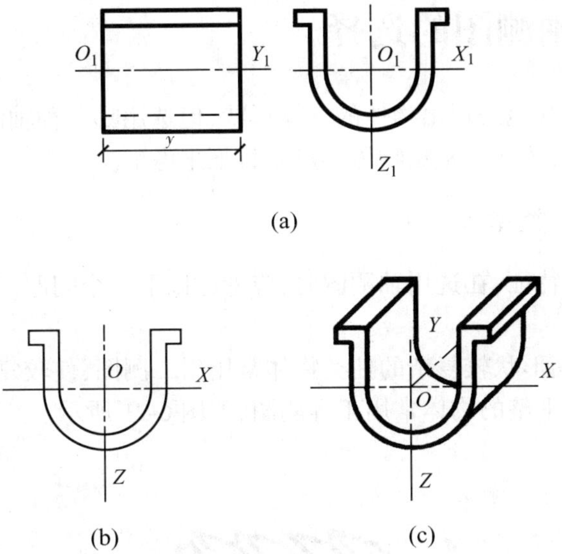

图 6-18 斜二测图作图举例(二)

(4)去掉作图线,描深,完成作图,如图 6-18(c)所示。

任务四 水平斜轴测图简介

轴测投影面平行于水平坐标面的斜轴测图称为水平斜轴测图,其轴向变形系数除 X、Y 两轴均等于 1 外,Z 轴的变形系数可取任意值,一般在形体的 Z 向尺度相对不大时,仍取 1;其轴间角除 XOY 应为 90°外,其余可为任意角,一般为求直觉感强,仍使 Z 轴呈竖直方向,又为了便于作图,可使 Y 轴向与水平方向夹角为 30°、45°、60°,如图 6-19 所示。

水平斜轴测图,由于能反映水平面实形,又便于度量,故特别适宜于表现建筑群的平面布置情况,如图 6-20 所示。

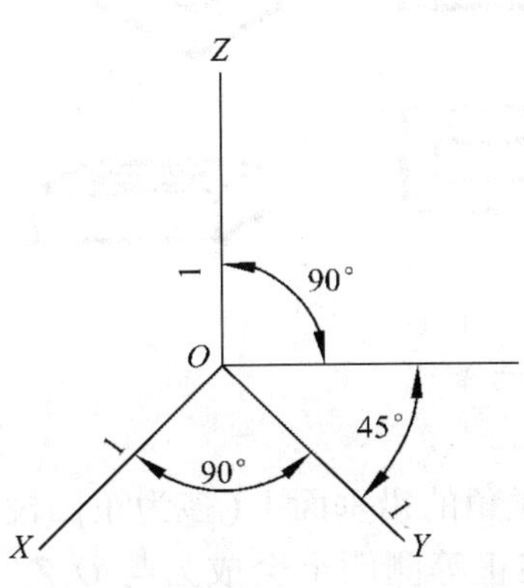

图 6-19 水平斜轴测图

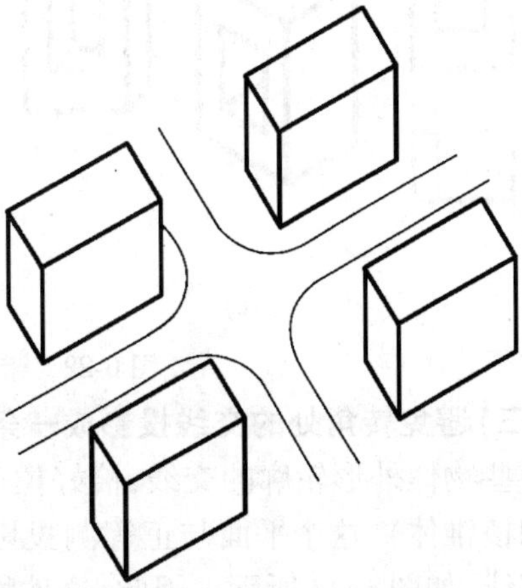

图 6-20 建筑物的水平斜轴测图

任务五　轴测图的选择

轴测图能比较直观地表现出物体的立体形状,但选用哪一种轴测图和物体如何放置,效果是不同的。因此,还必须根据物体的形状特征来考虑。

一、选择轴测图类型

根据物体的形状特征,在选用轴测图时,应考虑以下三个问题。

(一)作图简便

一般情况下,截面形状较复杂的柱类物体常用斜二测图,使较复杂的截面平行于轴测投影面。外形较方正平整的物体常用正等测图,如图6-21所示。

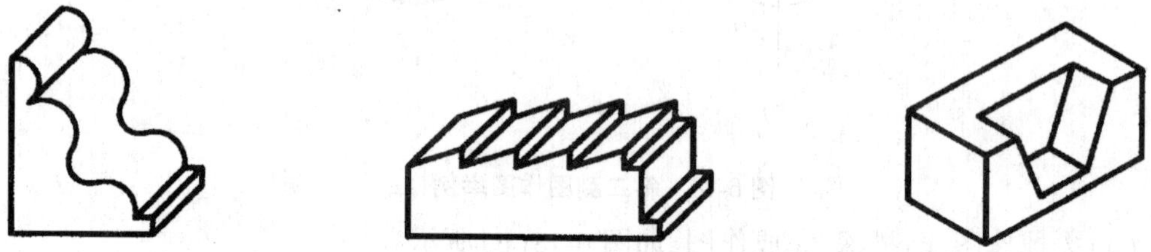

(a)斜二测图　　(b)正等测图

图6-21　两种轴测图的比较

(二)尽量少遮挡内部及背后构造

轴测图要尽可能将内部构造表达清楚。图6-22(a)说明正面带孔的物体用斜二测图比正等测图要好,前者能看透孔洞。图6-22(b)则说明顶面带孔的物体,用正等测图比斜二测图更清楚。

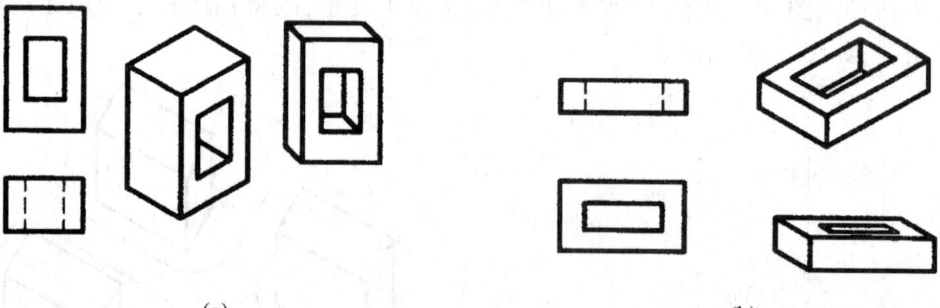

(a)　　(b)

图6-22　带孔物体轴测图类型选择

(三)避免转角处的交线投影成一条直线

有些物体外形轮廓的交线,恰好位于与V面成45°倾角的铅垂面上(多为正四棱柱体和正四棱锥体),这个平面与正等测投影的方向平行,在正等测图上会成为与O_1Z_1轴平行的直线,如图6-23所示。因此,这种物体最好采用斜二测图。

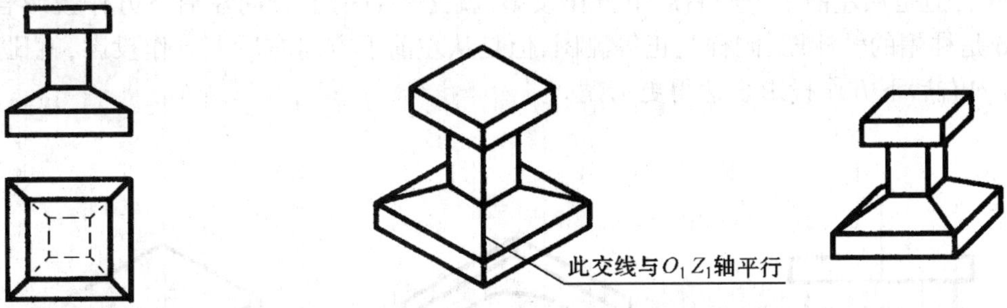

图 6-23　物体转角处交线应避免投影成一铅垂直线

二、选择投影方向

作物体轴测图时常用的投影方向有四种,如图 6-24 所示。

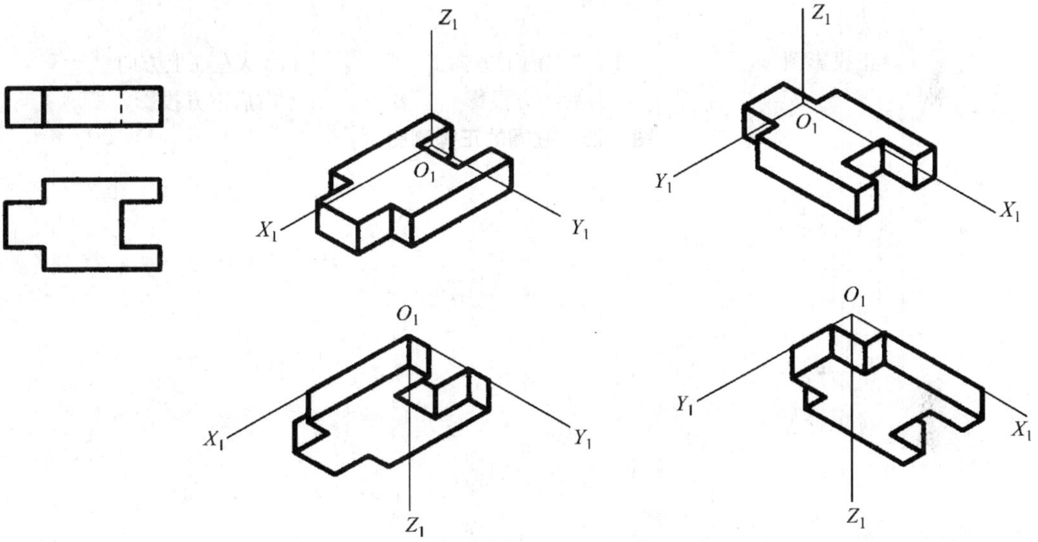

图 6-24　四种不同投影方向所作出的轴测图

选择投影方向还应考虑物体的形状特征。图 6-25 中所示是挡土墙的轴测图,同样是

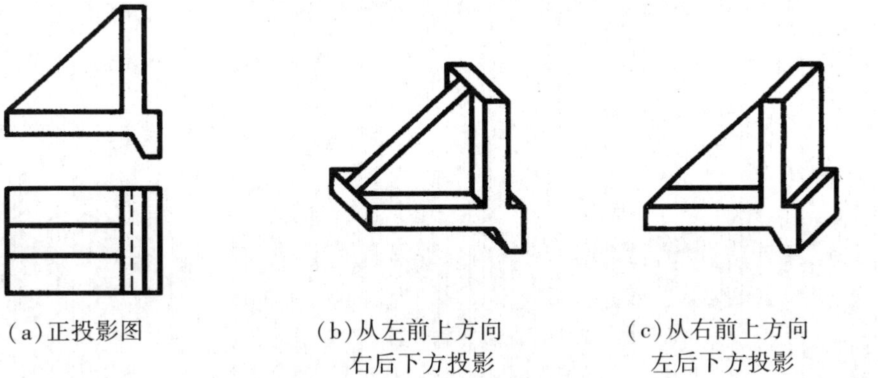

(a)正投影图　(b)从左前上方向右后下方投影　(c)从右前上方向左后下方投影

图 6-25　挡土墙的斜二测图

斜二测图,但是从左前上方向右后下方作投影,就比从右前上方向左后下方作投影合适。图 6-26 是柱帽的轴测图,同样是正等测图,但是从左前下方向右后上方作投影,就比从左前上方向右后下方作投影表达得更清楚。

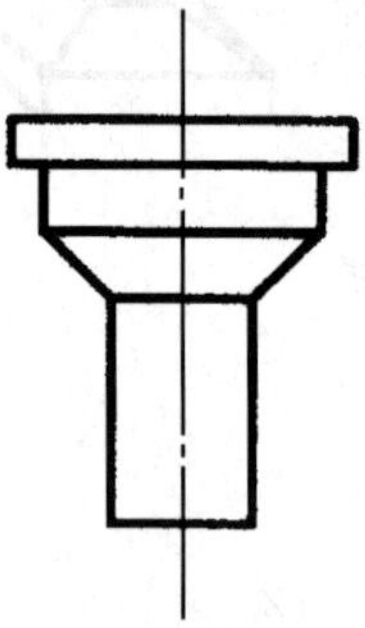

(a)正投影图

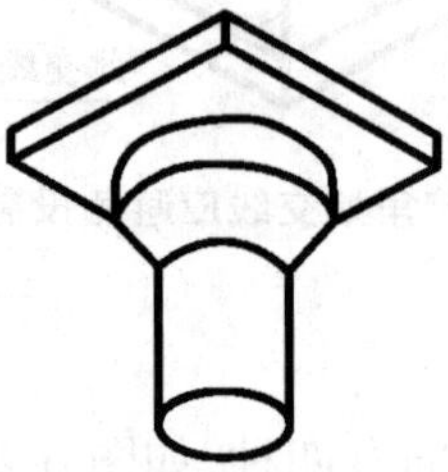

(b)从左前下方向右后上方投影

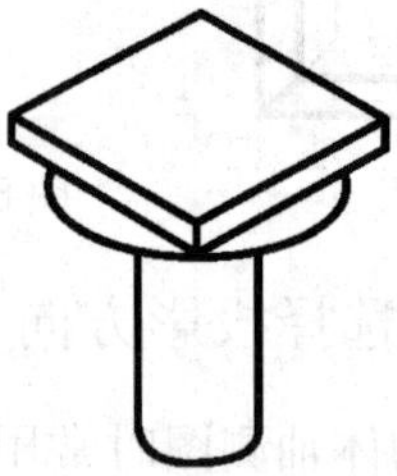

(c)从左前上方向右后下方投影

图 6-26　柱帽的正等测图

项目七　组合体视图

【课程思政】

党的二十大报告提出，必须坚持科技是第一生产力、人才是第一资源、创新是第一动力。通过科技创新，提升工程建设质量。古有都江堰，现有三峡工程，这些都是值得我们自豪和继承的，也对弘扬我国文化遗产起到积极作用。

任务一　形体分析法及组合体表面连接处画法

工程建筑物，从形体角度看，都是由一些基本形体（如棱柱体、棱锥体、圆柱体、圆锥体和球体等）组合而成的。

码 7-1　微课-组合体识读与绘制

由基本形体组合形成的立体称为组合体。

组合体按其组合方式常分为如图 7-1 所示的叠加、挖切和综合式（既有叠加，又有挖切）三种。

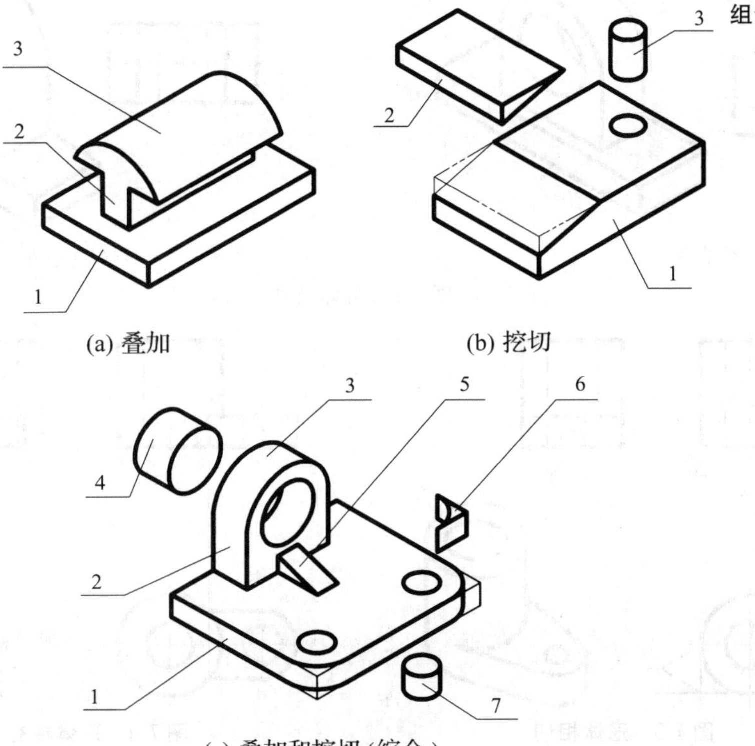

(a) 叠加　(b) 挖切

(c) 叠加和挖切（综合）

图 7-1　组合体组合形式

将物体分解成由一些简单形体组合(叠加、挖切、综合)而成的方法称为形体分析法。它是画图、看图、注尺寸的基本方法。

组合体在工程中常以综合的形式出现,所以读、画组合体视图时,必须掌握其组合形式和各基本体表面间的连接关系,才能不多线或漏画线。在读图时,注意这些形式和关系,才能准确想象出整体结构的形状。

组合体中的各基本几何体表面之间有不平齐、平齐、相切和相交四种表现形式。

(1)不平齐。两基本几何体表面分界处不平齐应有轮廓线隔开,如图 7-2(a)所示。

(2)平齐。两基本几何体表面平齐处中间没有线隔开,如图 7-2(b)所示。

(3)相切。两基本几何体表面(平面与曲面、曲面与曲面)光滑过渡处没有线隔开。如当曲面与曲面、曲面与平面相切时,在相切处不存在交线,如图 7-3 所示。

(4)相交。两基本几何体的平面与平面、平面与曲面、曲面与曲面相交,相交处应画出交线。这种交线按相交表面不同可为曲线或直线,如图 7-4 所示。

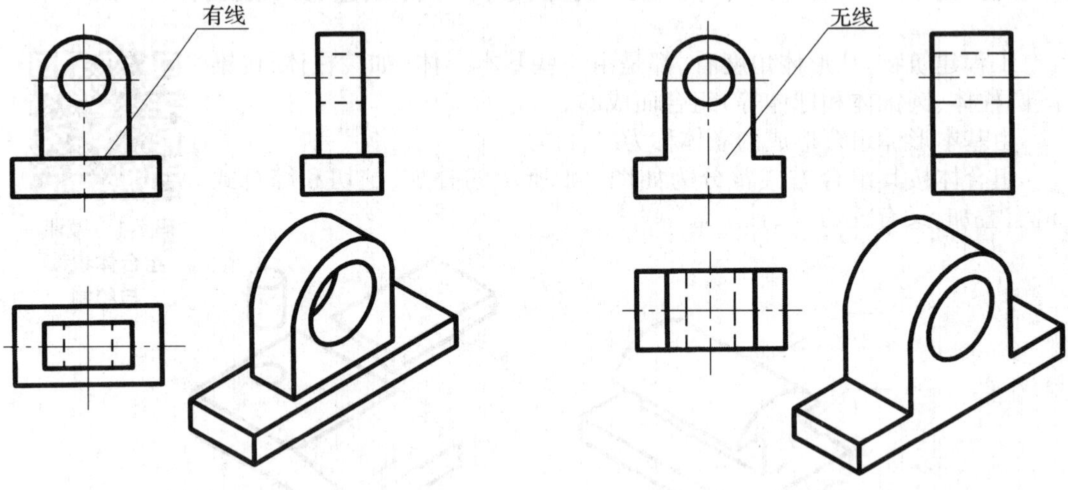

(a)不平齐　　　　(b)平齐

图 7-2　形体叠加

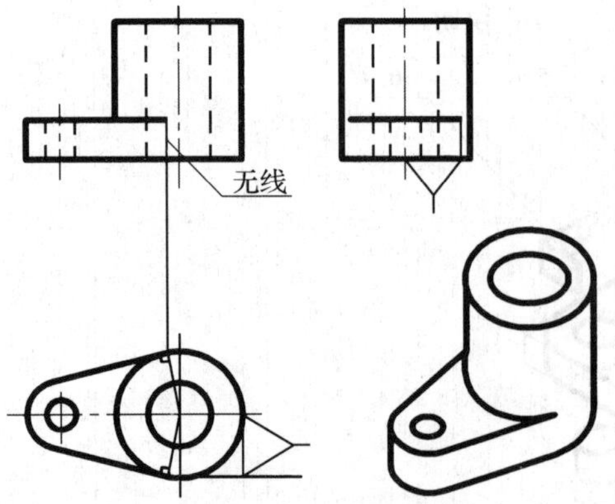

图 7-3　形体相切

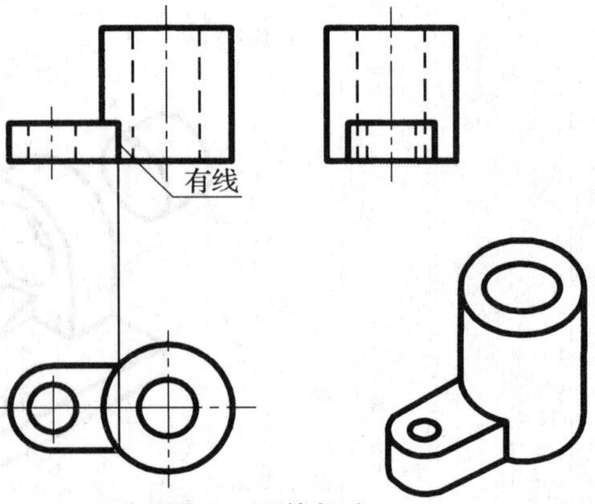

图 7-4　形体相交

任务二 组合体视图画法

画组合体视图时,应先分析它是由哪些基本形体组合而成的,再分析这些基本形体的组合形式、相对位置和连接关系,最后根据以上分析,按各个基本形体的组合顺序进行定位、布图,然后画出组合体的视图。

一、画图步骤

码 7-2 微课-形体分析法画组合体

(一)对组合体进行形体分析

分析组合体由哪些基本体组成、它们之间的相对位置以及组合体的形状特征。

(二)选择视图

确定组合体的安放位置,并选择主视图与其他视图。可将组合体的主要面或主要轴线放成平行或垂直于投影面,并以最能反映组合体形状特征的投影作为主视图。同时还须考虑使其他两个视图上的虚线尽量减少。

(三)布置视图

布图力求图面匀称,视图之间的距离恰当并有足够的地方标注尺寸。布置好投影图后,画出组合体的主要轴线、中心线和基准线。

(四)画底稿、校核和加深图线

按形体分析,先画主要形体,后画细节,逐个画好底稿。每一形体一般先从它具有积聚性或反映形状特征的投影开始画(如先画圆柱反映为圆的投影),最好三个视图配合着画,以保证投影正确和提高画图速度。底稿完成、校核无误后,方能加深图线,从而完成全图。

二、举例

【例 7-1】 画出台阶的三面视图。

(1)形体分析。从台阶直观图(见图 7-5)中可看到它是三块四棱柱体按大小由下而上叠加作踏步板,左右两侧则由两块五棱柱体叠靠作拦板组合而成的叠加式组合体。

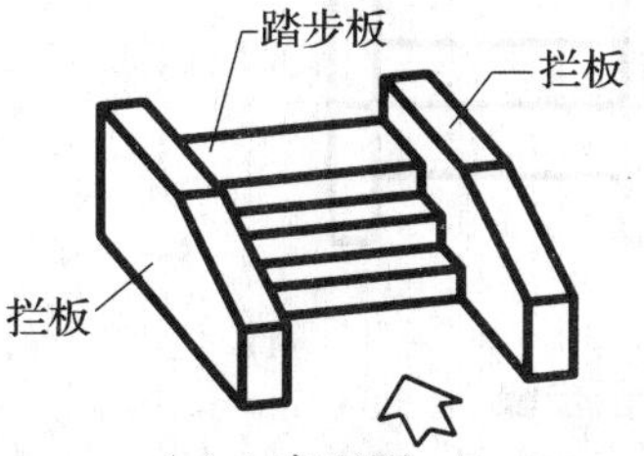

(a)直观图

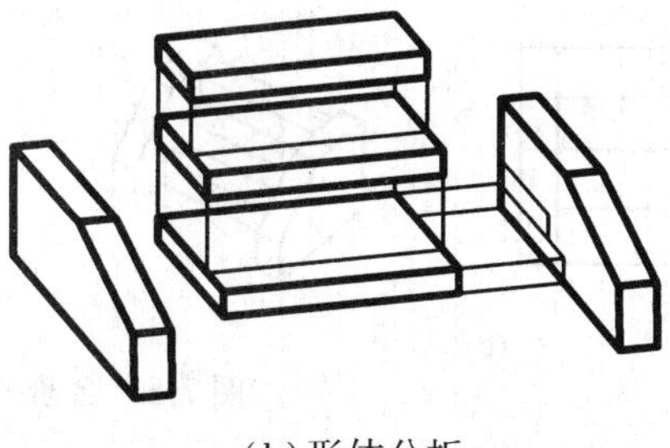
(b)形体分析

图 7-5 台阶的形体分析

(2)选择视图。作图前在选好组合体最佳安放位置的同时定出最能反映构件特征的部位作为主视图,并确定其他视图的数量。该构件仅有主、俯两视图不能清楚地反映其形状特征,为此增加了左视图会比较清楚地反映出台阶的形状特征。

(3)布置视图。匀称布图,如图 7-6(a)所示,注意在视图之间留出足够的注尺寸间隙。

(4)画底稿、校核和加深图线,如图 7-6(a)、(b)、(c)、(d)、(e)、(f)所示。

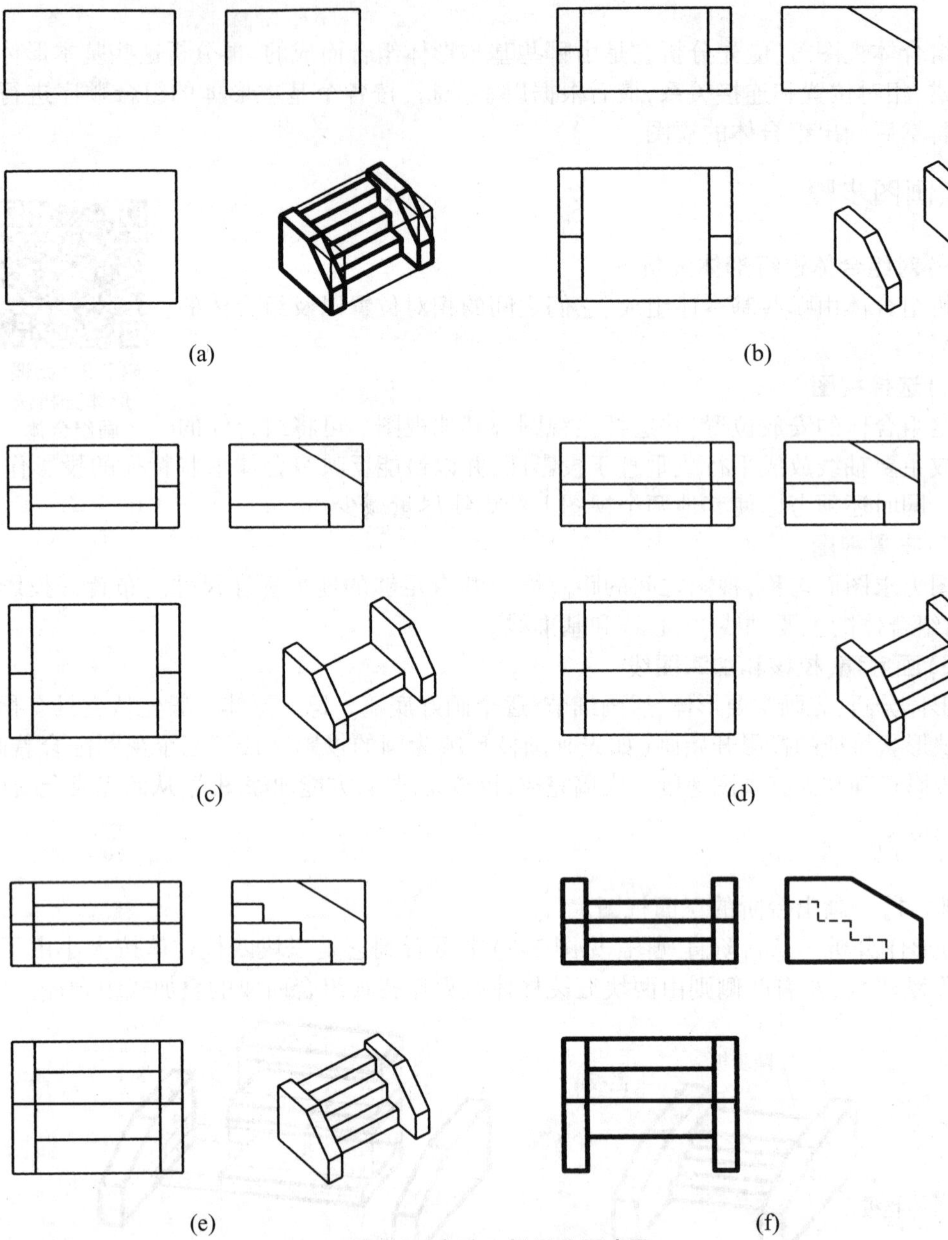

图 7-6　台阶三视图作图步骤

【例 7-2】　画出排水管道中窨井外形视图。

画图步骤:

(1)形体分析。窨井由五个基本形体组合而成,如图 7-7 所示。

(2)视图选择。

①选主视图。应选最能反映物体结构实形特征的图形作主视图,本例的 A 向或 B 向

所作的主视图都符合要求，所以本例可选 A 向或 B 向作主视图，在此以 A 向作主视图的投影方向，获得主视图，如图 7-8(d)所示。

②选其他视图。主视图确定后，左视图、俯视图均可确定，如图 7-8(d)所示。

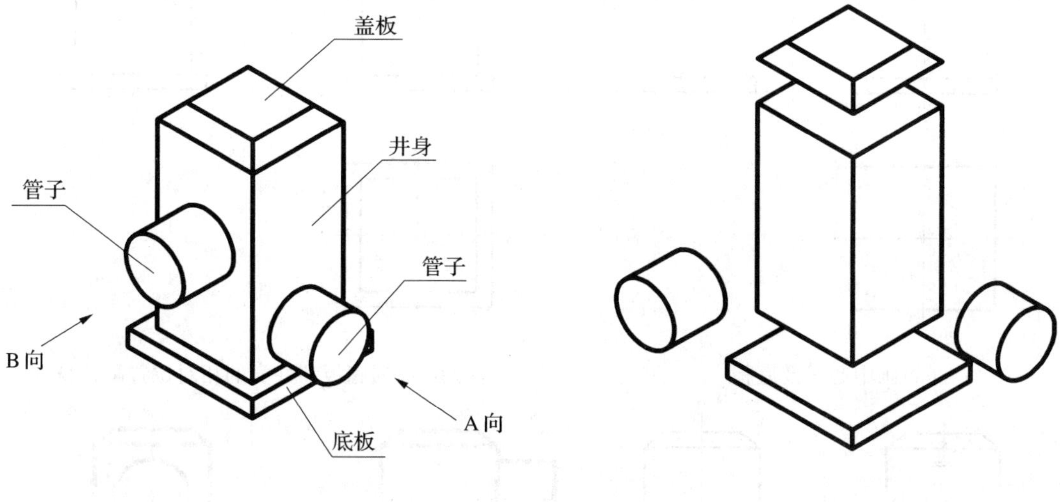

(a)直观图　　(b)形体分析

图 7-7　窨井外形的形体分析

(3)布置视图及画底稿。画图步骤如图 7-8 所示。

(4)校核整理底稿和加深图线，如图 7-8(d)所示。

画图时，注意表面连接部位的画法。

【例 7-3】　画出滚轮支架视图。

画图步骤如下：

(1)形体分析。滚轮支架由一块底板、两块竖支撑板和两个三角筋板组成，如图 7-9 所示。

(2)视图选择。

①选主视图。滚轮支架，用于安装滚轮，其工作位置根据实际需要有多种放置方式，但从画图、读图、制造方便考虑，宜将底板平放。由于沿箭头方向看所获得的主视图最能反映支架的主要形状特征，所以选这个方向的视图作主视图，如图 7-10(e)所示。

②选其他视图。由于主视图只反映了底板、竖支撑板、筋板的长、高和它们的相对位置，而底板四个圆孔及位置、三角筋板位置、竖板的形状和圆孔的形状及位置还没表达清楚，因此还需增加俯视图、侧视图来完整表达支架还没表达清楚的结构部位，所以表达滚轮支架需用三个视图来表达，如图 7-10(e)所示。

(3)布置视图及画底稿。首先应根据物体的复杂程度和大小选定合适的画图比例，再按视图数量、大小和标注尺寸所需要的位置，用 H 或 2H 铅笔把各视图匀称地在图幅内定位，然后根据其相对位置，由大到小、由外到内用叠加方式分别画出支架的三面视图草稿，如图 7-10 所示。

(4)校核和加深图线。画图步骤如图 7-10 所示。

画图时，注意表面连接部位的画法。

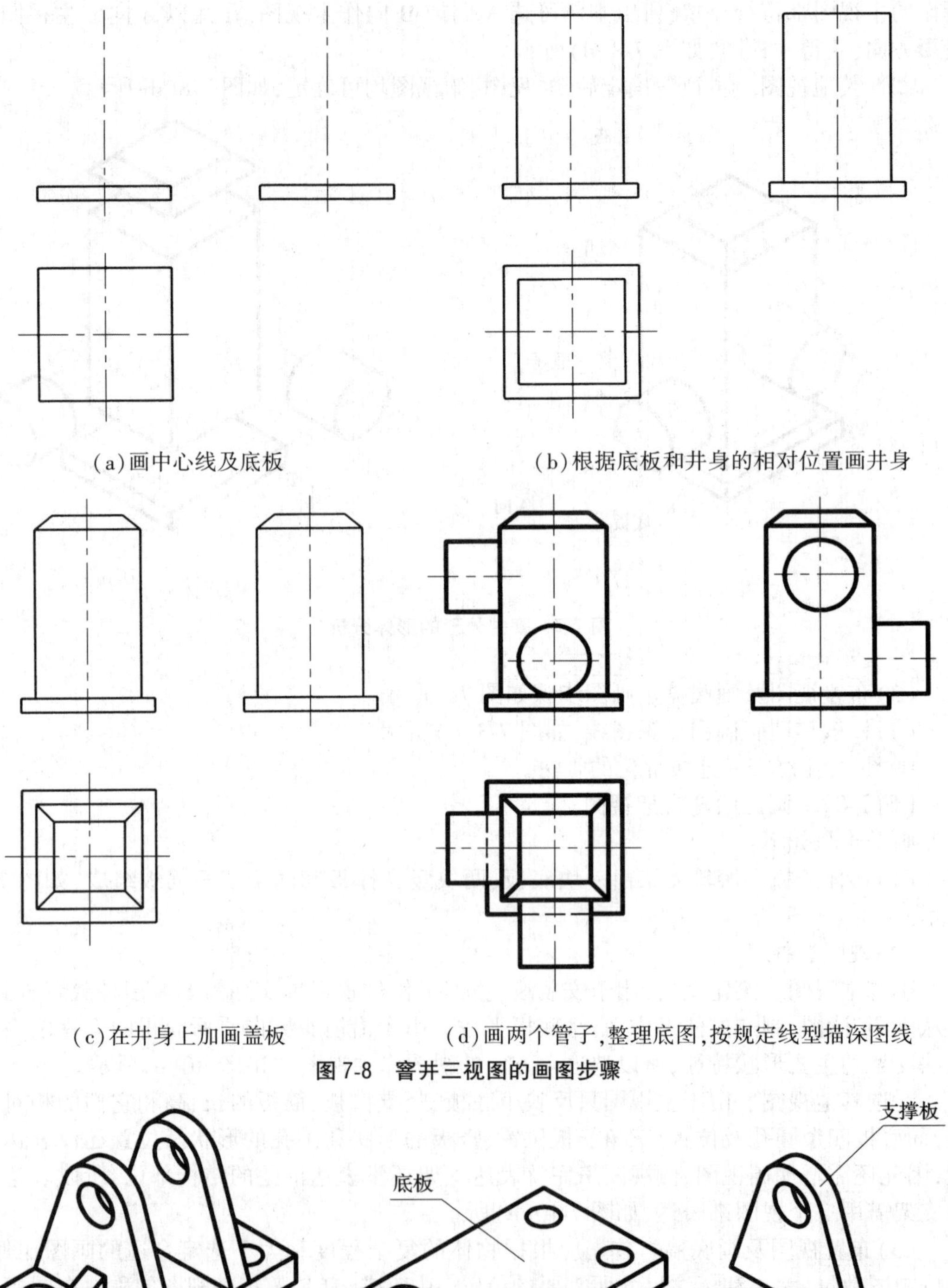

图7-8 窨井三视图的画图步骤

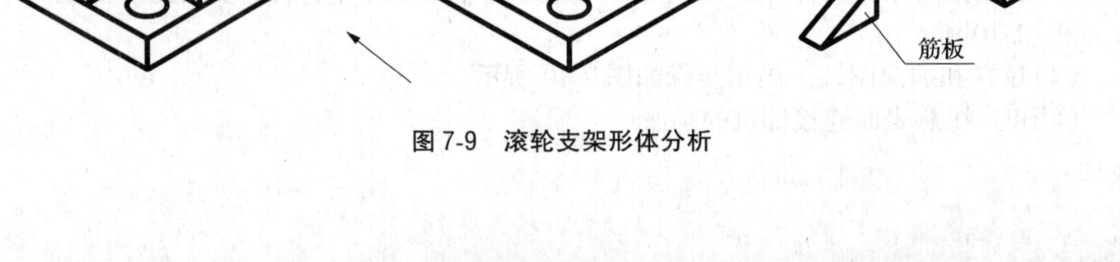

图7-9 滚轮支架形体分析

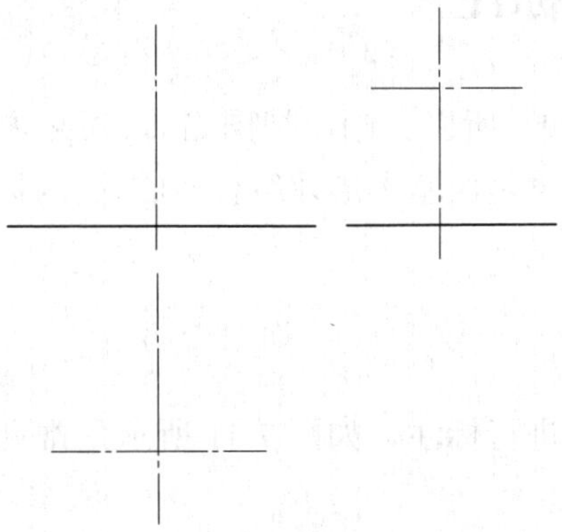

(a)布置图面并画中心线和基准线

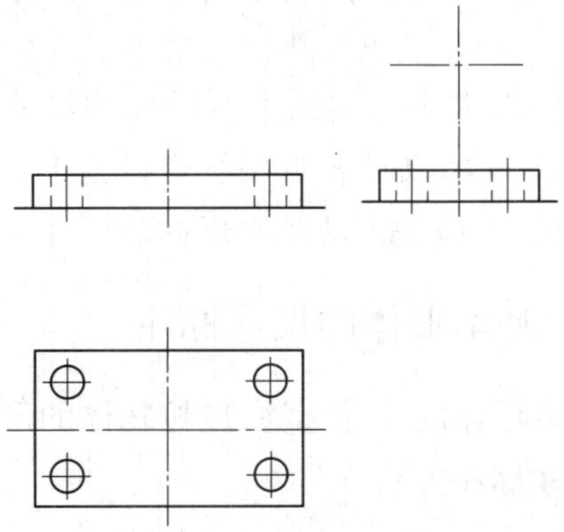

(b)画底板

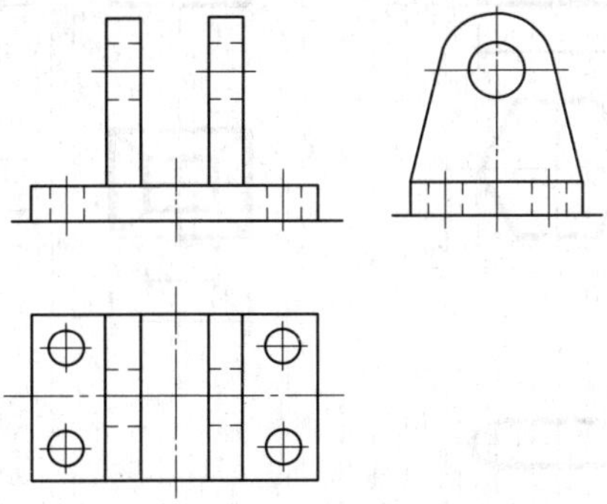

(c)画支撑板

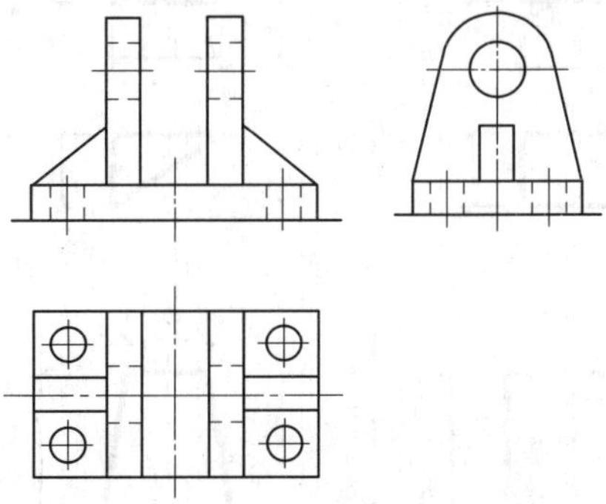

(d)画筋板

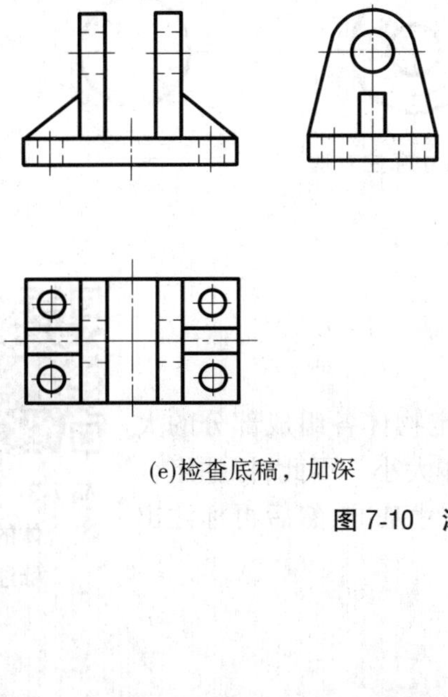

(e)检查底稿，加深

图 7-10　滚轮支架作图步骤

任务三　组合体视图的尺寸标注

物体的大小是由图上所标注的尺寸来确定的,所以在画出视图之后,还必须标注尺寸,以便施工人员能根据图纸进行施工。因组合体是由基本形体组合而成的,为标注好组合体的尺寸,应先了解基本形体的尺寸标注方法。

一、基本形体的尺寸标注

基本形体的尺寸标注,应按物体的形状特点进行标注。如图 7-11 所示是常见的基本形体尺寸标注方法。

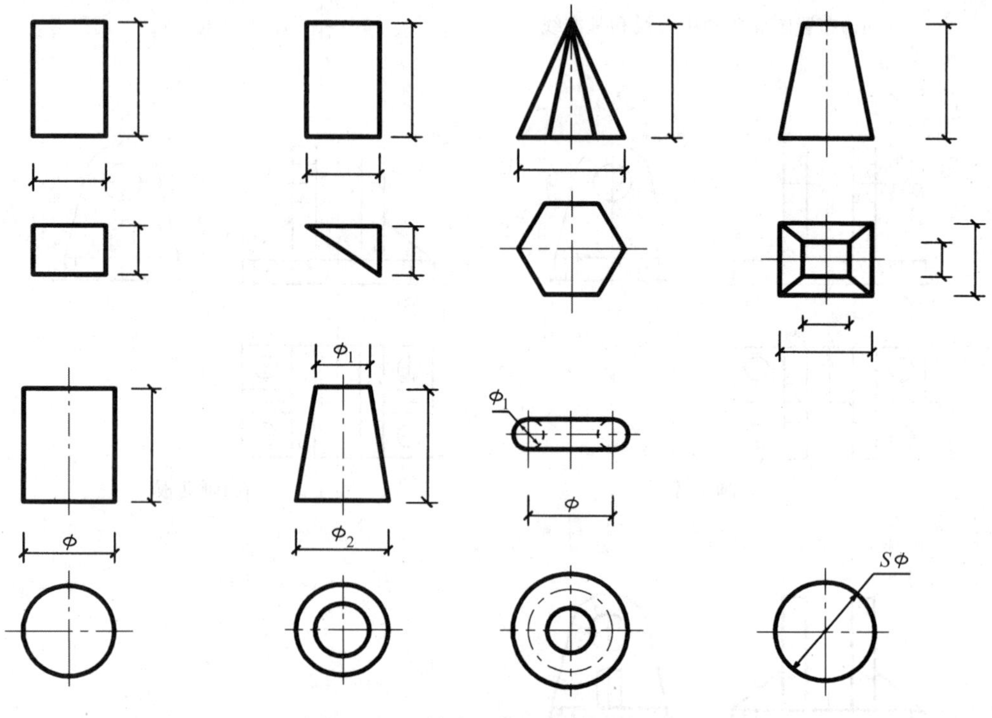

图 7-11　基本形体尺寸标注方法

二、组合体的尺寸标注

在组合体视图上标注尺寸,必须标注齐全、清晰、正确。

(一) 尺寸齐全

尺寸齐全就是指所标注的尺寸能够完全确定物体各组成部分的大小以及它们之间的相互位置关系和组合体的总体大小。因此,标注组合体尺寸时,必须在形体分析的基础上先选择出尺寸基准,然后再标注出定形尺寸、定位尺寸和总体尺寸。

码 7-3　微课-组合体的尺寸标注

1. 尺寸基准

标注定位尺寸时，首先要选择出定位尺寸的起点，即尺寸基准。物体的长、宽、高方向上至少各有一个尺寸基准。一般选组合体的对称平面，大的或重要的底面、端面或回转体的轴线等作为尺寸基准。

工程图中的尺寸基准是根据设计、施工、制造要求确定的。看一幅已注好尺寸的视图去判断设计者在各方向所选用的尺寸基准，可用如下方法：视其定位尺寸从哪个部位注出。如图 7-12 所示判断其高度方向的尺寸基准位置。由主视图和左视图看出，高度方向的尺寸基准在底面，因为大部分高度尺寸数值都从底面注出。

2. 定形尺寸

确定各基本形体大小（长、宽、高）的尺寸称为定形尺寸。如图 7-12 中的定形尺寸有：主视图中的 8、俯视图中的 50 是底板高、宽、长的尺寸；主视图中的 65、俯视图中的 40 是井身高、宽、长的尺寸；主视图中的 6 和主、左视图中的 30 是盖板的高和上底面的长、宽尺寸；主、左视图中的ϕ30 和 20 是两管子的直径和外形的尺寸。对于正方形尺寸，可分别注出长与宽，也可以简化注成 40×40、50×50 的形式。

3. 定位尺寸

确定各基本形体之间相对位置（上下、左右、前后）的尺寸称为定位尺寸，定位尺寸要直接从基准注出，以减小累计误差。如图 7-12 中的定位尺寸有：主、左视图中的 50、23，它们是两管子高度的定位尺寸。井身及管子的前后左右位置可由中心线确定，不必再标注尺寸。

4. 总体尺寸

确定物体总长、总宽、总高的尺寸称为总体尺寸。如图 7-12 主视图中的 79、俯视图中的 65 就是窨井外形的高、宽、长总体尺寸。

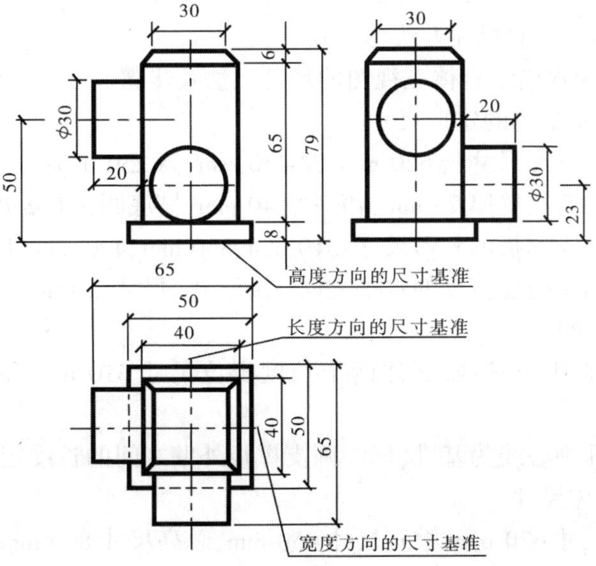

图 7-12　组合体视图尺寸标注及尺寸基准的确定

(二)尺寸清晰

注意事项如下:

(1)尺寸要标注完整、清晰、易读、不重复。如图7-12中底板的宽50和高8在俯视图、主视图中已注出,在左视图中则不必再注。

(2)为使所标注的尺寸清晰、易读,应尽可能避免在虚线上标注尺寸。

(3)半径尺寸应注在反映圆弧的视图上,而直径尺寸则应注在反映矩形的视图上。

(4)为方便读图,尺寸最好注在图形之外,并布置在两视图之间。

(5)为便于读图,定形尺寸、定位尺寸应尽量集中在一个视图中。

(6)为使图面清晰,图形中的尺寸应小尺寸在内、大尺寸在外。

(三)尺寸正确

应做到尺寸数字和选择基准正确,符合国家制图标准规定。

【例7-4】 水槽组合体的尺寸标注。

(1)水槽尺寸分析。

①定形尺寸。如图7-13所示,水槽的外形尺寸:620 mm×450 mm×250 mm;水槽四周壁厚25 mm,槽底厚40 mm,圆柱通孔直径为70 mm。

直角梯形空心支撑板的外形尺寸分别为310 mm、550 mm、400 mm,板厚50 mm,制成空心板后的四条边框宽度,水平方向为50 mm,铅垂方向均为60 mm。

②定位尺寸。如图7-13所示,水槽底的圆柱孔居中布置,因此长、宽方向的尺寸基准在水槽圆柱孔的中心线上,并以中心线为基准,标注两个长度定位尺寸310 mm和两个宽度定位尺寸225 mm,并以圆柱孔的中心线为长度尺寸基准标注两支撑板外壁之间的长度定位尺寸520 mm。

③总体尺寸。由图7-13可看出,水槽的总长尺寸为620 mm,总宽尺寸为450 mm,总高尺寸为800 mm。

(2)水槽组合体尺寸的标注方法与步骤。

如图7-14所示为水槽组合体三视图的尺寸注法及步骤。

第一步:标注各基本体的定形尺寸。

①标注水槽体的外形尺寸长620 mm、宽450 mm、高250 mm;

②标注水槽体的四周壁厚25 mm,槽底厚40 mm,槽底圆柱孔ϕ70 mm;

③标注梯形空心支撑板的外形尺寸:310 mm、550 mm、400 mm和板厚50 mm;

④标注空心板四条边框宽度的水平方向、铅垂方向尺寸:50 mm、60 mm。

第二步:标注定位尺寸。

①以圆柱孔中心线为基准,标注两个长度定位尺寸310 mm和两个宽度定位尺寸225 mm。

②同样以圆柱孔中心线为基准,标注两支撑板外壁之间的长度定位尺寸520 mm。

第三步:标注总体尺寸。

标注水槽总长尺寸620 mm,总宽尺寸450 mm,总高尺寸800 mm。

(3)检查三个投影图中所标注的尺寸是否符合齐全、清晰、正确。

①尺寸齐全。检查定形尺寸、定位尺寸、总体尺寸是否标注齐全。

②尺寸清晰。检查直径尺寸ϕ 70 是否注在反映实形的视图中。检查所标注的尺寸是否易读(如尺寸布置在两图之间;定形尺寸、定位尺寸是否集中标注;尺寸是否有重复)。检查图形尺寸是否按照小尺寸在内、大尺寸在外的方式标注。

③尺寸正确。尺寸基准选择正确,尺寸数字标注正确,标注方式符合国家标准规定。

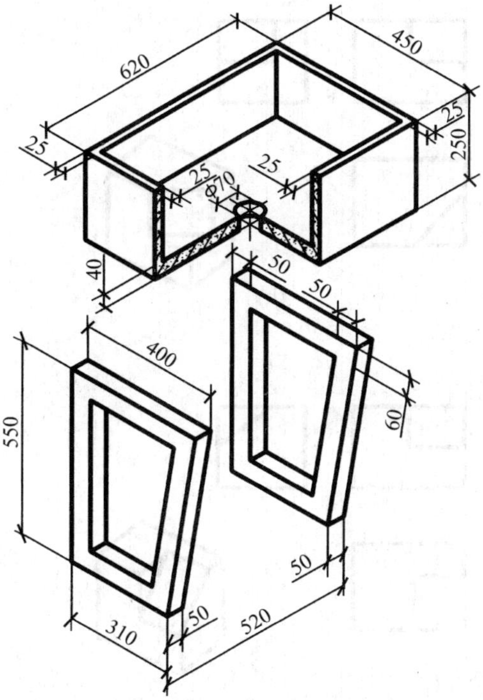

图 7-13　尺寸分析

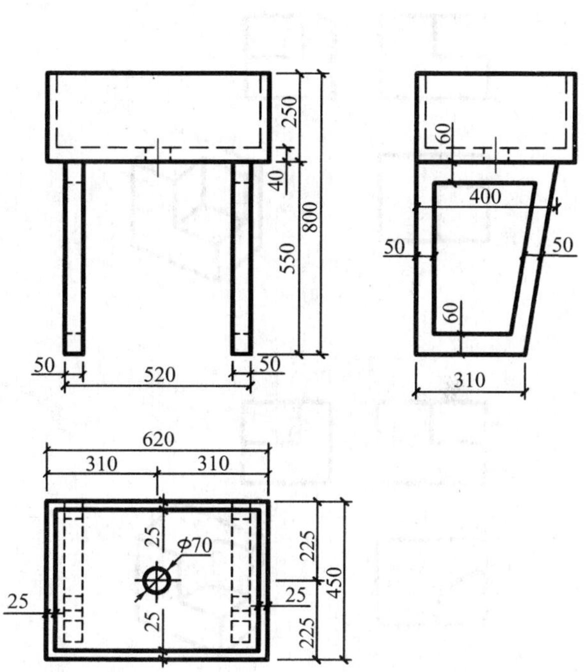

图 7-14　组合体三视图的尺寸标注

任务四　组合体视图的识读

根据视图想象出物体空间结构形状的过程称为读图。读图与画图均是以学过的形体分析法、正投影法、投影规律、方位关系、组合体表面连接处的画法特点为依据,所以在读图与画图的训练过程中,要注意将它们有机地结合,才能达到真正读懂图和画好图的目的。由于一个视图不能反映物体的确切形状,所以在读图过程中要注意将几个视图联系起来看,才能正确地确定物体的形状和结构,这是读图的基本准则。

读图的基本方法是形体分析法和线面分析法。

一、形体分析法读图

用形体分析法读图时,应根据不同的结构形状,用不同的方法进行。例如:对于叠加式组合体,宜用先分后叠的思路读图;对于挖切式组合体,宜用先整体后挖切的思路读图。为了能准确读懂组合体的三视图,必须做到能准确想出各种基本体的三视图和立体图。只有在脑中有基本体立体图的概念,才能实现用形体分析法迅速、准确读懂组合体三视图的目的。

【例 7-5】 挖切式组合体的读图方法。

分析:图 7-15(a) 是在长方体的基础上,在左上前方分别用正平面、侧平面、水平面切去一小长方体所形成的挖切式组合体,挖去部分因可见,所以三个视图中均反映可见的粗实线。图 7-15(b)、(c)、(d)均用同样方法分析读图。

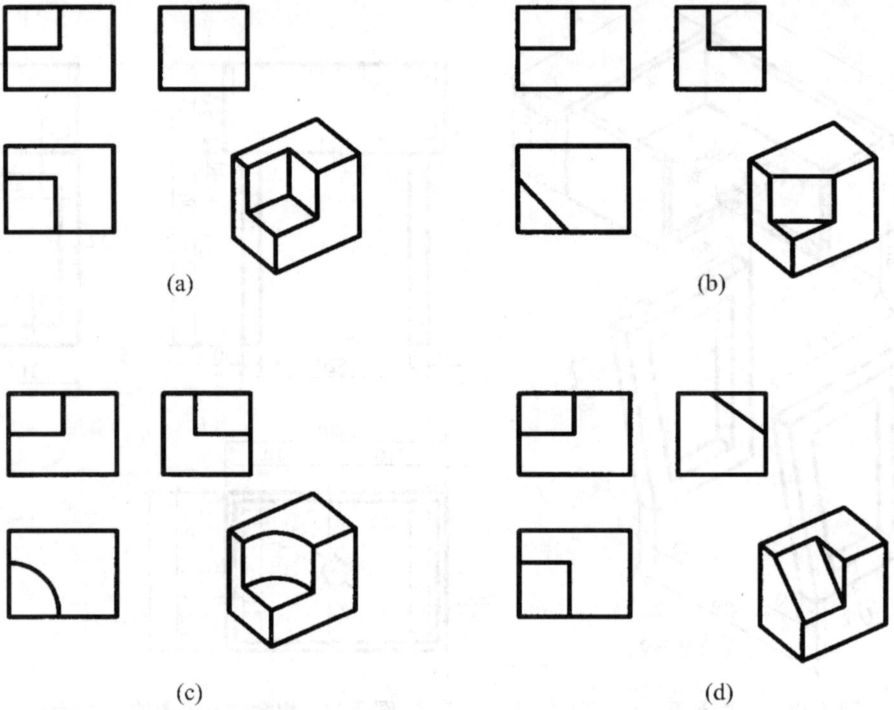

图 7-15　挖切式组合体的读图方法

【例 7-6】 用形体分析法识读图 7-16(a)所示的组合体两视图,想出其空间形状。

(1)分析。从两视图中可以看出,该物体是在长方体的基础上,经多次切割而形成的挖切式组合体,读图思路是先完整后挖切。

(2)分解视图。先从反映形状特征的正面视图入手,假想将物体按线框分解为 1′、3′和俯视图中的 2 三个大线框。

(3)找对应投影。利用主、俯视图"长相等"的关系,分别找出俯视图、主视图中的 1、3、2′线框。

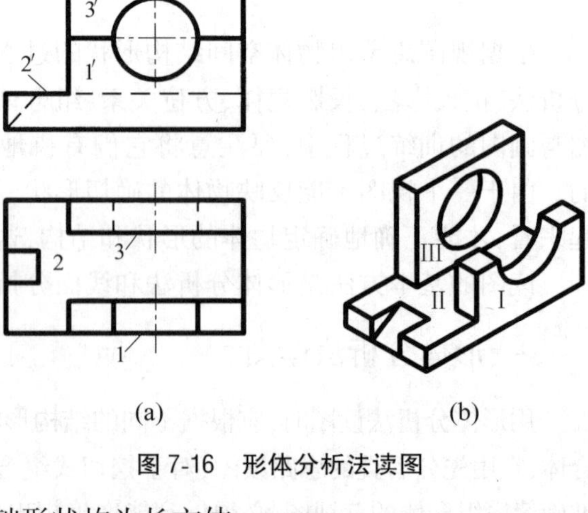

图 7-16　形体分析法读图

(4)逐个线框想形状。利用主视图、俯视图"长相等"的关系,将 1′与 1、2′与 2、3′与 3 结合着想出物体各线框的基础形状均为长方体。

(5)结合起来想整体。竖长方块Ⅰ与平放长方块Ⅱ的前表面平齐,所以 V 面投影线框内没有线。长方块Ⅱ凸到长方块Ⅰ之后、之左，所以竖板Ⅰ的后表面在 V 面用虚线表示不可见的水平面积聚性投影。在长方块Ⅱ左侧中部用两个正平面、一个正垂面切走一个三角块，此时 V 面投影有一斜虚线，H 面投影反映可见类似形，通过 V、H 两面的投影可看清Ⅱ的凹凸状况。竖块Ⅲ与长方块Ⅱ在右、后表面平齐，Ⅲ块高于Ⅰ块。在Ⅰ、Ⅲ高低竖板同高部位，竖板Ⅲ有一个圆柱孔、竖板Ⅰ有个半圆槽。物体的总体形状如图 7-16(b)所示。

二、线面分析法读图

线面分析法就是用于分析某些表面及表面交线空间形状与位置的方法。

对于视图中用形体分析法仍难以读懂的图线和线框部位，可用线面分析法去识读。

【例 7-7】 线面分析法读图举例，如图 7-17 所示。

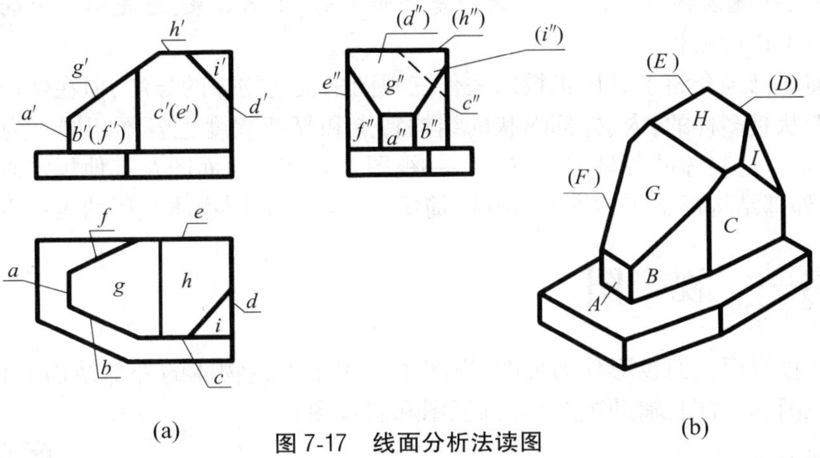

图 7-17 线面分析法读图

(1)用形体分析法读下部形状。由物体下部三视图知，主视图、左视图的最外轮廓均为矩形，俯视图的左前方用铅垂面切去一块三角块，不难想象该物体底板形状是用铅垂面切去三角块后的带缺口长方块。

(2)用线面分析法读懂上部形状。

①划分投影图线框。在三视图中用平面的投影特性，按如图 7-17(a)的方式将线框划分为 9 个。

②对投影，分析表面形状及位置。从 a'、a、d'、d 积聚性可知是侧平面，它在 W 面反映实形的 a''部位可见，d''为不可见。由 b、f 积聚性可知平面是铅垂面，V 面为类似形，相应部位 b'可见，f'不可见，b''和 f''均为可见。图中的 c、c''、e、e''为正平面的积聚性投影，正平面在 V 面反映实形，相应部位 c'可见，e'不可见。g'在 V 面中积聚为一斜线，在 H 面、W 面 g、g''均为正垂面类似形。h'和 h''在 V 面、W 面积聚为直线，在 H 面中 h 反映实形，所以是水平面。i'、i、i''在三个投影面中均反映类似形，所以是一般位置面。

③结合各面想形体。该物体上部是在长方体的基础上，左前、左后部位被铅垂面分别切割。左上部被正垂面切割。右前上方被一般位置面切割。该物体的下部是大长方体，它的左前方被一个铅垂面切割。上部物体与下部物体的右平面及后平面叠加后平齐即形成如图 7-17(b)所示的组合体。

项目八 图样画法

【课程思政】

故宫的宫殿建筑是中国现存最大、最完整的古建筑群,故宫宫殿建筑均是木结构、黄琉璃瓦顶、青白石底座,饰以金碧辉煌的彩画。整个故宫,在建筑布置上,用形体变化、高低起伏的手法,组合成一个整体。同时达到左右均衡和形体变化的艺术效果,故宫被称为"殿宇之海",气魄宏伟,极为壮观。无论是平面布局、立体效果,还是形式上的雄伟堂皇,都堪称无与伦比的杰作。

虽然前面已经介绍了利用正投影法作三视图来表达物体的方法,但在生产实际中,物体的结构形状是多样的,内、外部形状的结构特点和复杂程度也各不相同。为此,在国家标准中,制定了对物体的各种表达方法——视图、剖视图、断面图及其他规定画法等,以使物体的内、外部结构形状表达准确、清晰、简练。本项目介绍物体常用的表达方法。

任务一 视 图

物体在投影面上的投影称为视图,视图主要用于表达物体的外部结构形状。视图通常有基本视图、向视图、辅助视图(局部视图和斜视图)。

一、基本视图

码 8-1 微课-视图绘制

国家标准规定用正六面体的六个面作为基本投影面,将物体放在其中,分别向这六个基本投影面投影所得的视图称为基本视图,如图 8-1 所示。基本投影面的展开方法如图 8-2 所示,规定正立投影面(V 面)不动,其他投影面均按箭头方向旋转展开。展开后各视图的名称及配置如图 8-3 所示。六个基本视图按图 8-3 所示位置配置称为按投影关系配置。在同一张图纸内基本视图按投影关系配置时不用标注各视图的名称。

六个基本视图中,除前面所讲过的主视图(或称正立面图)、俯视图(或称平面图)和左视图(或称左侧立面图)外,还有下面三个视图:

(1)右视图(或称右侧立面图)——由右向左投射所得的视图;

(2)后视图(或称背立面图)——由后向前投射所得的视图;

(3)仰视图(或称底面图)——由下向上投射所得的视图。

六个基本视图之间与三视图一样,仍应符合正投影规律,即主、俯、仰视图"长对正",主、左、右、后视图"高平齐",俯、左、右、仰视图"宽相等"的投影规律。由基本视图的展开过程可知,除后视图外,其他视图靠近主视图的一边是物体的后面,远离主视图的一边是物体的前面。应当注意:主视图和后视图反映物体上、下位置关系一致,但左、右位置恰恰相反。

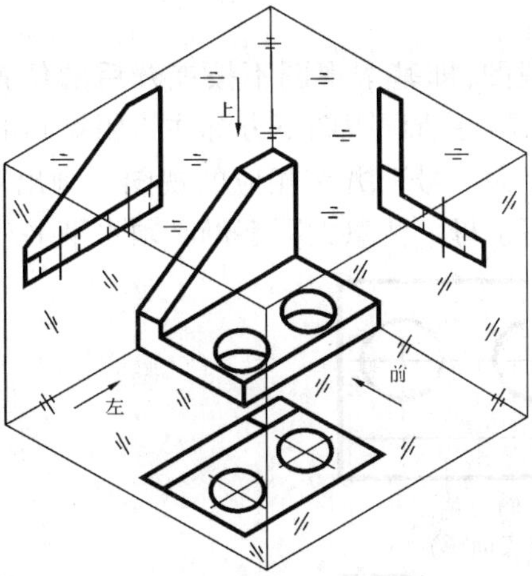

图 8-1 基本视图的概念

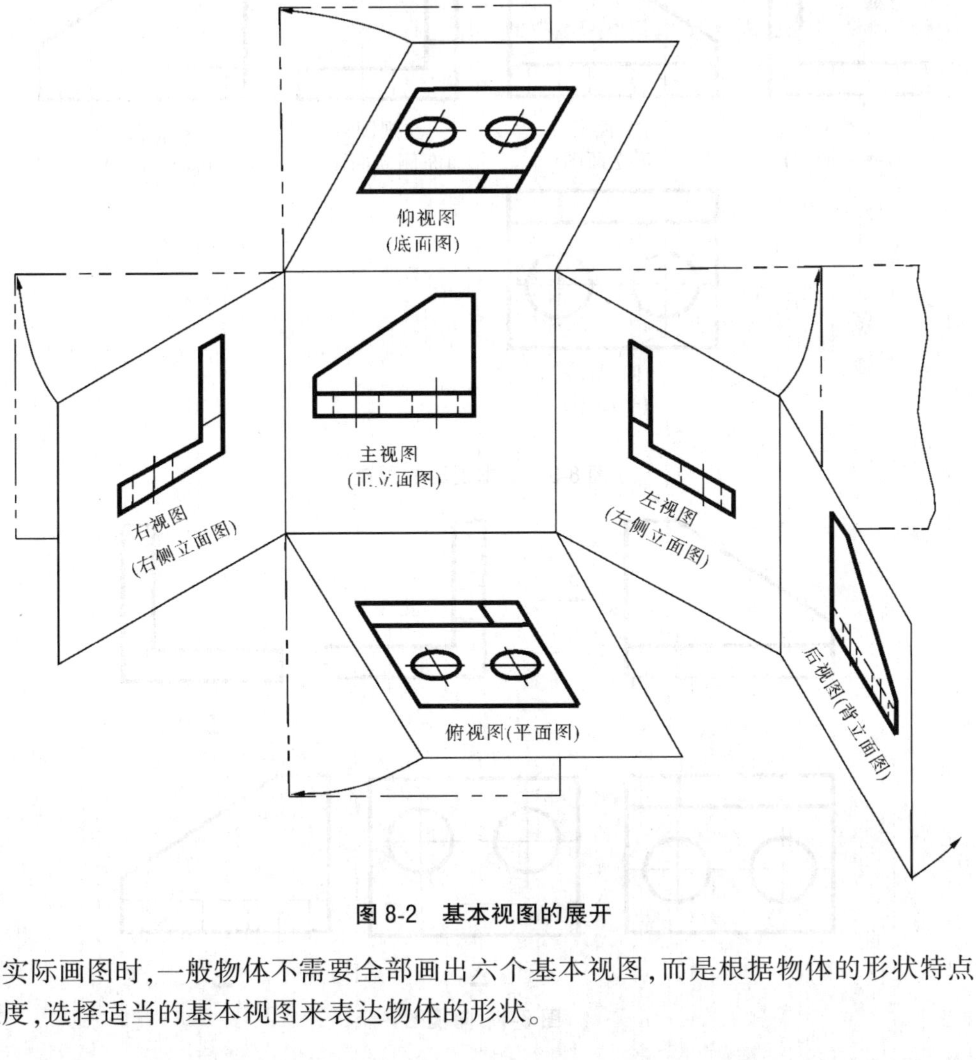

图 8-2 基本视图的展开

实际画图时,一般物体不需要全部画出六个基本视图,而是根据物体的形状特点、复杂程度,选择适当的基本视图来表达物体的形状。

二、向视图

向视图是可自由配置的视图,即基本视图不按展开后的位置配置的视图称向视图。向视图必须标注,标注的方法是:在所画视图下方标注带粗短画的大写字母(图名)(所用的大写字母一般应比尺寸数字大一号),并在相应的视图上画出箭头指明投射方向,在箭头上方或一侧写上相同的大写字母。注意大写字母必须水平书写,如图 8-4 所示。

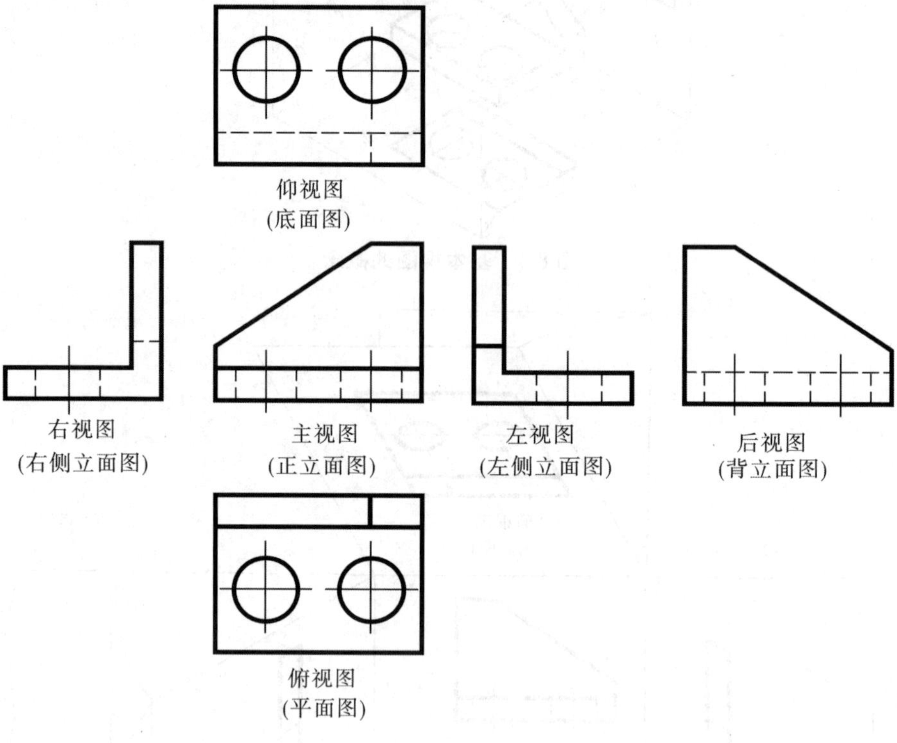

图 8-3　基本视图的配置

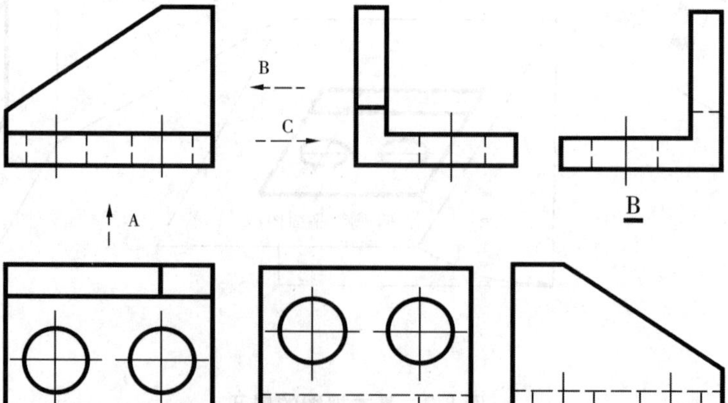

图 8-4　向视图

三、辅助视图

(一)局部视图

如图 8-5 所示物体,用主视图、俯视图两个基本视图已经把主体结构表达清楚,只有箭头所指的两凸台的形状尚未表达清楚,如果再画出左视图和右视图,则大部分重复,若按照如图 8-5 所示仅画出所需要表达的那一部分,则简单明了。这种只将物体的某一部分向基本投影面投射所得到的视图称为局部视图。

局部视图不仅减少了画图的工作量,而且重点突出,表达比较灵活。但局部视图必须依附于一个基本视图,不能独立存在。

画局部视图时应注意以下几点:

(1)局部视图只画出需要表达的局部形状,其范围可自行确定。

(2)局部视图的断裂边界用波浪线表示,如图 8-5 中的 B 向视图。但当所表达的局部结构是完整的,且外轮廓线又成封闭时,波浪线可省略不画,如图 8-5 中的 A 向视图。注意波浪线是表示物体断裂痕迹的投影,要画在物体的实体部分。

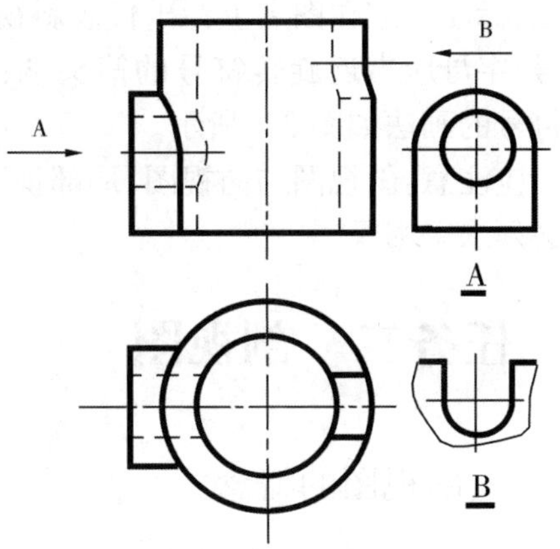

图 8-5　局部视图

(3)局部视图应尽量按投影关系配置,如果不便布图,也可配置在其他位置。

(4)局部视图无论配置在什么位置都必须进行标注,标注的方法同向视图。

(二)斜视图

当物体上的表面与基本投影面倾斜时,在基本投影面上就不能反映表面的真实形状,为了表达倾斜表面的真实形状,可以选用一个平行于倾斜面并垂直于某一个基本投影面的平面为投影面,画出其视图,如图 8-6 所示。这种将物体向不平行于基本投影面的平面投射所得的视图称为斜视图。

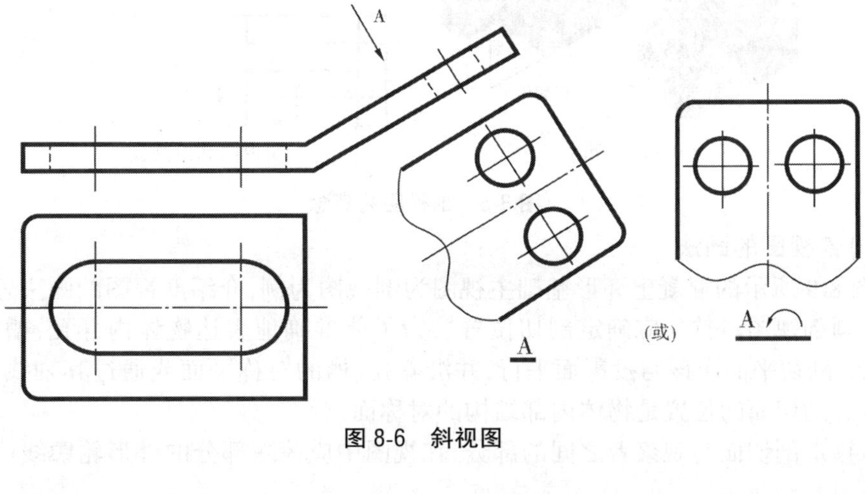

图 8-6　斜视图

画斜视图时应注意以下几点:

(1)斜视图只要求画出倾斜部分的真实形状,其余部分不必画出。在斜视图中,物体上倾斜部分的断裂边界线用波浪线或用折断线画出。

(2)斜视图一般按投影关系配置,必要时也可配置在其他适当的位置。在不致引起误解时,允许将图形在小于90°范围内转正。

(3)画斜视图时,必须进行标注。标注方法是:当视图不旋转时,标注方法与向视图、局部视图相同;如将视图转正,标注时应在图名上标出代表斜视图旋转方向的旋转符号,字母应靠近旋转符号的箭头端,如图8-6所示。旋转符号的画法如图8-7所示。

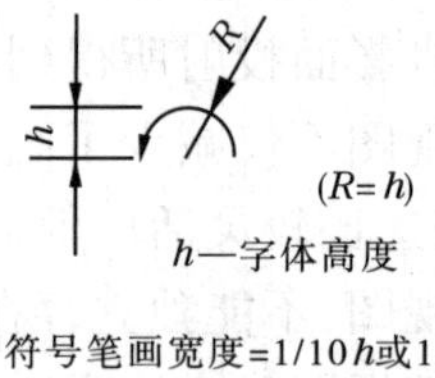

图8-7　旋转符号的画法

应注意:斜视图与向视图、局部视图相同,标注中的字母必须水平书写。

任务二　剖视图

一、剖视图的概念

技术制图标准规定,假想用剖切面剖开物体,将处在观察者和剖切面之间的部分移走,并将其余部分向投影面投射所得的图形称为剖视图,简称剖视,如图8-8所示。

码8-2　微课-剖视图绘制

二、剖视图的画法与标注

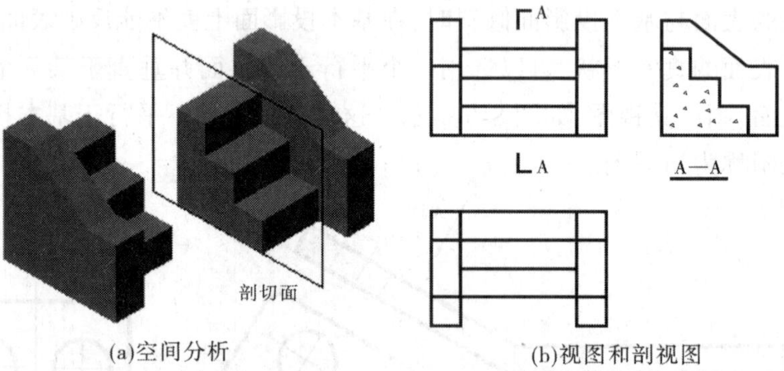

(a)空间分析　(b)视图和剖视图

图8-8　剖视图的概念

(一)剖视图的画法

以图8-9所示的混凝土杯形基础主视图为剖视图为例,介绍剖视图的画法思路。

(1)画剖视图。首先应确定剖切位置。为了能准确地表达物体内部孔、槽等结构的真实形状,剖切平面应该与投影面平行,并沿着孔、槽的对称平面或通过其轴线,如图8-9(a)所示。剖切面的位置是物体内部结构的对称面。

(2)移走剖切面与观察者之间的部分,在视图中应擦除部分的外形轮廓线(因为主要表达内部结构,且虚线一般不画),如图 8-9(b)所示。

(3)将剩余部分当作一个立体进行投射,在视图中将可见轮廓线全部画成粗实线,如图 8-9(c)所示。

(4)画建筑材料图例。在剖切面与物体接触的部分画出剖面符号,图 8-9 中剖面材料为钢筋混凝土,如图 8-9(d)所示。

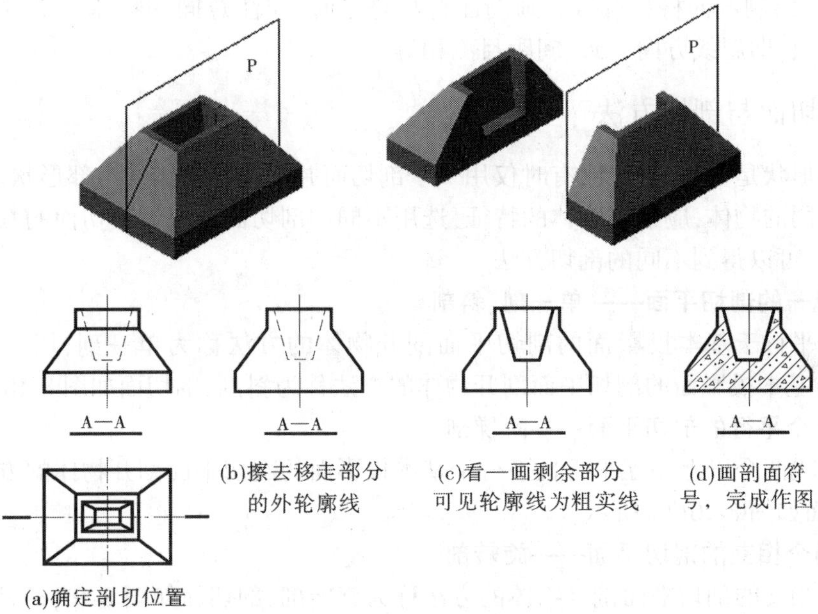

图 8-9 剖视图的画法与标注

(二)剖视图的标注

为了表达剖视图与有关视图之间的投影关系,便于读图,一般应加以标注。如图 8-9 所示,标注中应注明剖切位置、投射方向和剖视图的名称。

(1)剖切位置和投射方向用剖切符号表示。剖切符号是标明剖切面起、止和转折位置及投射方向的符号。剖切符号由剖切位置线和投射方向线组成一直角,均以粗实线绘制。剖切位置线的长度宜为 5~10 mm,投射方向线的长度宜为 4~6 mm。绘图时,剖切符号不宜与轮廓线接触。

(2)剖切符号的编号。剖切符号宜采用阿拉伯数字或拉丁字母,若有多个剖视图应按顺序由左至右、由上至下连续编号,编号应写在投射方向线的端部,并一律水平书写。

(3)剖视图的名称与剖切符号的编号对应。剖视图的名称应写在相应剖视图的下方(或上方),标注出相同的两个字母或数字,中间加一条 5~10 mm 长的细实线,如“A—A”“1—1”。图名的字号应大一些。

三、画剖视图应注意的问题

(1)明确剖切是假想的。剖视图是假想把物体剖切开后所画的图形,除剖视图外,其余视图仍应完整画出。

(2)不要漏线。剖视图不仅应该画出与剖切面接触的断面形状,而且还要画出剖切面后的可见轮廓线。对初学者而言,往往容易漏画剖切面后的可见轮廓线,应特别注意。

(3)合理地省略虚线。用剖视图配合其他视图表示物体时,图上的虚线一般省略不画。但如果画出少量的虚线可以减少视图数量,而且又不影响视图的清晰时也可以画出少量的虚线。

(4)正确绘制剖面材料符号。画剖面材料符号时,应注意同一物体各剖视图上的材料符号要一致,即斜线方向一致、间距目测相等。

四、剖切面与剖切方法

物体的形状是多种多样的,有时仅用一个剖切面并不能将物体的内部形状表达清楚,因此对于不同的物体,应根据物体的特征,选用不同的剖切面。根据剖切面的数量和不同的位置关系,可以得到不同的剖切方法。

(一)单一的剖切平面——单一剖、斜剖

用一个平行于基本投影面的剖切平面剖开物体的方法称为单一剖,用一个垂直于(但不平行)基本投影面的剖切平面剖开物体的方法称为斜剖,剖切面如图8-10(a)所示。

(二)几个平行的剖切平面——阶梯剖

用两个或两个以上相互平行且平行于基本投影面的剖切平面剖开物体的方法称为阶梯剖,剖切面如图8-10(b)所示。

(三)两个相交的剖切平面——旋转剖

用两个相交的剖切平面剖开物体的方法称为旋转剖,剖切面如图8-10(c)所示。

(四)组合的剖切平面——复合剖

用上述两种或多种剖切面组合的剖切面剖开物体的方法称为复合剖。

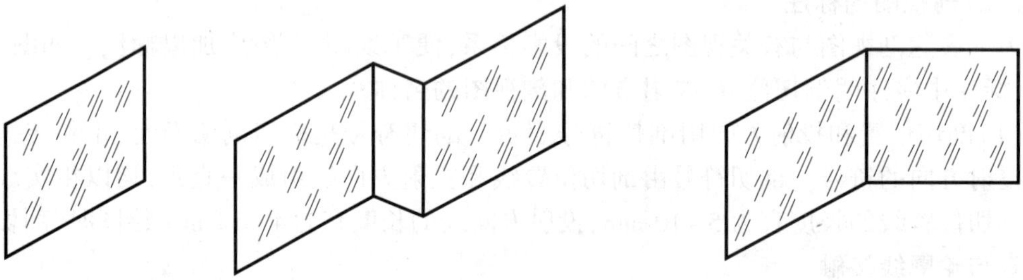

(a)单一剖切平面,用于单一剖和斜剖　(b)两个相互平行的剖切平面,用于阶梯剖　(c)两个相交的剖切平面,用于旋转剖

图8-10　剖切平面的种类

五、剖视图的种类

在画剖视图时,不管选用什么样的剖切平面,所得到的剖视图按剖切范围可分为全剖视图、半剖视图和局部剖视图三大类。

(一)全剖视图

用剖切平面完全地剖开物体所得的剖视图称为全剖视图。

全剖视图一般用于表达外形简单、内部结构比较复杂,且不对称的物体。对于空心回转体,虽然视图对称,但为表达清晰和方便标注内部结构尺寸,也多采用全剖视图。

(二)半剖视图

当物体具有对称平面时,可在其形状对称的视图上,以对称线中心线为界,一半绘制成剖视图,表达内部形状;另一半绘制成视图,表达外部形状。这样画出的剖视图称为半剖视图。

半剖视图主要适用于内外形状均需要表达的对称或基本对称的物体。

(三)局部剖视图

用剖切面剖开物体的局部所得到的剖视图称为局部剖视图。

局部剖视图一般适用于内外形状均需要表达但不对称的物体。

六、工程上常用的几种剖视图

在工程设计中,应根据工程形体的特点,选择适当的剖切方法和合理的剖切范围来表达工程内部结构。这样所绘制出的剖视图实际上是不同的剖切方法与不同种类剖视图的组合。下面介绍几种工程上常用的几种剖视图。

(一)单一全剖视图

单一全剖视图简称全剖。用单一剖的方法把物体完全剖开后所得的剖视图称为单一全剖视图,如图 8-11 所示。

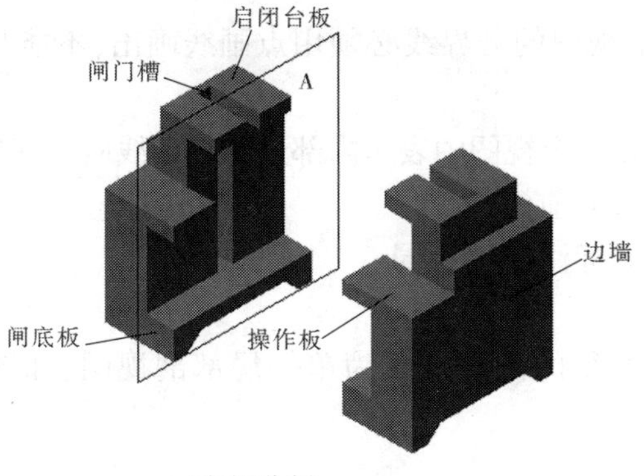

(a)空间分析

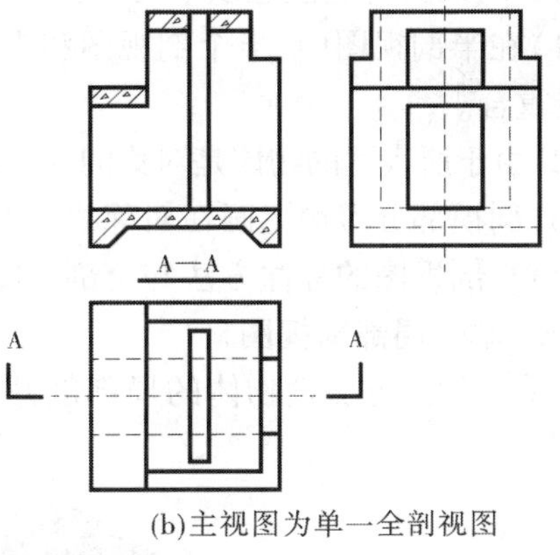

(b)主视图为单一全剖视图

图 8-11 单一全剖视图

图 8-11 为某钢筋混凝土闸室段的单一全剖视图。假想用一个平行于正立投影面的剖切平面通过闸室的前后对称中心进行剖切,移走闸室的前半部分,将后半部分向正立投影面投射。剖切前,主视图中闸底板、闸门槽、启闭台板和操作板均为虚线;剖切后,这些部位的轮廓线均可见,用粗实线绘制出。前面的边墙剖切后被移走不画,对于后面边墙顶面的轮廓线,由于它在左视图中已表达清楚,在剖视图中可省略虚线。最后在断面上绘制出钢筋混凝土剖面符号,就得到了该闸室单一全剖的主视图。单一全剖视图一般要全部标注。

(二)单一半剖视图

单一半剖视图简称半剖。当物体具有对称平面时,用单一剖的方法把物体完全剖开,向垂直于对称面的投影面上投射,以对称线为界,一半画成剖视图,另一半画成视图,这样组合的图形称为单一半剖视图,如图 8-12 所示。

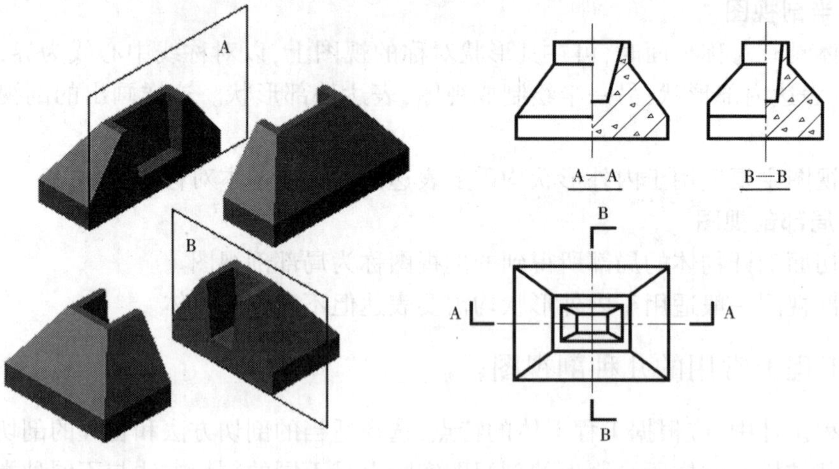

(a)空间分析　　(b)主视图和左视图为半剖视图

图 8-12　半剖视图

图 8-12 为钢筋混凝土杯形基础半剖视图。由于它前后、左右均对称,所以主视图、左视图全部剖开后可采用半剖视图表达。

画半剖视图时应注意以下几点:

(1)在半剖视图中,半个剖视图和半个视图的分界线必须用点画线画出,不能与可见轮廓线重合。

(2)由于所表达的物体是对称的,所以在半个视图中表示内部形状的虚线应全部省略。

(3)剖视部分习惯上画在对称线的右边或前面。

(4)半剖视图的标注方法与全剖视图的标注方法相同。

(三)单一局部剖视图

用单一剖的方法把物体的局部剖开,所得的剖视图称为单一局部剖视图,如图 8-13 所示。

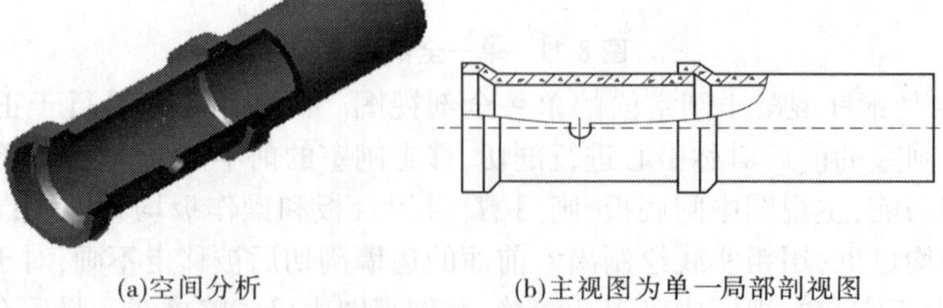

(a)空间分析　　(b)主视图为单一局部剖视图

图 8-13　局部剖视图

图 8-13 为混凝土水管的单一局部剖视图。为了表达其接头处的内部形状,并保留外

形轮廓,主视图采用了单一局部剖视图,在剖切开的部分画出管子的内部结构和剖面符号,其余部分仍画外形视图。

画单一局部剖视图时应注意以下几点:

(1)波浪线不可与图形轮廓线重合,并且波浪线要画在物体的实体部分,不应画在空心处或超出图形之外,如图 8-14 所示。

(2)单一局部剖视图的剖切范围用波浪线表示,一般不标注。

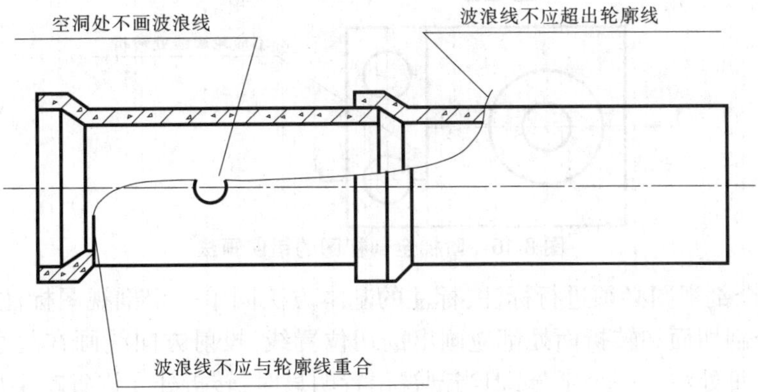

图 8-14 局部剖视图波浪线的画法

(四)阶梯全剖视图

用几个平行平面剖切物体的方法把物体全部剖开后所得的剖视图称为阶梯全剖视图,如图 8-15 所示。图 8-15 所示的物体上有三个孔,左边和右边孔大小和深度不同,用一个剖切平面不能表达清楚。假想用两个平行于正立投影面的剖切平面分别通过两孔的轴线进行剖切物体,将剖切面后的剩余部分按单一全剖视的方法画出,即得阶梯全剖视图。

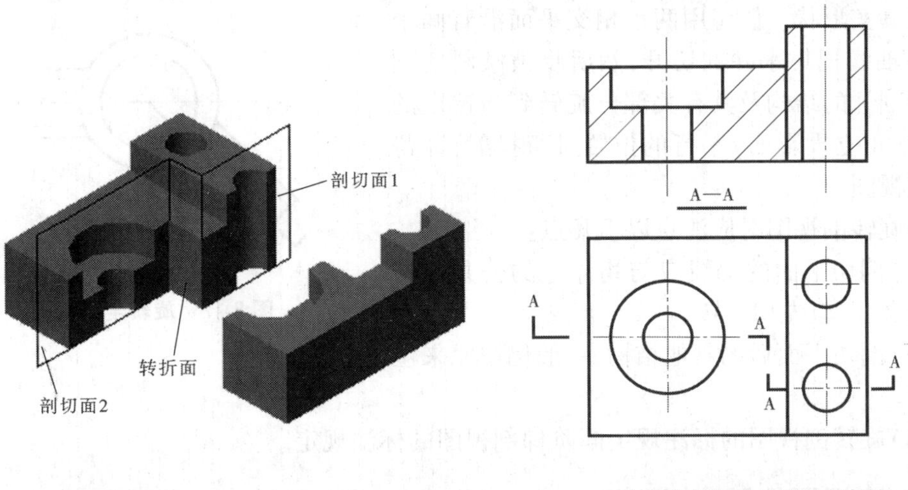

(a)形体分析

(b)阶梯全剖视图的画法与标注

图 8-15 阶梯全剖视图

画阶梯剖视图时应注意以下几点:

(1)剖切平面的转折处不应与视图中的轮廓线重合,在剖视图上不应画出两剖切平面转折处的投影,如图 8-16 所示。

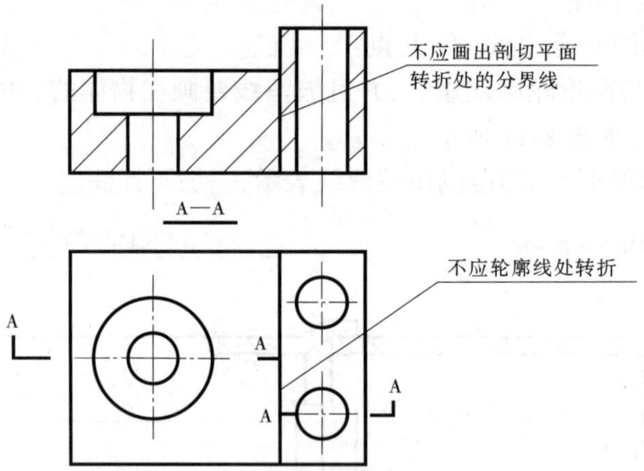

图 8-16　阶梯全剖视图的错误画法

(2)阶梯全剖视图必须进行标注,标注的基本方法同单一全剖视图标注的基本方法,不同的是每个剖切面和转折面处都应画出剖切位置线,投射方向线画在起止剖切位置线的外侧。一般每处注写一个字母,但当剖视位置明显时,转折处允许省略字母。

(五)旋转全剖视图

旋转全剖视图简称旋转剖。用旋转剖的方法将物体全部剖开所得的剖视图称为旋转全剖视图,如图 8-17 所示。集水井的两个进水管的轴线斜交(一个平行于正立投影面,另一个不平行于正立投影面),如果用一个剖切平面不可能得到倾斜部分的真实形状。假想用两个相交平面沿着两个水管的轴线把集水井剖切开,然后将被倾斜的剖切平面剖开的结构及其有关部分旋转到与选定的投影面(正立投影面)平行的位置进行投射,即得旋转剖视图。

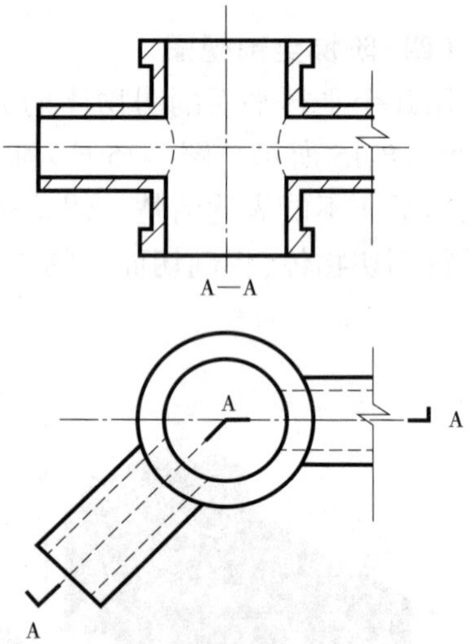

图 8-17　旋转全剖视图

画旋转剖视图时应注意以下几点:

(1)剖切平面的交线应与物体上的公共回转轴线重合,并应先切后转。

(2)剖切平面后的其他结构,一般仍按原来位置投影。

(3)旋转剖视图的标注规定同阶梯剖视图的标注规定。

七、剖视图的尺寸标注

剖视图的尺寸标注方法与组合体的尺寸标注方法基本相同,但应注意以下两点:

(1)为了使尺寸清晰,应尽量把外形尺寸和内部尺寸分开标注。如图 8-18 中,把外形的高、宽尺寸标注在图形的左边,孔的高、宽尺寸标注在图形的右边。

(2)半剖视图和局部剖视图上内部结构尺寸的标注方法:在半剖视图和局部剖视图上,由于对称部分视图上省略了虚线,所以注写内部尺寸时,只需画出一端的尺寸界线和尺寸起止符号,尺寸线要稍超过对称线,尺寸数字应注写整个结构的尺寸。

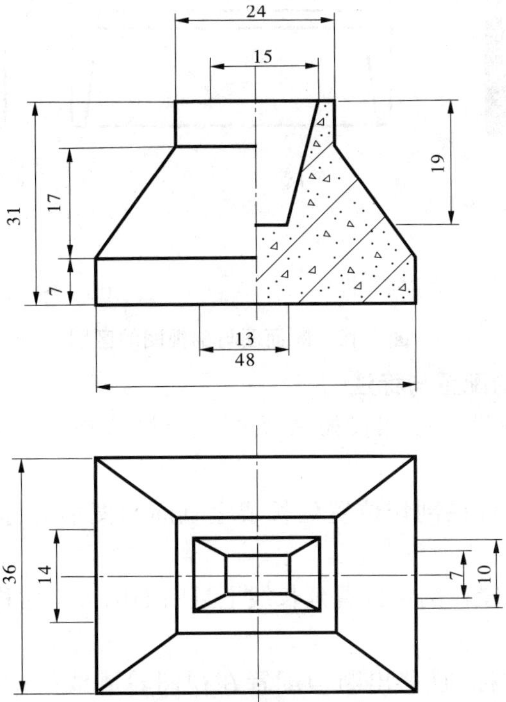

图 8-18 剖视图的尺寸标注

任务三 断面图

为了表达建筑物内部的柱、梁等的断面形状,假想用剖切面将物体的某处切断,仅画出该剖切面与物体接触部分的图形称为断面图。

断面图主要用来表达物体某处断面的形状,如为了表示截断面的真实形状,剖切平面一般应垂直于物体结构的主要轮廓线。

一、断面图的种类

断面图根据画在图上的位置不同,分为移出断面图和重合断面图两种。

二、移出断面图

绘制在视图之外的断面图称为移出断面图。

码 8-3 微课-断面图绘制

(一)移出断面图的画法

移出断面图的画法与剖视图不同,移出断面图只画出断面形状,移出断面是独立存在的图形,轮廓线应用粗实线绘制。断面图与剖视图的区别如图 8-19 所示。

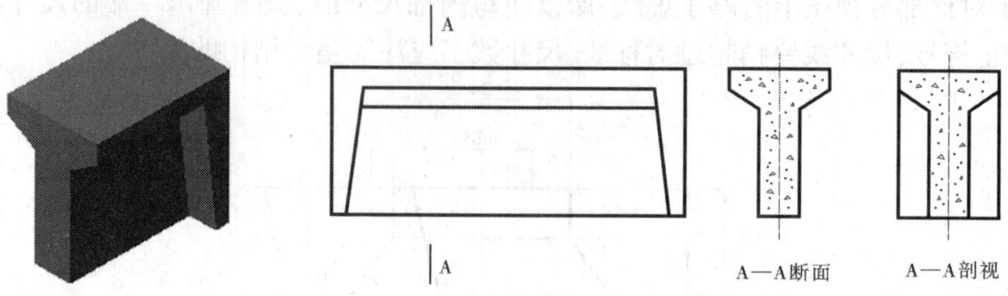

(a)空间分析　　(b)主视图、断面图、剖视图

图 8-19　断面图与剖视图的区别

(二)移出断面图的配置与标注

(1)当移出断面图没有按照投影关系配置且断面图形不对称时,应全部标注,如图 8-20(a)所示。

(2)如果断面图配置在剖切位置延长线上且断面图形对称,则省略标注,如图 8-20(b)所示。

(3)如果断面图配置在剖切位置延长线上且断面图形不对称,则只能省略字母,标注如图 8-20(c)所示。

(4)当断面图形对称,且移出断面配置在视图轮廓线的中断处时,可以不标注,如图 8-20(d)所示。

(5)移出断面也可配置在图纸的其他适当位置,这时如果图形对称或按投影关系配置,可省略投射方向线,但编号应写在剖切后的投射方向一侧,如图 8-20(e)所示。

三、重合断面图

(一)重合断面图定义

绘制在视图之内的断面图称为重合断面图,如图 8-21 所示。用假想的剖切平面垂直地通过结构要素的轴线或轮廓线,然后将得到的剖面旋转 90°,使之与视图重合,这样的断面图就是重合断面图。

(二)重合断面图的画法要点

重合断面图的轮廓线规定用细实线绘制。当视图中的轮廓线与重合断面的图形重合时,视图中的轮廓线仍应连续地画出,不可间断。

(三)重合断面图的配置与标注

对称的重合断面图可不标注,如图 8-21(a)所示。不对称的重合断面图应标注剖切位置线,并用粗实线表示投射方向,但可不标注字母,如图 8-21(b)所示。

画重合断面图时应注意以下两点:

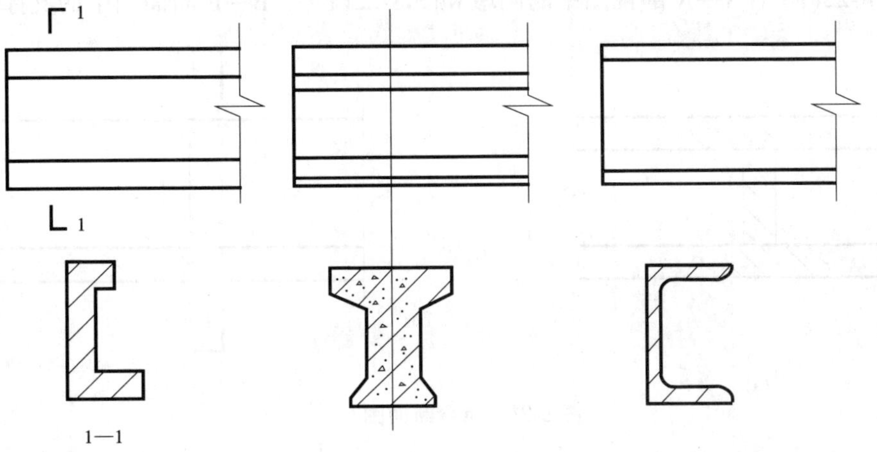

(a)断面全标注

(b)断面图形对称，并配置在剖切位置延长线上，可不标注

(c)断面图形不对称，并配置在剖切位置延长线上，只省略字母

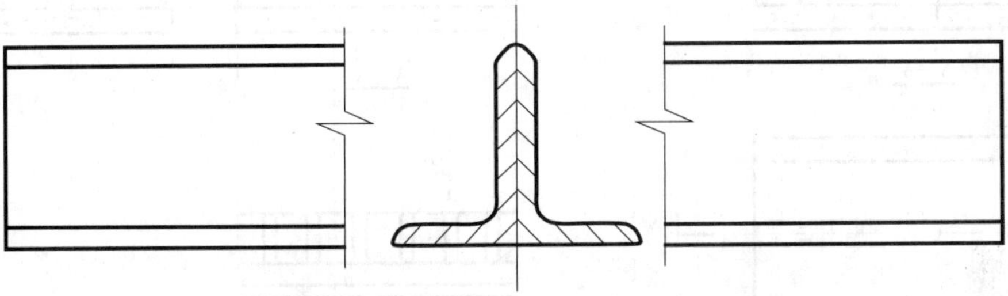

(d)断面图形对称，并配置在视图轮廓线的中断处，可不标注

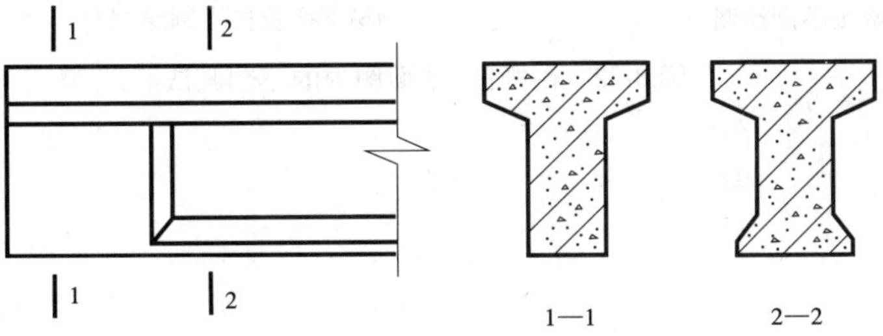

(e)断面图形对称，并按投影关系配置，可省略投射方向线，编号应写在投射方向一侧

图 8-20　移出断面图的画法与标注

(1)重合断面图对称,可不标注。

(2)重合断面图不对称应标注,但可省略字母。

四、剖视图、断面图中的不剖画法

对于构件上的支撑板、肋板等薄板结构和实心的轴、柱、梁、杆等,当剖切平面平行其轴线、中心线或平行薄板结构的板面时,这些结构按不剖绘制,用粗实线将它与邻接部分分开,如图 8-22(a)中 A—A 剖视图中的闸墩和图 8-22(b)中 B—B 断面图中的支撑板。

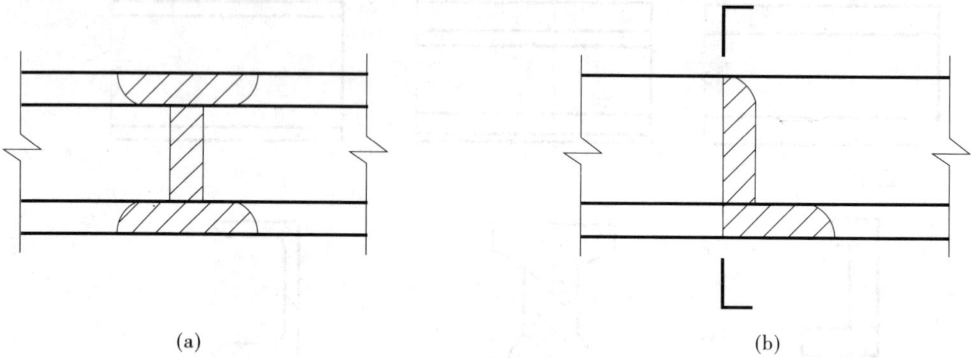

图 8-21　重合断面图

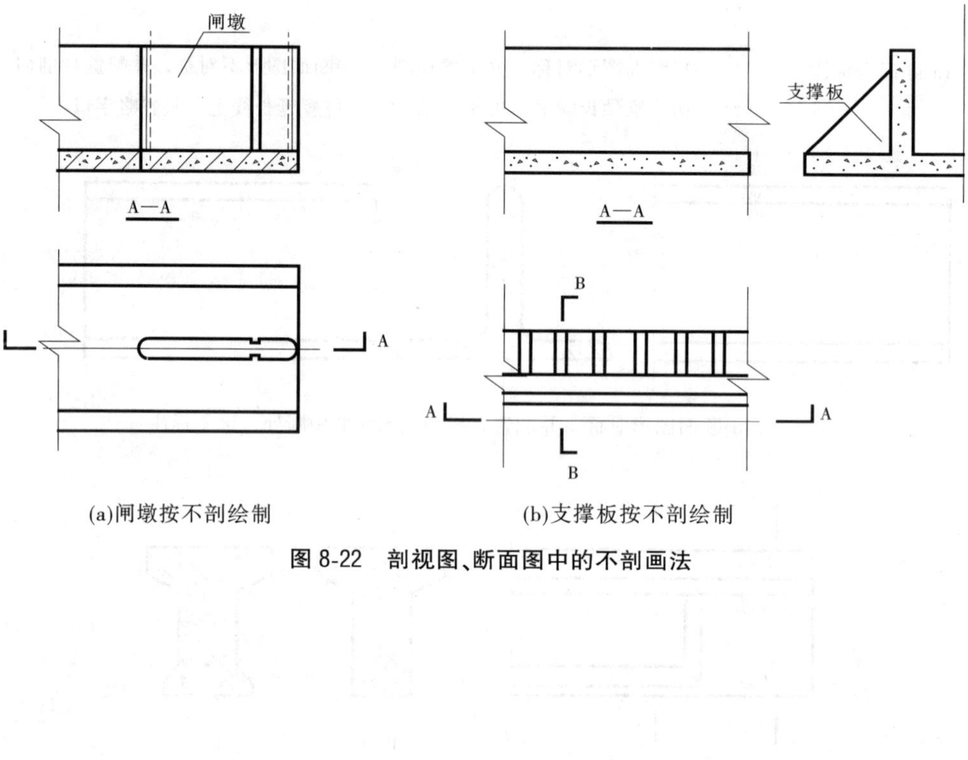

(a)闸墩按不剖绘制　(b)支撑板按不剖绘制

图 8-22　剖视图、断面图中的不剖画法

项目九 建筑施工图

【课程思政】

国家体育场(鸟巢)的形态如同孕育生命的"巢"和摇篮,寄托着人类对未来的希望。设计者们对这个场馆没有做任何多余的处理,把结构暴露在外,因而自然形成了建筑的外观。在国家体育场举行了奥运会、残奥会开闭幕式,田径比赛及足球比赛决赛。奥运会后国家体育场成为我国地标性的体育建筑和奥运遗产。

任务一 概 述

房屋按其使用功能的不同分为以下三类:

(1)工业建筑,如机械制造厂的各种厂房、仓库等。

(2)农业建筑,如粮仓、饲养场等。

(3)民用建筑,又分为居住建筑(如住宅、宿舍、公寓等)和公用建筑(如学校、商场、医院、旅馆、体育馆等)。

一、房屋的组成部分

各种不同功能的房屋,一般都由基础、墙或柱、楼面与地面、楼梯、门、窗、屋面等基本部分所组成,如图 9-1 所示。

二、房屋的施工图

房屋的施工图通常有建筑施工图、结构施工图和设备施工图,分别简称"建施""结施""设施"。而设备施工图又有给水排水施工图(简称"水施")、电气施工图(简称"电施")等。装订一幢房屋的全套施工图的编排顺序一般应为图纸目录、总平面图及施工总说明、建筑施工图、结构施工图、给水排水施工图、电气施工图等。

建筑施工图是表达总体布局、外部造型、内部布置、细部构造、内外装饰、固定设施和施工要求的图样。一般包括总平面图、建筑平面图、建筑立面图、建筑剖视图、建筑详图等。

三、建筑施工图中的有关规定

绘制和阅读房屋的建筑施工图,不仅要符合正投影原理,还应遵守有关标准。建筑专业制图的现行标准是《房屋建筑制图统一标准》(GB/T 50001—2017)、《总图制图标准》(GB/T 50103—2010)和《建筑制图标准》(GB/T 50104—2010)等。

(一)线型

图线的宽度 b,应从下列线宽系列中选取:0.18 mm、0.25 mm、0.35 mm、0.5 mm、0.7 mm、1.0 mm、1.4 mm、2.0 mm。

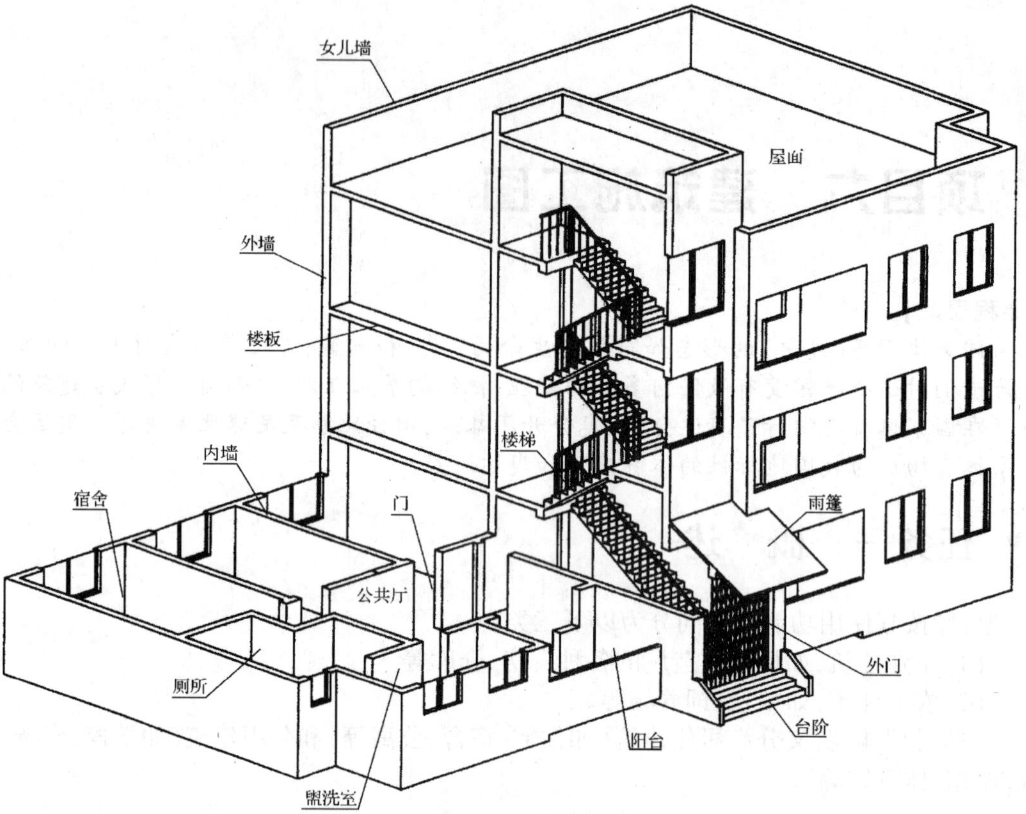

图 9-1 房屋的组成

每个图样,应根据复杂程度与比例大小,先确定基本线宽 b,再选用表 9-1 中适当的线宽组。

表 9-1 线宽组

线宽	线宽组/mm				
b	2.0	1.4	1.0	0.7	0.5
$0.5b$	1.0	0.7	0.5	0.35	0.25
$0.25b$	0.5	0.35	0.25	0.18	0.18

绘制较简单的图样时,可采用两种线宽的线宽组,其线宽比宜为 $b:0.35b$。

建筑专业制图采用的各种线型应符合《建筑制图标准》(GB/T 50104—2010)中关于图线的规定,表 9-2 摘录了常用的线型规定。

表 9-2 常用线型

名称	线型	线宽	用途
粗实线	————	b	平面图、剖视图中被剖切的主要建筑构造(包括构配件)的轮廓线; 建筑立面图或室内立面图的外轮廓线; 建筑构造详图中被剖切的主要部分的轮廓线; 建筑构配件详图中的外轮廓线

续表 9-2

名称	线型	线宽	用途
中实线	——————	0.5b	小于 0.7b 的图形线、尺寸线、尺寸界线、索引符号、标高符号,详图材料做法引出线、粉刷线、保温层线,地面、墙面的高差分界线等
细实线	——————	0.25b	图例填充线、家具线、纹样线
细点画线	——·——·——	0.25b	中心线、对称线、定位轴线
折断线	——∧——	0.25b	部分省略表示时的断开界线

注:地平线的线宽可用 1.4b。

(二)比例

建筑专业制图选用的比例宜符合表 9-3 的规定。

表 9-3 比例

图名	比例
建筑物或构筑物的平面图、立面图、剖视图	1:50、1:100、1:200、1:300
建筑物或构筑物的局部放大图	1:10、1:20、1:25、1:30、1:50
配件及构造详图	1:1、1:2、1:5、1:10、1:15、1:20、1:25、1:30、1:50

(三)标高

标高是标注建筑物高度的另一种尺寸形式。标高符号的画法和标高数字的注写应符合《房屋建筑制图统一标准》(GB/T 50001—2017)的规定。

个体建筑物图样上的标高符号应按图 9-2(a)所示的形式以细实线绘制,如标注位置不够,可按图 9-2(b)所示形式绘制。标高符号的具体画法如图 9-2(c)、(d)所示。

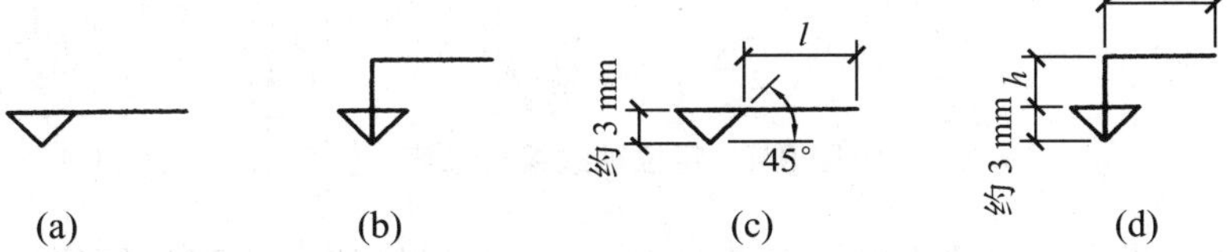

(a) (b) (c) (d)

l—注写标高数字的长度,应做到注写后匀称;h—高度,视需要而定。

图 9-2 个体建筑标高符号

总平面图上的标高符号宜涂黑表示,其形式和画法如图 9-3(a)所示。

标高符号的尖端应指至被标注的高度。尖端可向下,也可向上,如图 9-3(b)所示。

在图样的同一位置需表示几个不同标高时,标高数字可按图 9-3(c)所示的形式注写。

标高数字应以米为单位,注写到小数点后第三位。在总平面图中,可注写到小数点后第二位。零点标高应注写成±0.000,正数标高不注"+",负数标高应注"-",例如 3.000、-0.600。

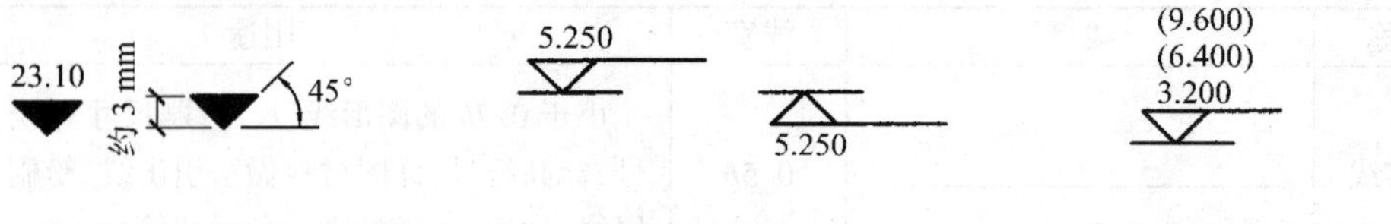

图 9-3　标高符号的其他规定

标高有绝对标高和相对标高之分。绝对标高是以青岛附近的黄海平均海平面为基准的标高。在实际施工中用绝对标高施工不方便,因此习惯上常将房屋底层的室内地坪高度定为零点,以此为基准的标高称为相对标高。比零点高的标高为“正”, 比零点低的标高为“负”。在施工总说明中,应说明相对标高与绝对标高之间的联系。

(四)定位轴线

在建筑施工图中用定位轴线来确定墙、柱、梁等承重构件的位置。

定位轴线用细点画线表示,并加以编号,编号应注写在轴线端部的圆内。圆应用细实线绘制,直径 8 mm,详图上可增为 10 mm。

平面图上定位轴线的编号宜注在图样的下方与左侧。横向编号用数字从左至右顺序编写,竖向编号用大写字母从下至上顺序编写(字母 I、O、Z 不能用作轴线编号),如图 9-4 所示。

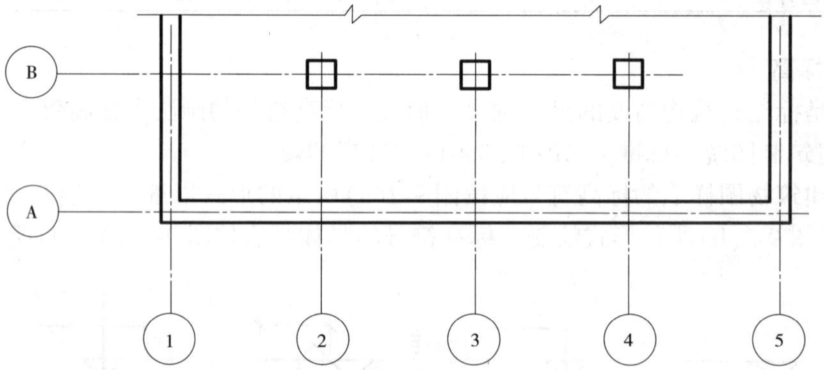

图 9-4　定位轴线编号顺序

在标注非承重的隔墙或次要承重构件时,可在两根轴线之间附加轴线。附加轴线的编号用分数表示,分母为前一轴线的编号,分子为附加轴线号;1 号轴线或 A 号轴线之前的附加轴线以分母 01、0A 分别表示位于 1 号轴线或 A 号轴线之前的轴线。附加轴线的编号如图 9-5 所示。

(五)索引符号与详图符号

1. 索引符号

图样中的某一局部或构件,如需另见详图,应以索引符号索引,如图 9-6(a)所示。索引符号的圆及直径线均应以细实线绘制,圆的直径为 10 mm。在索引符号中应注明该详图的编号及其所在图纸的图纸号,索引符号编写规则如下:

图 9-5　附加轴线编号

(1)索引出的详图,如与被索引的图样同在一张图纸内,应在索引符号的上半圆中用数字注明该详图的编号,在下半圆中间画一段水平细实线,如图 9-6(b)所示。

(2)索引出的详图,如与被索引的图样不在同一张图纸内,应在索引符号的下半圆中用数字注明该详图所在图纸的图纸号,如图 9-6(c)所示。

(3)索引出的详图,如采用标准图,应在索引符号水平直径的延长线上加注该标准图册的编号,如图 9-6(d)所示。

(4)索引符号如用于索引剖视详图,应在被剖切的部位绘制剖切位置线,并以引出线引出索引符号,引出线所在的一侧应为剖视方向,如图 9-7 所示。

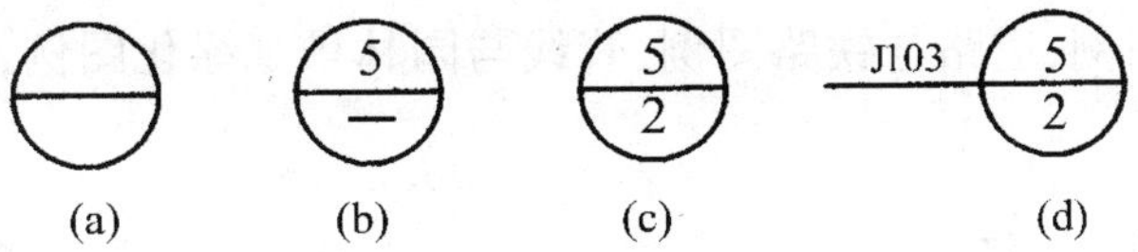

图 9-6　索引符号

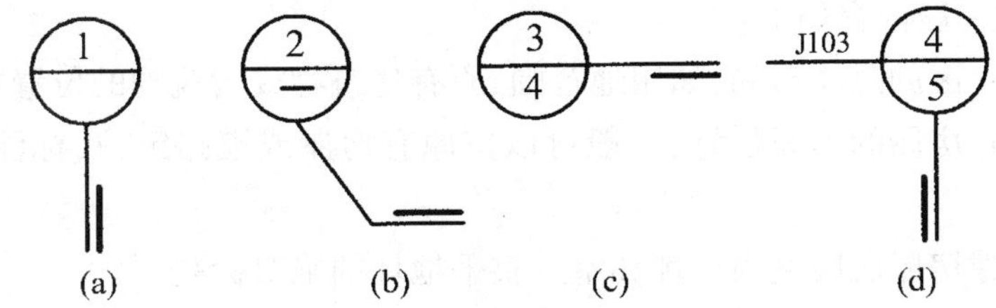

图 9-7　用于索引剖视详图的索引符号

2. 详图符号

详图符号表示详图的位置和编号,详图符号用粗实线圆表示,直径为 14 mm。详图符号按下列规定编号:

(1)详图与被索引的图样同在一张图纸内时,应在详图符号内用数字注明详图的编号,如图 9-8(a)所示。

(2)详图与被索引的图样不在同一张图纸内时,可用细实线在详图符号内画一水平直径,在上半圆中注明详图编号,在下半圆中注明被索引图纸的图纸号,如图 9-8(b)所示。

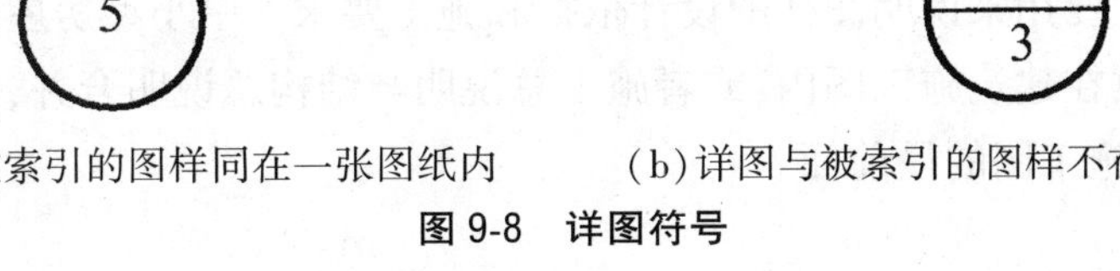

(a)详图与被索引的图样同在一张图纸内　　(b)详图与被索引的图样不在同一张图纸内

图 9-8　详图符号

任务二　总平面图及总说明

一、作用

总平面图是新建房屋在基地范围内的总体布置图。它表明新建房屋的平面形状和层数、与原有建筑物的相对位置、周围环境、地貌地形、道路和绿化的布置等情况。

总平面图也是新建房屋定位、施工放线、土方施工以及绘制水、电、暖、煤气等管线总平面图的依据。

二、总平面图例

总平面图一般采用1∶500、1∶1000、1∶2000的比例,以图例来表明新建、原有、计划扩建或拆除的建筑物,以及铁路、道路、绿化的布置。《总图制图标准》(GB/T 50103—2010)分别列出了总平面图例、道路与铁路图例、管线与园林景观绿化图例,表9-4列出了部分图例。

三、总平面图的内容

总平面图的一般内容如下:

(1)表明新建区的总体布局,如用地范围、原有建筑物或构筑物的位置、道路等。

(2)确定新建房屋的平面位置,一般可以按原有房屋或道路定位,标注定位尺寸(以米为单位)。

(3)注明新建房屋底层室内地坪和室外整平地坪的绝对标高。

(4)用指北针表示房屋的朝向;用风玫瑰图表示常年风向频率和风速。

指北针形状如图9-9(a)所示,圆用细实线绘制,直径为24 mm,指针尾部的宽度为3 mm。在总平面图中,通常还画出带有指北方向的风向频率玫瑰图(简称风玫瑰图),形状如图9-9(b)所示。风玫瑰图表明该地区常年的风向频率,它是根据当地多年平均统计的各个方向吹风次数的百分数,按一定比例绘制的,风的吹向是指从外吹向中心。实线表示全年风向频率,虚线表示夏季风向频率。

图9-10是某学校的总平面图的一部分,比例为1∶500。

四、施工总说明

施工总说明主要用来说明图样的设计依据和施工要求。中小型房屋的施工总说明常与总平面图一起放在建筑施工图内,或者施工总说明与结构总说明合并,成为整套施工图的首页,放在所有施工图的最前面。

表 9-4　常用总平面图例

名称	图例	说明
新建建筑物	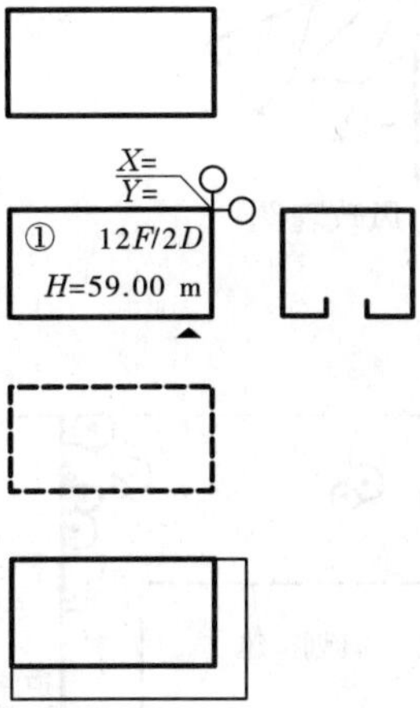	新建建筑物以粗实线表示与室外地坪相接处±0.00 外墙定位轮廓线。 建筑物一般以±0.00 高度处的外墙定位轴线交叉点坐标定位。轴线用细实线表示，并标明轴线号。 根据不同设计阶段标注建筑编号，地上、地下层数，建筑高度，建筑出入口位置（两种表示方法均可，但同一图纸采用一种表示方法）。 地下建筑物以粗虚线表示其轮廓。 建筑上部（±0.00 以上）外挑建筑用细实线表示。 建筑物上部连廊用细虚线表示并标注位置
原有建筑物	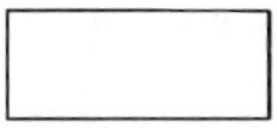	用细实线表示
计划扩建的预留地或建筑物		用中粗虚线表示
拆除的建筑物		用细实线表示
围墙及大门	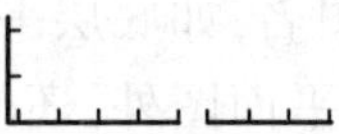	
新建的道路	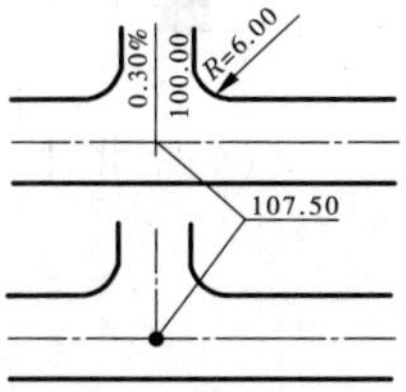	“R = 6.00”表示道路转弯半径；“107.50”为道路中心线交叉点设计标高，两种表示方式均可，同一图纸采用一种方式表示；“100.00”为变坡点之间距离，“0.30%”表示道路坡度
原有道路		
计划扩建的道路		
人行道	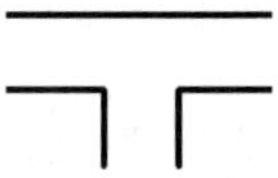	
常绿阔叶灌木	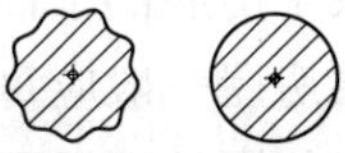	

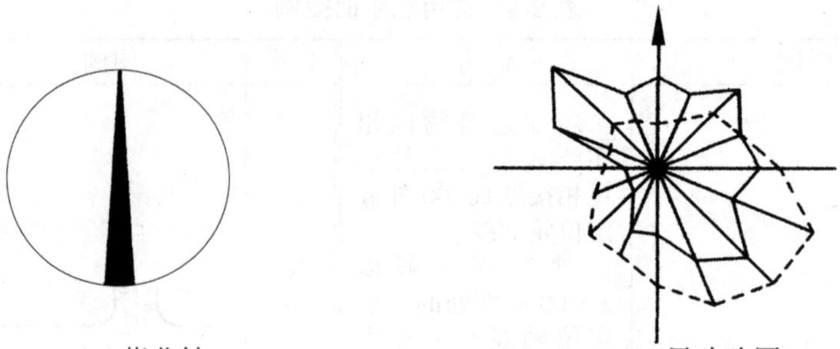

（a）指北针　　（b）风玫瑰图

图 9-9　指北针和风玫瑰图

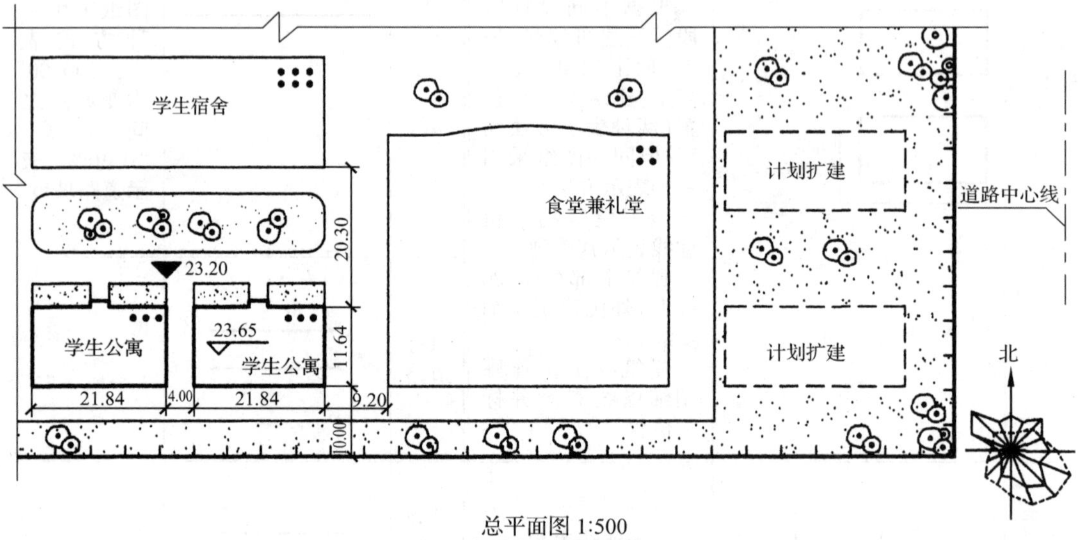

总平面图 1:500

图 9-10　总平面图

任务三　建筑平面图

一、形成

建筑平面图是将房屋从门窗洞口处水平剖切后俯视，即将剖切平面以下部分向水平面投影所得到的图形，如图 9-11 所示。

平面图反映了房屋的平面形状、大小和房间的布置、墙（或柱）的位置、门窗的位置及各种尺寸。多层房屋一般应每层画一个平面图，并注明相应的图名，如底层平面图、二层平面图等。对于相同的楼层可以画一个标准层平面图。除楼层平面图外，还应画屋顶平面图。屋顶平面图是屋顶面在水平面上的投影，不需剖切。

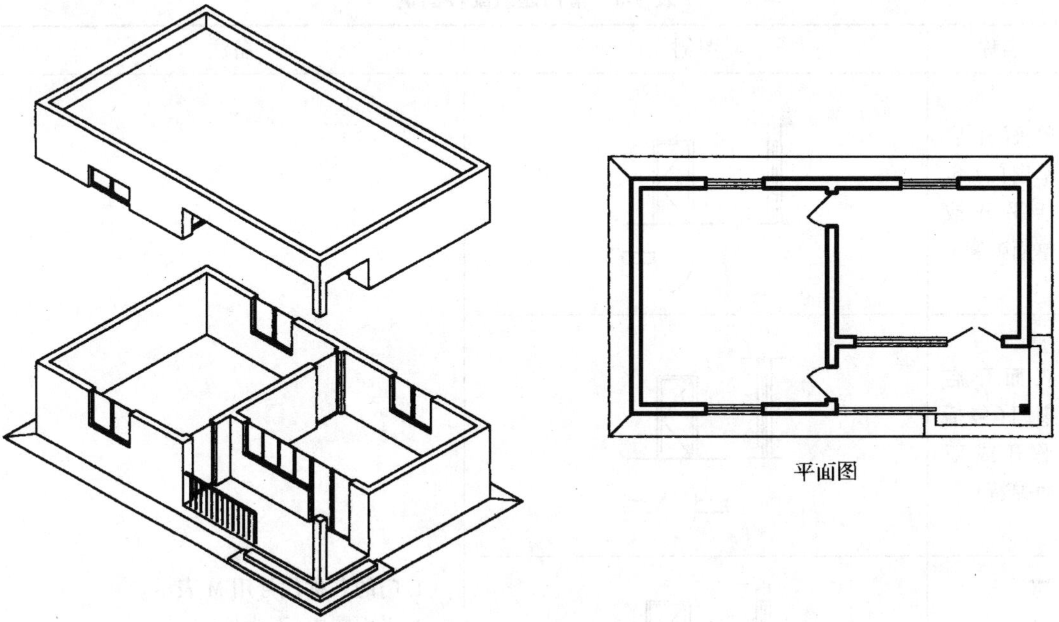

图 9-11 平面图的形成

二、构配件图例

由于建筑平面图常用 1∶100、1∶200 或 1∶50 等较小比例,图样中的一些构造和配件,不可能也不必要按实际投影画出,只需用规定的图例表示。建筑专业制图采用《建筑制图标准》(GB/T 50104—2010)规定的构造及配件图例,表 9-5 摘录了一部分。

三、图示内容

平面图一般包含以下内容:

(1)图名、比例、朝向。

(2)定位轴线及其编号。

(3)各房间的名称、布置和分隔,门窗的位置,墙、柱的断面形状和大小。

(4)楼梯的位置及梯段的走向与级数。

(5)其他构配件如台阶、雨篷、阳台等的位置。

(6)平面图的轴线尺寸、各建筑构配件的大小尺寸和定位尺寸以及楼地面的标高。

(7)剖视图的剖切符号,表示房屋朝向的指北针(这些仅在底层平面图中表示)。

(8)详图索引符号。

四、读图

以图 9-12 所示的某学生公寓平面图为例,说明平面图的内容和读图方法。

(一)图名、比例、朝向

先从图名了解该平面图是哪一层平面,图的比例是多少,房屋的朝向怎样。

表 9-5 常用建筑配件图例

名称	图例	备注
单面开启单扇门(包括平开或单面弹簧)	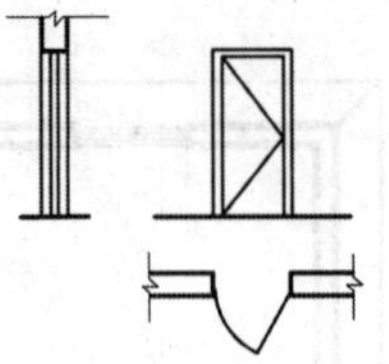	1. 门的名称代号用 M 表示。 2. 平面图中,下为外,上为内。 门开启线为 90°、60°或 45°,开启弧线宜绘出。 3. 立面图中,开启线实线为外开,虚线为内开,开启线交角的一侧为安装合页一侧。开启线在建筑立面图中可不表示,在立面大样图中可根据需要绘出。 4. 剖面图中,左为外,右为内。 5. 附加纱扇应以文字说明,在平、立、剖面图中均不表示。 6. 立面形式应按实际情况绘制
双面开启扇门(包括平开或双面弹簧)	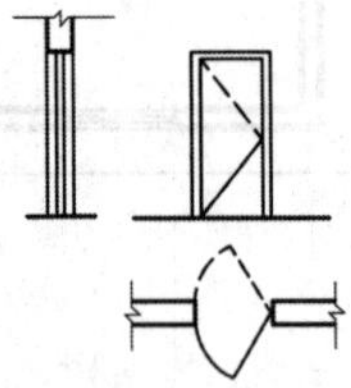	
双层单扇平开门	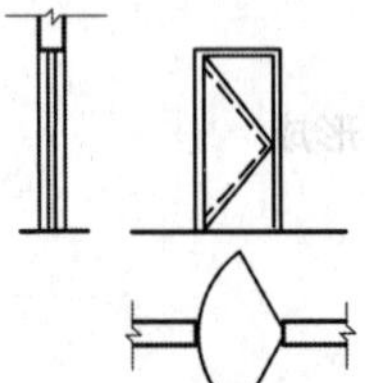	
单面开启双扇门(包括平开或单面弹簧)	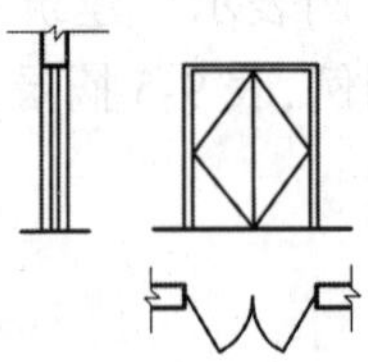	
双面开启双扇门(包括双面平开或双面弹簧)	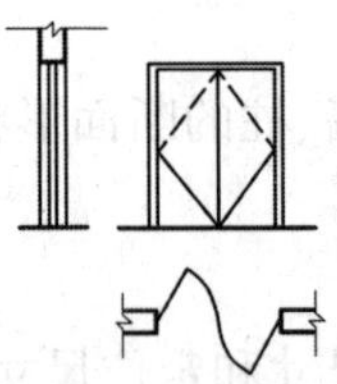	
双层双扇平开门	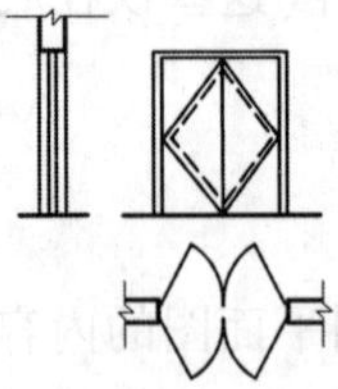	

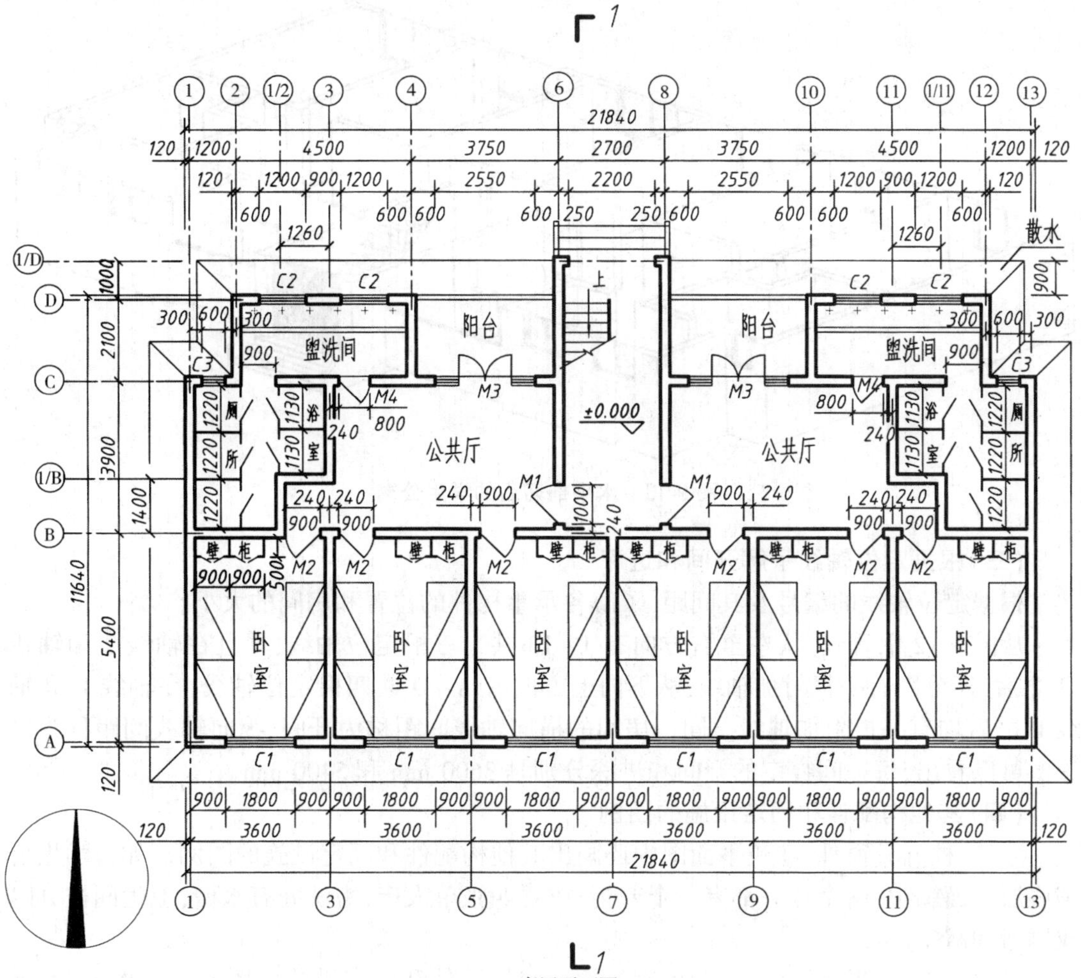

底层平面图 1:100

图 9-12　底层平面图

图 9-12 是底层平面图，即一层平面，说明这个平面图是在底层窗台之上、底层向二层的楼梯平台之下水平剖切（参见图 9-13）后，按俯视方向投影所得的水平剖视图。该平面图的比例是 1∶100，平面形状为长方形。指北针表明了房屋的朝向。

（二）墙或柱的位置、房间的分布、门窗图例

根据墙（或柱）位置、房间名称了解各房间的用途、数量及相互间的组合情况。

本例学生公寓的平面组合为：由楼梯间入口，可进入两套房间，每套有三个寝室、一个公共厅，还有盥洗间、厕所和浴室。

在比例大于 1∶50 的平面图中，宜画出墙断面的材料图例；比例为 1∶100～1∶200 时，可画简化的材料图例（如砖墙涂红、钢筋混凝土涂黑）；比例小于 1∶200 的平面图，可不画材料图例。门、窗按“国标”规定的图例绘制，在图例旁注写出门窗代号，M 表示门，C 表示窗，不同型号的门、窗以不同的编号区分，如 M1、M2，C1、C2 等。此外，应以列表方式表达门窗的类型、制作材料等。

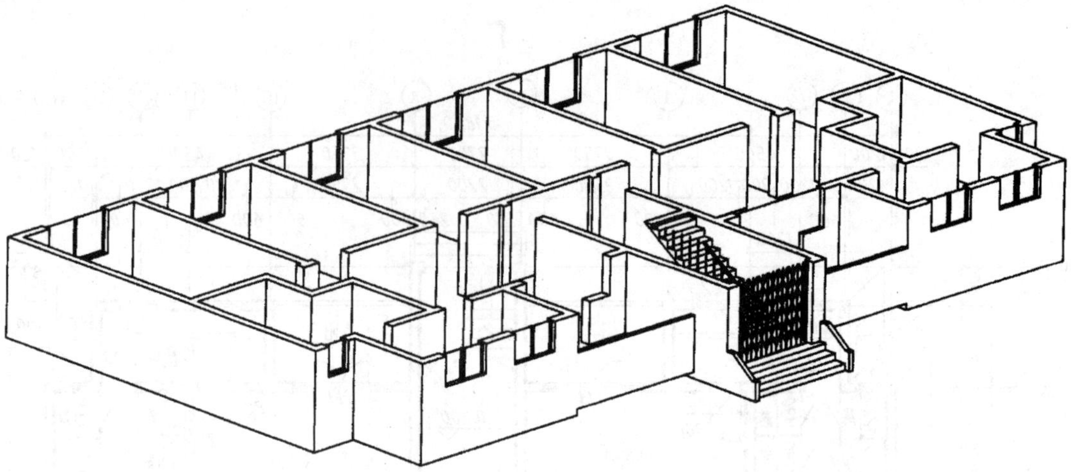

图 9-13　水平剖切后的学生公寓

(三)根据定位轴线了解开间和进深

根据定位轴线的编号及其间距,了解各承重构件的位置和房间的大小。

从图 9-12 中看到:从左至右方向有 1~13 共十三根定位轴线,并且在轴线 2 和轴线 11 之后,还分别有一根附加轴线;从下向上方向有 A~D 共四根定位轴线,在轴线 B 和轴线 D 之后均有一根附加轴线。同一房间的横向轴线间距称为开间,纵向轴线间距称为进深。可以看出,每一间寝室的开间和进深分别是 3600 mm 和 5400 mm。

(四)其他构配件和固定设施的图例

除墙、柱、门、窗外,建筑平面图中还画出其他构配件和固定设施的图例。如在学生公寓底层平面图中,每个寝室都有一个壁柜,放置四张单人床,盥洗间有水槽,卫生间被分隔成厕所和浴室。

另外,在底层平面图中,还画出室外的一些构配件和固定设施的图例或轮廓形状,如室外房屋的散水、雨水管,门洞外的台阶等。

其他各层平面图如下:

二层平面图如图 9-14 所示。

三层平面图如图 9-15 所示。

屋顶平面图如图 9-16 所示。

(五)有关尺寸标注

平面图中的外墙尺寸一般有三层,最内层为门、窗的大小和位置尺寸(门、窗的定形尺寸和定位尺寸);中间层为定位轴线的间距尺寸(房间的开间和进深尺寸);最外层为外墙总尺寸(房屋的总长和总宽)。内墙上的门窗尺寸可以标注在图形内。此外,还须标注某些局部尺寸,如墙厚、台阶、散水等,以及室内、外等处的标高。

(六)有关符号

在底层平面图中,除应画指北针外,还应在剖视图的剖切位置绘制剖切符号,以及在需要另画详图的局部或构件处,画出索引符号。

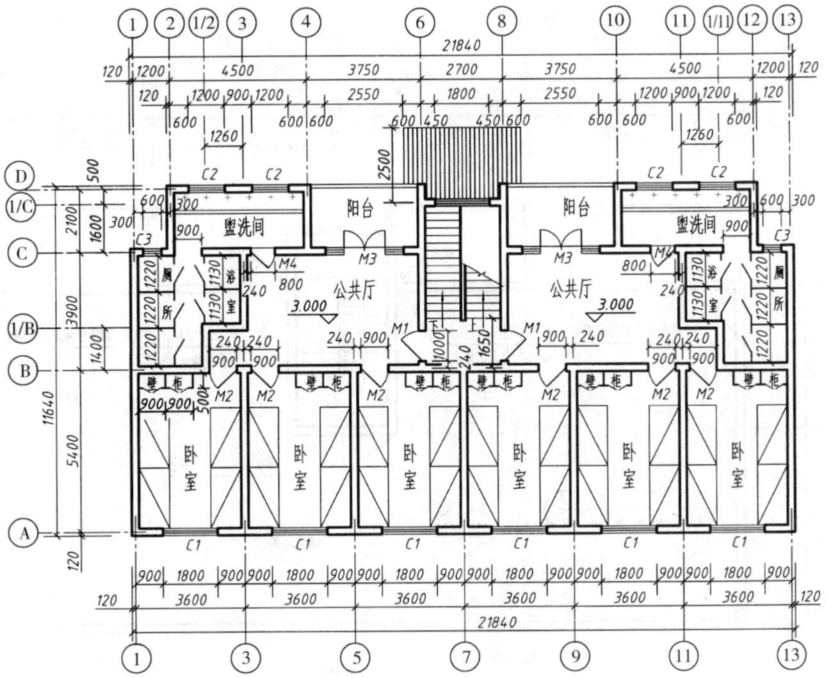

二层平面图 1:100

图9-14 二层平面图

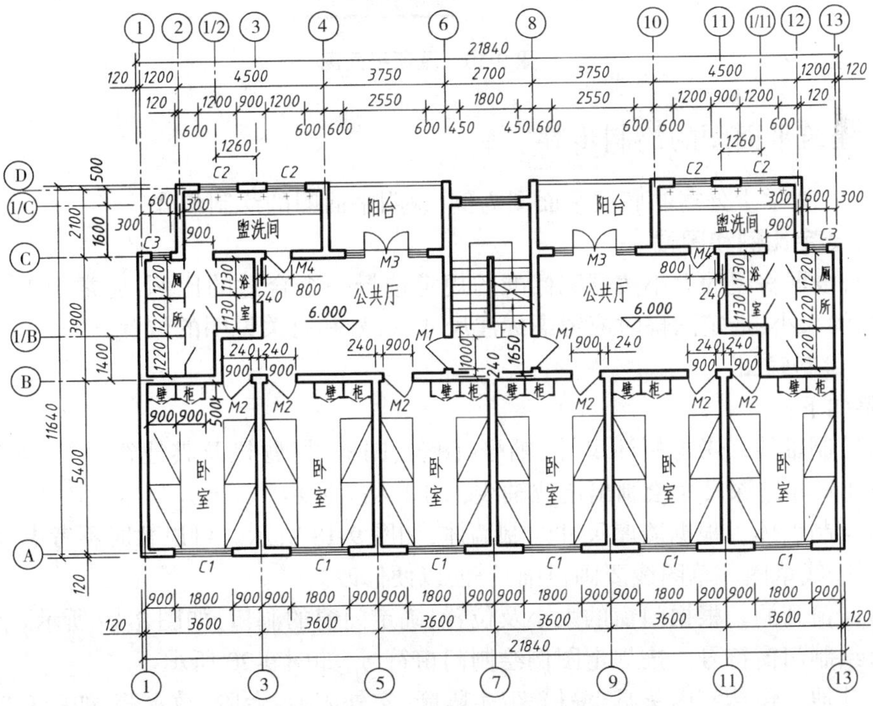

三层平面图 1:100

图9-15 三层平面图

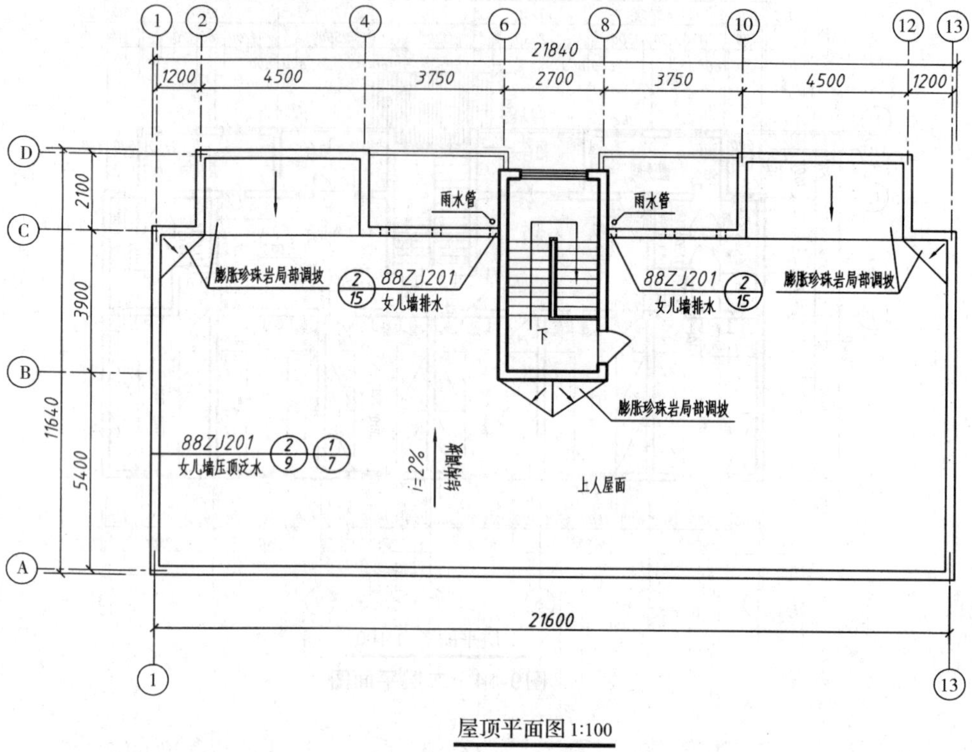

图 9-16 屋顶平面图

五、建筑平面图的绘制步骤

以图 9-12 学生公寓的底层平面图为例,说明平面图的绘制步骤。

(一)选定比例和图幅

首先,根据房屋的大小按国家标准的规定选择一个合适的比例,通常用 1∶100,进而确定图幅的大小,选定图幅时应考虑标注尺寸、符号和有关说明的位置。

(二)绘制底图

步骤如下:

(1)绘制轴线。考虑标注尺寸、轴号、图名、图框、标题栏及其他符号等,均匀布置图面,根据开间和进深尺寸绘制出定位轴线,如图 9-17 所示。

(2)绘制墙体。根据墙厚尺寸绘制墙体,如图 9-18 所示。可以暂时不考虑门窗洞口,画出全部墙线草图。草图线要画得细且轻,以便修改。

(3)门窗开洞。根据门窗的大小及位置,确定门窗的洞口,如图 9-19 所示。

(4)绘制门窗符号。按规定图例绘制门窗符号,如图 9-20 所示。

(5)其他。包括室内家具、壁柜、卫生隔断、室外阳台、台阶、散水等,如图 9-21 所示。

(6)加深墙线。

(7)标注。标注尺寸、房间名称、门窗名称及其他符号,完成全图。

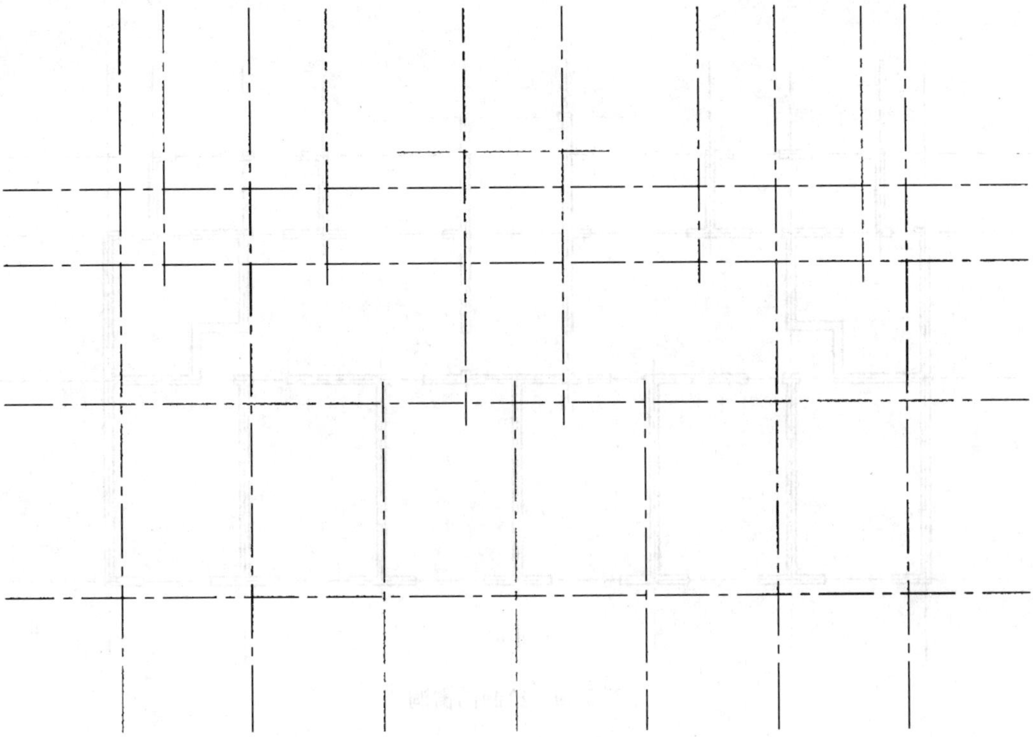

图 9-17　绘制轴线

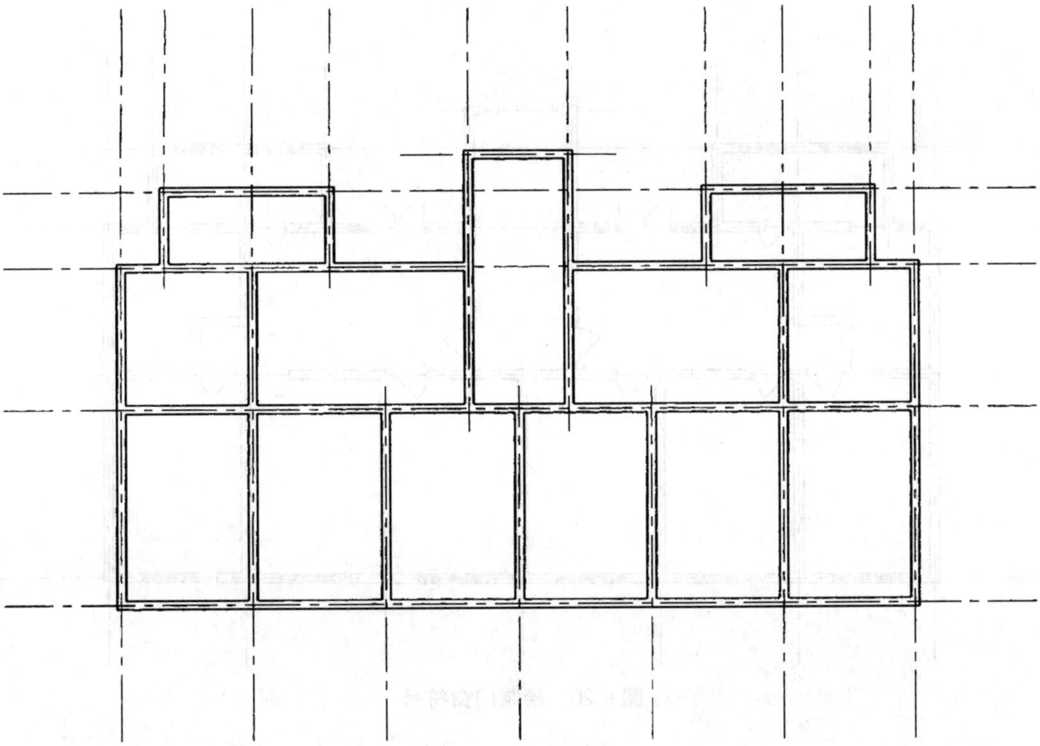

图 9-18　绘制墙体

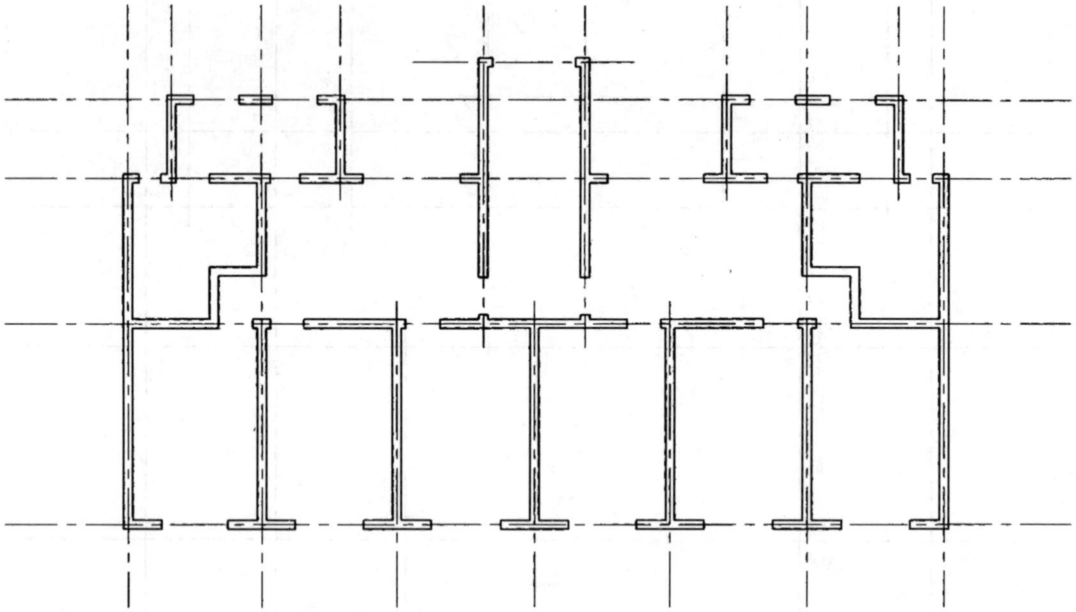

图 9-19　绘制门窗洞

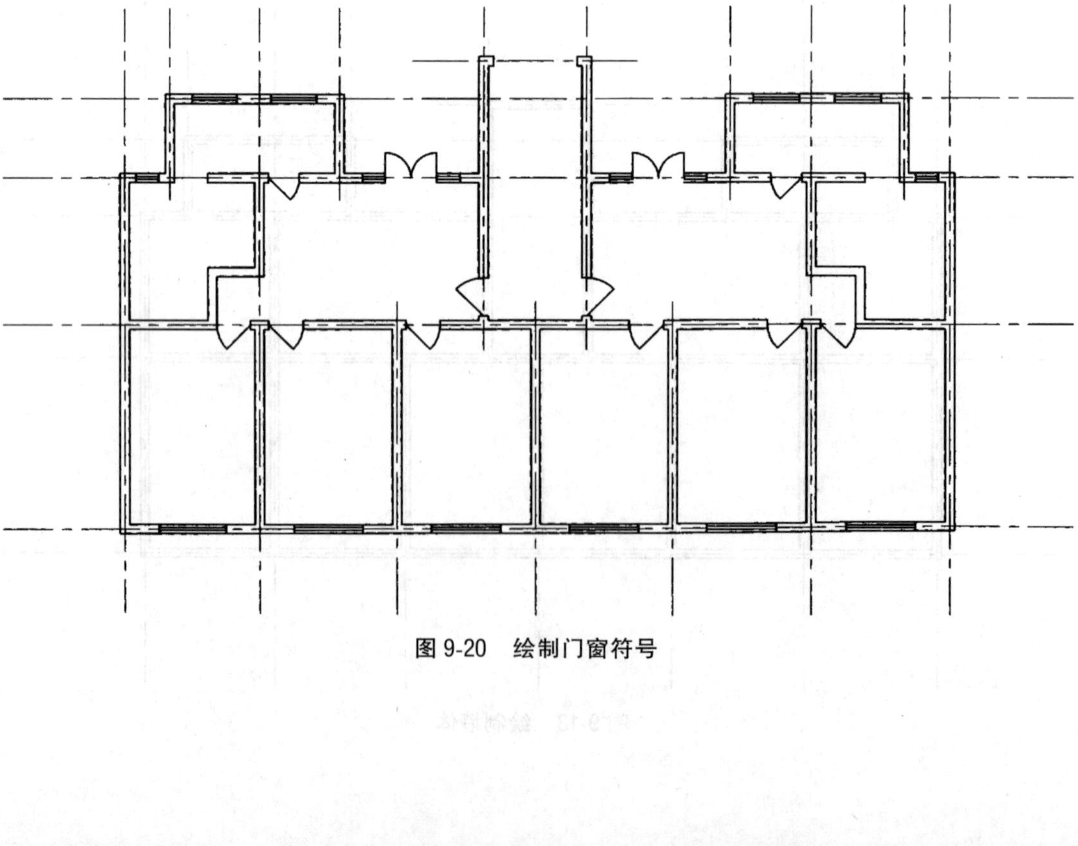

图 9-20　绘制门窗符号

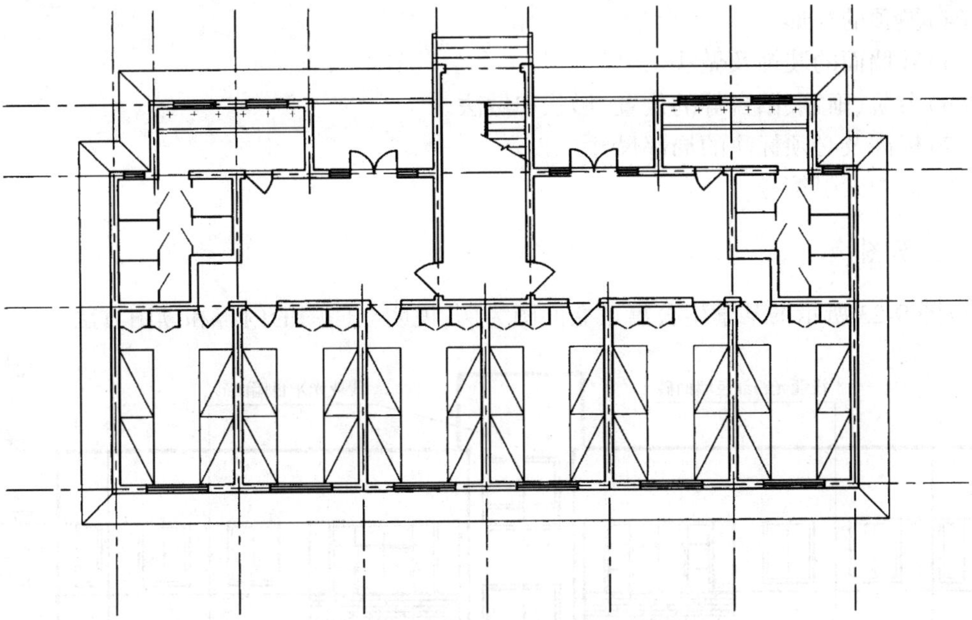

图 9-21 绘制室内家具、卫生隔断等

任务四 建筑立面图

一、形成与作用

立面图是房屋在与外墙面平行的投影面上的投影。立面图主要用来表示房屋的外部造型和装饰。一般房屋有四个立面,即从房屋的前、后、左、右四个方向所得的投影图。根据具体情况可以增加或减少。图 9-22 中的正立面图是大门入口所在的立面。

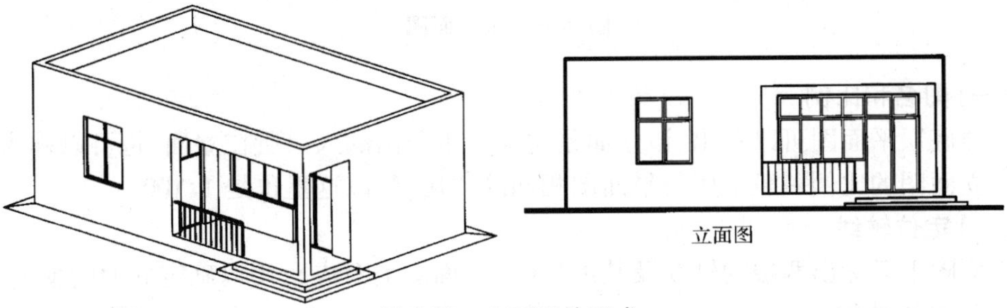

图 9-22 立面图的形成

二、图示内容

立面图一般包含以下内容:

(1)图名、比例。

(2)立面两端的定位轴线及其编号。

(3)门窗的位置和形状。

(4)屋顶的外形。
(5)外墙面的装饰及做法。
(6)台阶、雨篷、阳台等的位置、形状和做法。
(7)标高及必须标注的局部尺寸。
(8)详图索引符号。

三、读图

以图 9-23 所示的某学生公寓正立面图为例,说明立面图的内容和读图方法。

图 9-23 正立面图

(一)图名和比例

对照底层平面图可以看出,该立面是这幢学生公寓的入口所在立面,也可以称为正立面图。立面图的比例一般采用与平面图相同的比例,所以这里也是 1∶100。

(二)定位轴线

立面图上只标出两端的轴线及其编号(与平面图上对应),用以确定立面的朝向。

(三)立面外貌

立面图的外轮廓线所包围的范围显示出这幢房屋的总长和总高。外轮廓线之内的图形主要是门窗、阳台等构造的图例。从门窗的分布可以知道这幢学生公寓共三层,立面左右对称。为了加强立面的效果,外墙面上还设有水平的引条线。立面装修的做法要求,一般可用简短的文字加以说明,或在施工总说明中列出。

为了使立面图外形清晰、层次分明,往往用不同的线型表示各部分的轮廓线。立面图的最外轮廓线画成粗实线,室外地平线的宽度画成 1.4b;台阶、阳台、雨篷等部分的外轮廓以及门、窗洞口的轮廓画成中实线;门窗扇的分格线及其他细部轮廓、引条线等画成细实线。

(四)标高尺寸

在立面图中,一般不标注门、窗洞口的大小尺寸及房屋的总长和总高尺寸。但一般应标注室内外地坪、阳台、门、窗等主要部位的标高。

图 9-24 是该学生公寓的背立面图。

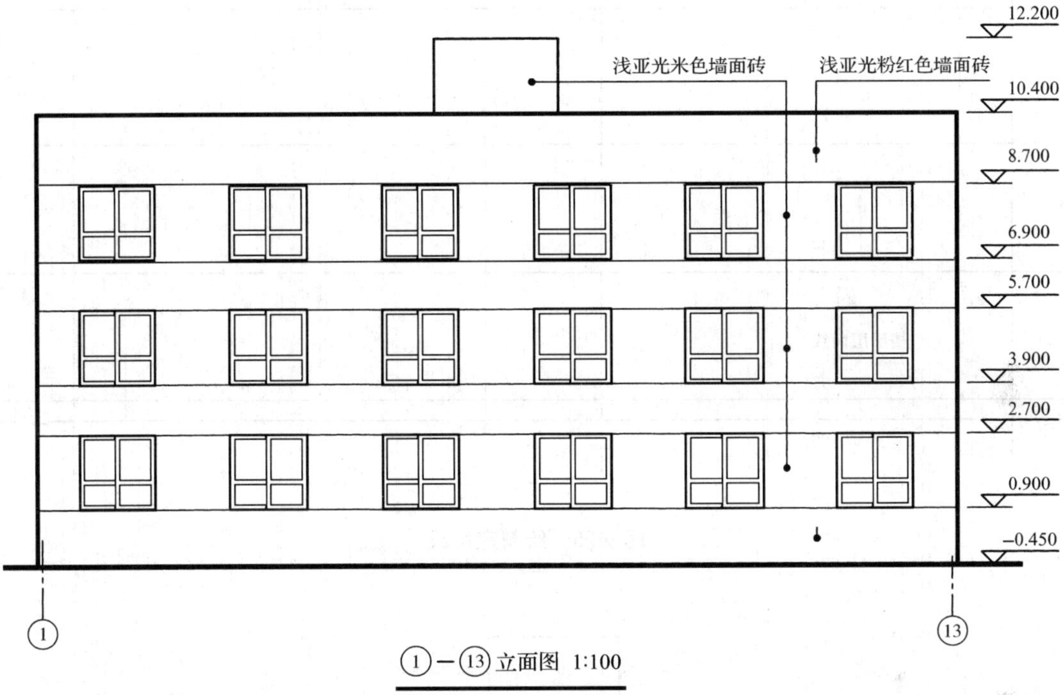

图 9-24　背立面图

四、建筑立面图的绘制步骤

立面图采用与平面图相同的图幅和比例。

(一)画定位线

考虑好图面的布置后,先画出定位线:与该立面对应的轴线、各楼层的层面线以及室外地面线,如图 9-25 所示。画出定位线是为了确定立面上门窗、阳台等的位置。

(二)画轮廓线

根据总长和总高尺寸画出外轮廓线及其他主要轮廓线,如图 9-26 所示。

(三)绘制门窗、阳台

按门窗的定形尺寸和定位尺寸绘制门窗图例,如图 9-27 所示。定形尺寸即洞口的大小,一般在门窗表中表示;定位尺寸包括窗垛的尺寸(在平面图中已标注)和窗台高度(比如 900)。

(四)绘制台阶、雨篷等

绘制台阶、雨篷等,如图 9-28 所示。

(五)完成全图

加深图线、标注尺寸,完成全图。

图 9-25　绘制定位线

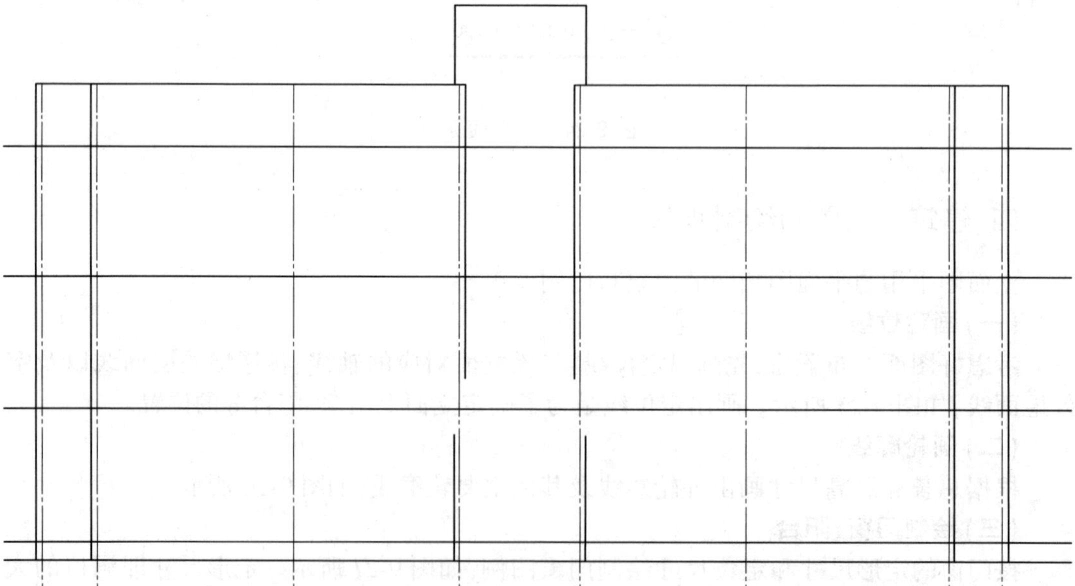

图 9-26　绘制主要轮廓线

图 9-27　绘制门窗和阳台

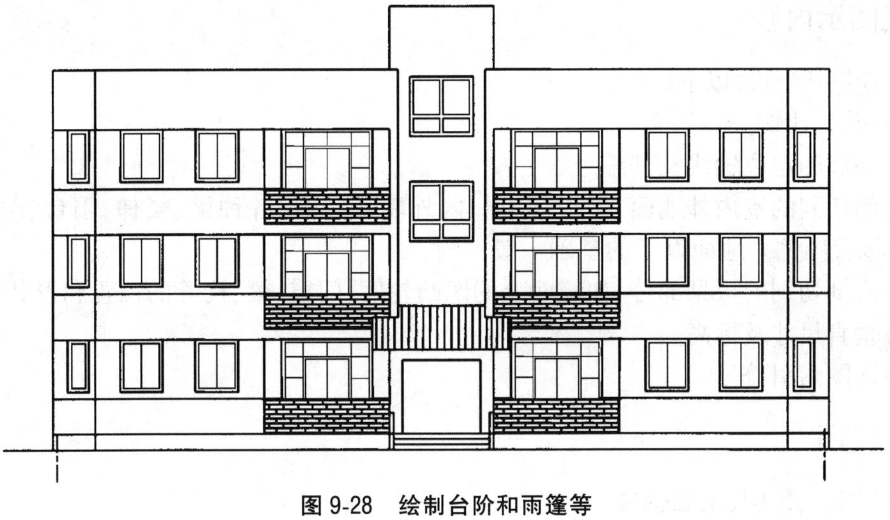

图 9-28　绘制台阶和雨篷等

任务五　建筑剖视图

一、形成与作用

建筑剖视图是房屋垂直方向的剖视图，它是用一个假想的平行于正立投影面或侧立投影面的竖直剖切面剖开房屋，移去剖切平面与观察者之间的部分，将留下来的部分向投影面作正投影所得到的图样，如图 9-29 所示。画建筑剖视图时，常用一个剖切平面剖切，必要时也可转折一次，用两个平行的剖切平面剖切。剖切符号一般绘制在底层平面图中，剖切部位应选在能反映房屋全貌、构造特征，以及有代表性的地方。常通过门窗洞和楼梯剖切。

建筑剖视图主要用来表示房屋内部的分层、结构形式、构造方式、材料、做法、各部位间的联系及其高度等情况。在施工过程中，建筑剖视图是进行分层，砌筑内墙，铺设楼板、

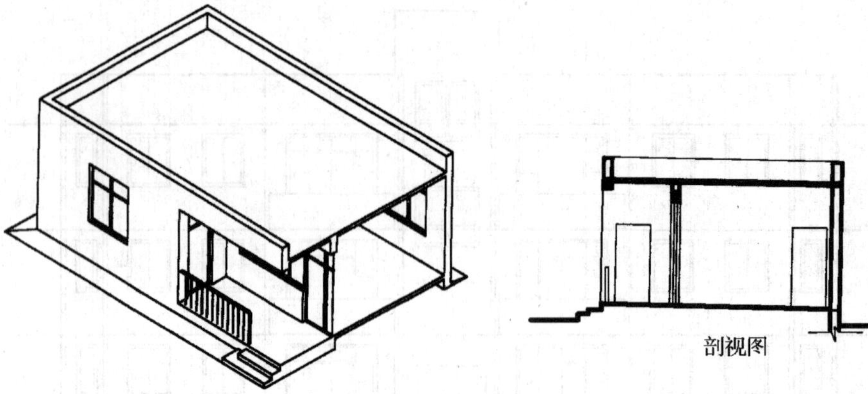

图 9-29　剖视图的形成

屋面板和楼梯,内部装修等工作的依据。建筑剖视图与建筑平面图、建筑立面图互相配合,表示房屋的全局。建筑平面图、立面图、剖视图是房屋施工中最基本的图样。

二、图示内容

剖视图一般包含以下内容:

(1)图名、比例。

(2)外墙的定位轴线及其编号。

(3)剖切到的室内外地面、楼板、屋顶、内外墙及门窗、各种梁、楼梯、阳台、雨篷等的位置、形状及图例。地面以下的基础一般不画。

(4)未剖切到的可见部分,如墙面上的凹凸轮廓、门窗、梁、柱等的位置和形状。

(5)垂直尺寸及标高。

(6)详图索引符号。

三、读图

(一)图名、比例、定位轴线

图 9-30 是学生公寓的 1—1 剖视图,图 9-31 是与之对应的轴测图。

由底层平面图中对应的剖切符号可知:该剖视是通过楼梯间和卧室的门窗洞口进行剖切的,投影方向是从左至右。剖视图的比例一般和平面图相同或使用大一些的比例。

与立面图一样,剖视图上也可只标出两端的轴线及其编号,以便与平面图对照来说明剖面图的投影方向。

(二)被剖切到的建筑构配件

在建筑剖视图中,应画出房屋室内外地坪以上各部位被剖切到的建筑构配件。如室内外地面、楼地面、屋顶、内外墙及其门窗、圈梁、过梁、楼梯与楼梯平台等。

被剖切到的墙体用粗实线表示,被剖切到的钢筋混凝土构件涂黑表示。

(三)未剖切到的可见构配件

除被剖切到的建筑构配件外,还有未剖切到的构配件,按剖视的投影方向,要画出所有可见的构配件轮廓(不可见的不画)。比如 1—1 剖视图中另一楼梯段、楼梯扶手、进入

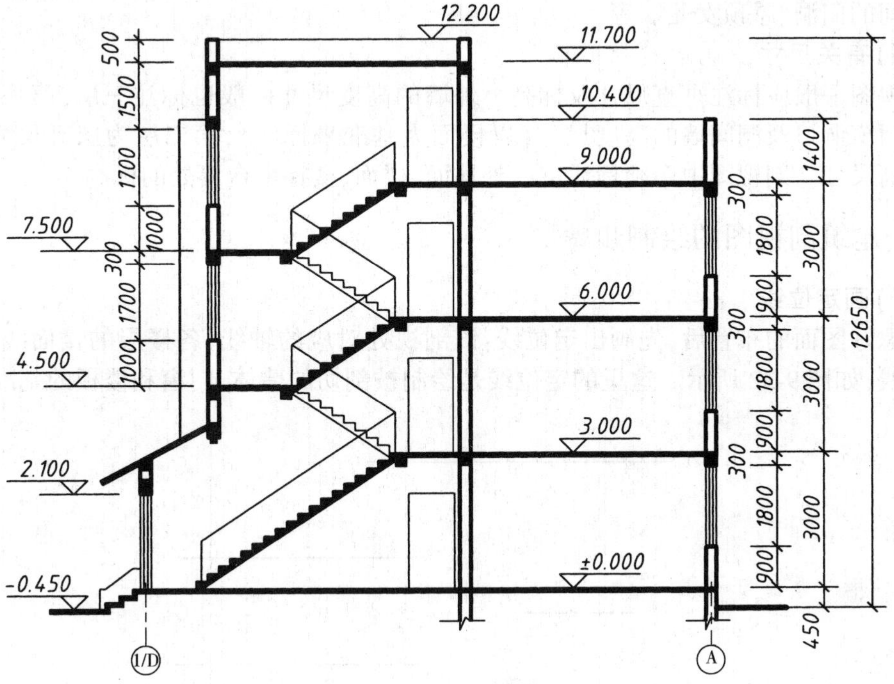

1—1 1:100

图 9-30 剖视图

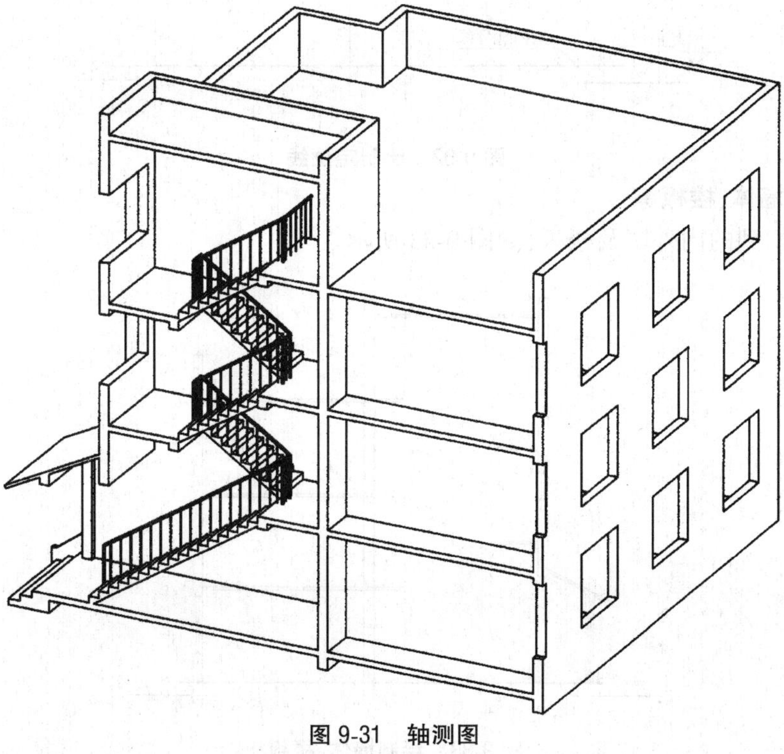

图 9-31 轴测图

另一套间的门洞、屋顶女儿墙等。

(四) 有关尺寸

剖视图一般应标注垂直尺寸及标高。外墙的高度尺寸一般也标注三层,第一层为剖切到的门窗洞口及洞间墙的高度尺寸(以楼面为基准来标注),第二层为层高尺寸,第三层为总高尺寸。剖视图中还须标注室内外地面、楼面、楼梯平台等处的标高。

四、建筑剖视图的绘制步骤

(一) 画定位线

考虑好图面的布置后,先画出定位线:该剖视处对应的轴线、各楼层的楼面线以及室外地坪线,如图 9-32 所示。这里的定位线是绘制被剖切的墙体、门窗和楼板的基准。

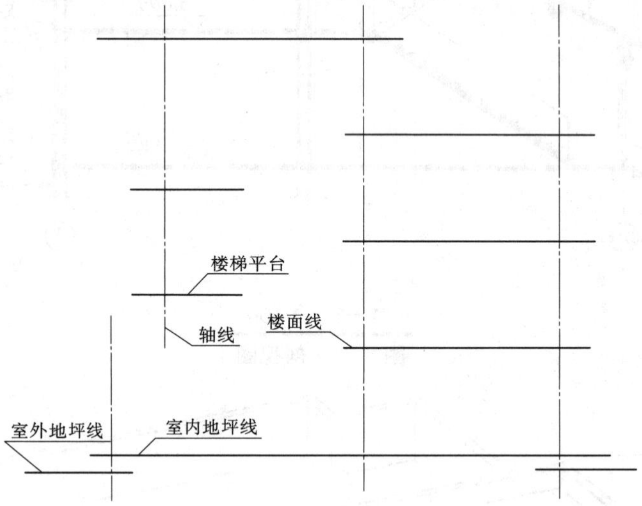

图 9-32　绘制定位线

(二) 画墙体、楼板等

绘制剖切到的内外墙及楼板,如图 9-33 所示。

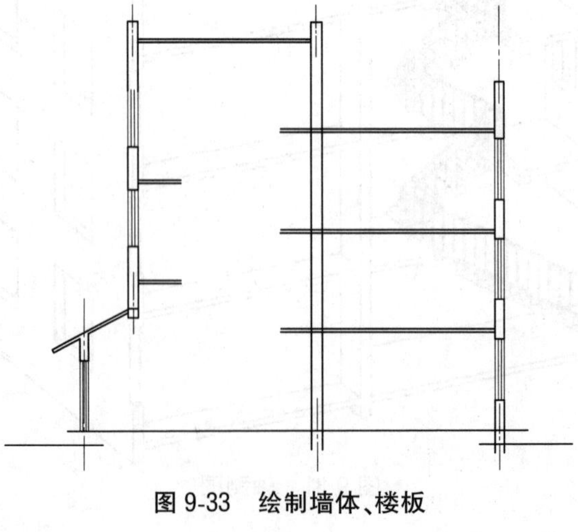

图 9-33　绘制墙体、楼板

(三)画楼梯

绘制楼梯的投影,注意剖切到的梯段和未剖切到的梯段都要画出,如图 9-34 所示。

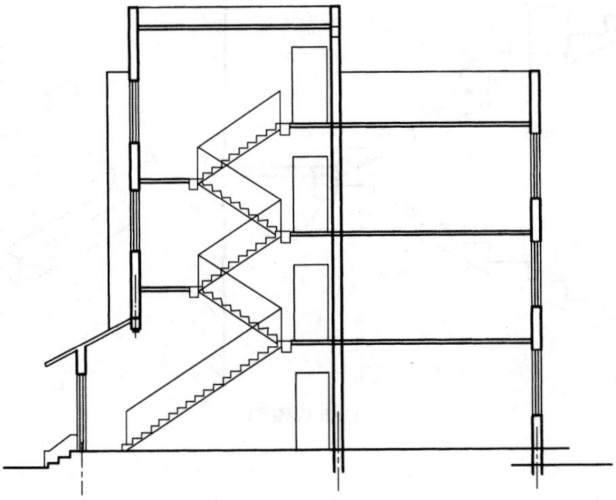

图 9-34　绘制楼梯

(四)加深图线

加深墙体、圈梁、过梁及被剖切的梯段。

(五)完成全图

标注尺寸等,完成全图。

任务六　建筑详图

一、形成与作用

在建筑施工图中,由于平面图、立面图、剖视图通常采用 1∶100、1∶200 等较小的比例绘制,对房屋的一些细部的详细构造无法表达清楚。为了表明细部的详细构造及尺寸,有必要采用较大的比例画出这些部分,这就是详图,也称大样图或节点图。常用的构造详图,一般由设计单位编制成标准详图图集,需要时可以选用,不必重画。无标准详图可选时,则另画详图。

二、楼梯详图

楼梯是多层房屋上下交通的主要设施,多采用预制或现浇钢筋混凝土楼梯。楼梯主要由梯段、平台和栏杆扶手组成。梯段(或称为梯跑)是联系两个不同标高平台的倾斜构件,一般由踏步和梯梁(或梯段板)组成。踏步是由水平的踏板和垂直的踢板组成的。平台是供行走时调节疲劳和转换梯段方向用的。栏杆扶手是设在梯段及平台边缘上的保护构件,以保证楼梯交通安全。

楼梯段的结构形式有板式梯段和梁板式梯段,如图 9-35 所示。所谓板式梯段是由梯段板承受该梯段全部荷载并传给平台梁,再传到承重墙上。梁板式梯段是在梯段板两侧设有斜梁,斜梁搁置在平台梁上,荷载是由踏步板经斜梁传到平台梁,再传到承重墙上。

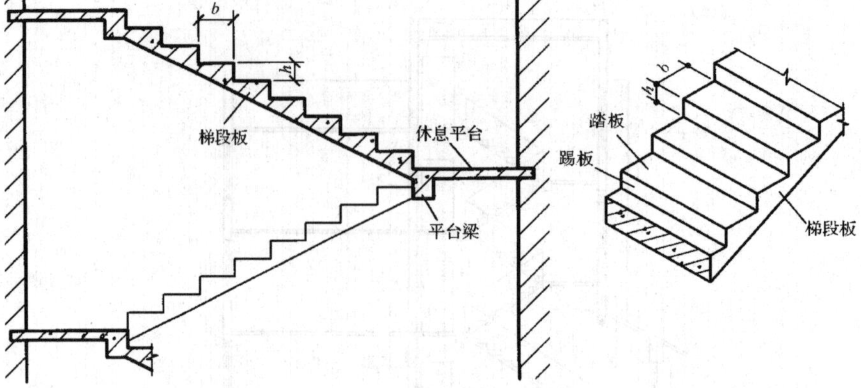

(a) 板式楼梯

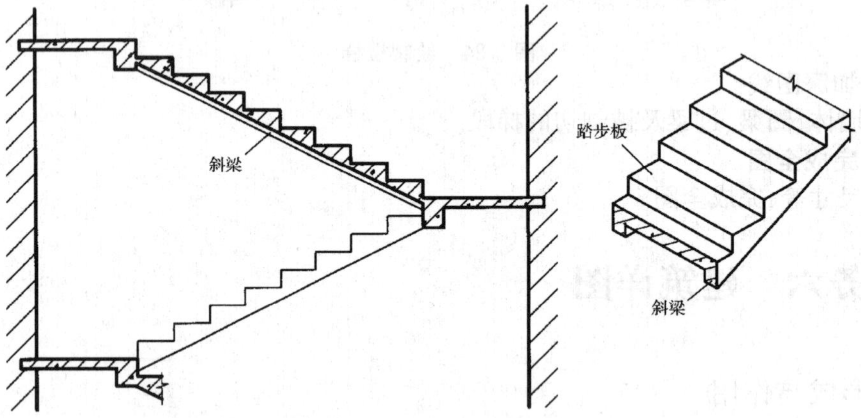

(b) 梁板式楼梯

图 9-35 楼梯段的结构

楼梯的结构较复杂,一般需另画详图,以表示楼梯的组成、结构形式、各部位尺寸和装饰做法。楼梯详图一般包括楼梯间平面详图、剖视详图、踏步详图、栏杆扶手详图。这些详图应尽可能画在同一张图纸内。平面详图、剖视详图比例要一致,以便对照阅读。踏步详图、栏杆扶手详图比例要大些,以便更详细、更清楚地表达该部分的构造情况。楼梯详图一般分建筑详图与结构详图,并分别绘制,分别编入“建施”和“结施”中。但对一些构造和装修较简单的现浇钢筋混凝土楼梯,可以只绘制楼梯结构施工图。

(一)楼梯平面详图

房屋平面图中楼梯间部分局部放大,就是楼梯平面详图,如图 9-36 所示。

(二)楼梯剖视详图

假想用一铅垂面,通过各层楼梯的一个梯段和门窗洞将楼梯剖开,向另一个未剖到的楼梯段方向投影,所作的剖视图即为楼梯剖视详图,如图 9-37 所示。

(三)楼梯节点详图

图 9-38 所示的四个节点详图是从图 9-37 楼梯剖视详图中索引来的,更详尽地表达了栏杆扶手及踏步的细部构造及尺寸。

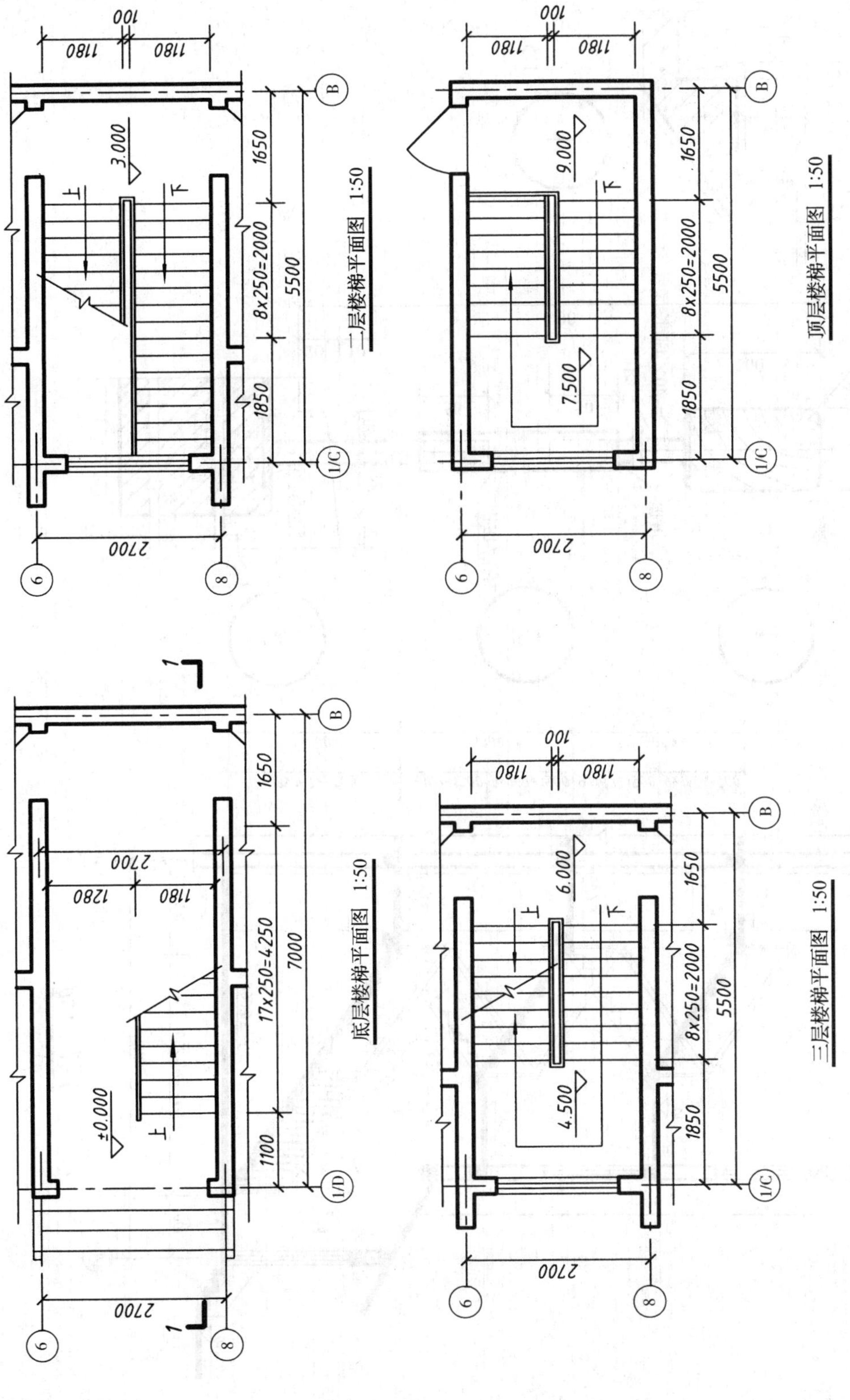

图 9-36 楼梯平面图详图

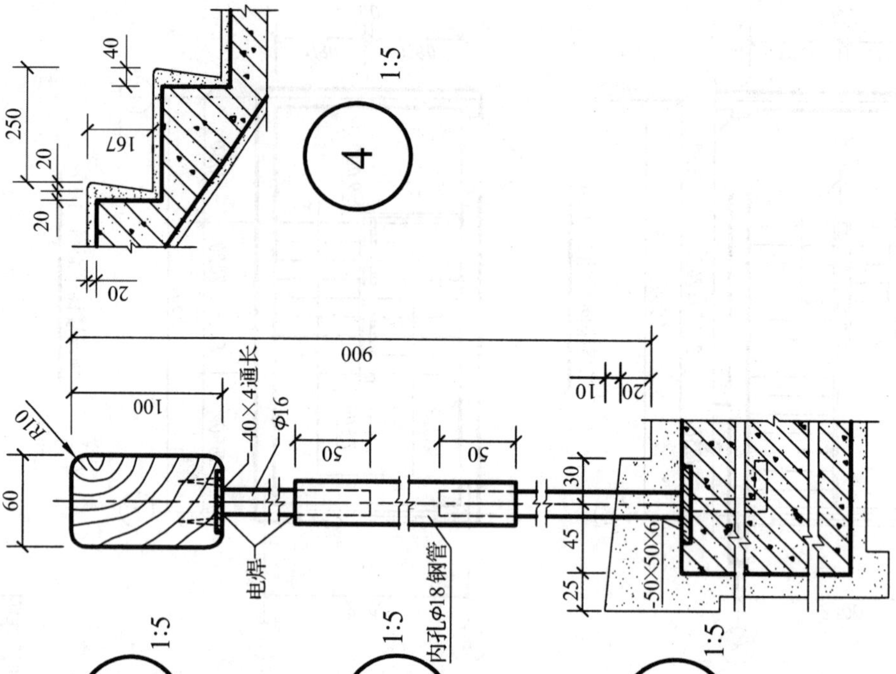

图9-38 楼梯节点详图

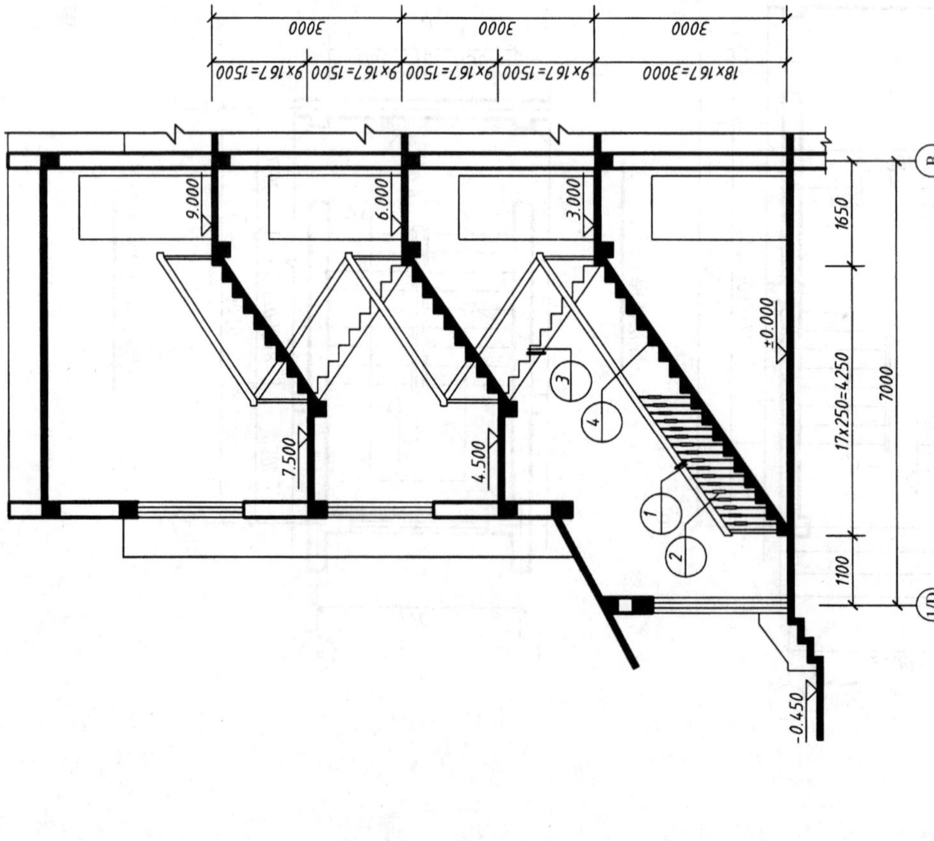

图9-37 楼梯剖视详图

三、外墙节点详图

外墙节点详图实际上是墙身的局部放大图,它可采用剖视图或断面图表示,详尽地表达了墙身从底部防潮层到屋顶的各主要节点的构造和做法。

外墙节点详图一般有标准图集可用。如图 9-39 所示是女儿墙排水节点详图。

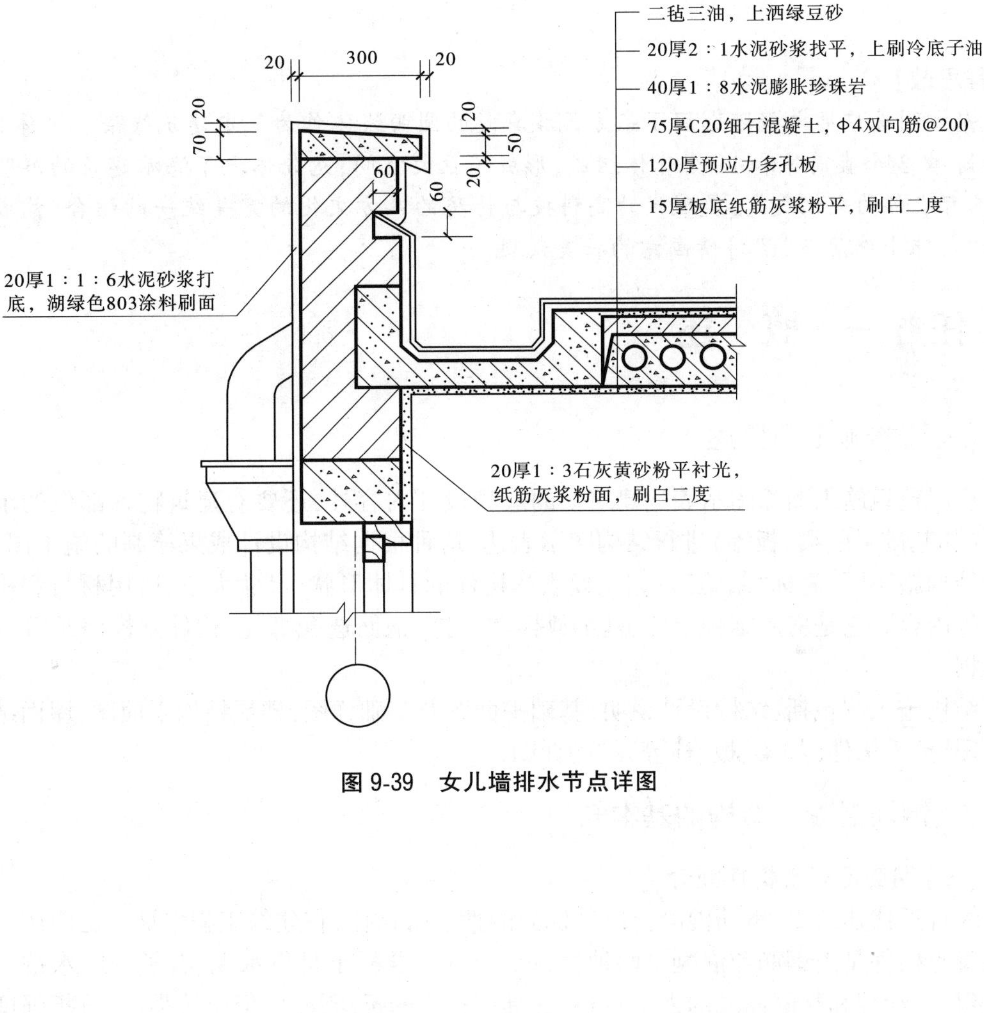

图 9-39　女儿墙排水节点详图

项目十　结构施工图

【课程思政】

东方明珠广播电视塔选用了东方民族喜爱的圆曲线体作为基本建筑线条。主体由3个斜筒体、3个直筒体和11个球体组成,形成了巨大空间,充分体现了海派建筑的鲜明特色,具有浓郁的文化气息,是现代的高科技与传统的东方文化的完美统一的结合,构成了充满“大珠小珠落玉盘”诗情画意的壮美景观。

任务一　概　述

一、结构施工图概述

房屋建筑施工图除图示表达建筑物的造型设计内容外,还要对建筑物各部位的承重构件(如基础、柱、梁、板等)进行结构图示表达,这种根据结构设计成果绘制的施工图样,称为结构施工图,简称“结施”。它主要表达构件的具体形状、尺寸大小、所用材料和构件布置等内容。它是房屋结构定位、基坑放样和开挖、钢筋选配绑扎、构件立模浇筑等的重要依据。

结构施工图包括:结构设计说明,基础平面图及基础详图,楼层结构平面图,屋面结构平面图,承重构件(如梁、板、柱等)结构详图。

二、钢筋混凝土结构的基本知识

(一)钢筋混凝土构件简介

综观近代建筑史,钢筋混凝土以其优异的性能价格比,在建筑工程中被广泛应用。钢筋混凝土构件是由钢筋和混凝土两种材料组成的。混凝土是将水泥、石子、砂、水按一定配比组合,经拌和凝固而成的人工石料,它具有较高的抗压强度,但抗拉强度、抗折强度偏低,一般仅为抗压强度的1/20~1/10,因此单纯的混凝土构件在受到弯、折应力作用时容易断裂,为了提高构件的抗拉强度,在混凝土构件的受拉区域内加入钢筋,就形成了钢筋混凝土构件。钢筋混凝土构件根据其制作工艺分为现浇构件和预制构件。为了提高构件的抗裂性,还可制成预应力钢筋混凝土构件。

(二)钢筋的分类和作用

如图10-1所示,配置在钢筋混凝土构件中的钢筋,按其作用可分为以下几种。

(1)受力钢筋:主要用于构件中承受拉、压应力,分为直筋和弯起筋。

(2)架立钢筋:起架立作用,用来固定梁内受力钢筋和箍筋位置。

(3)箍筋:用来固定受力钢筋的位置,并承受部分斜拉应力。

(4)分布钢筋:用于板内受力钢筋固定,且与板内受力钢筋垂直分布,形成均匀整体受力。

(三)钢筋的弯钩和保护层

为了提高钢筋与混凝土的黏结力,通常在钢筋两端做成半圆形弯钩或直弯钩,称钢筋的锚固弯钩。钢筋弯钩的形式如图 10-2 所示。

为防止外界因素引起钢筋的锈蚀,并增加钢筋与混凝土结合的整体性,在结构表面与钢筋之间留有一定厚度的混凝土,称钢筋的保护层,具体数值可查阅有关设计规范。

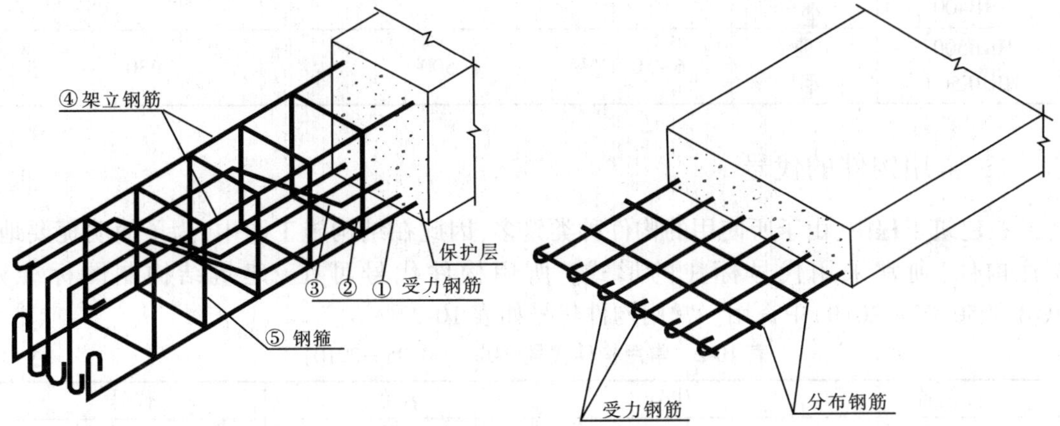

(a)矩形梁　　(b)盖板

图 10-1　钢筋的种类

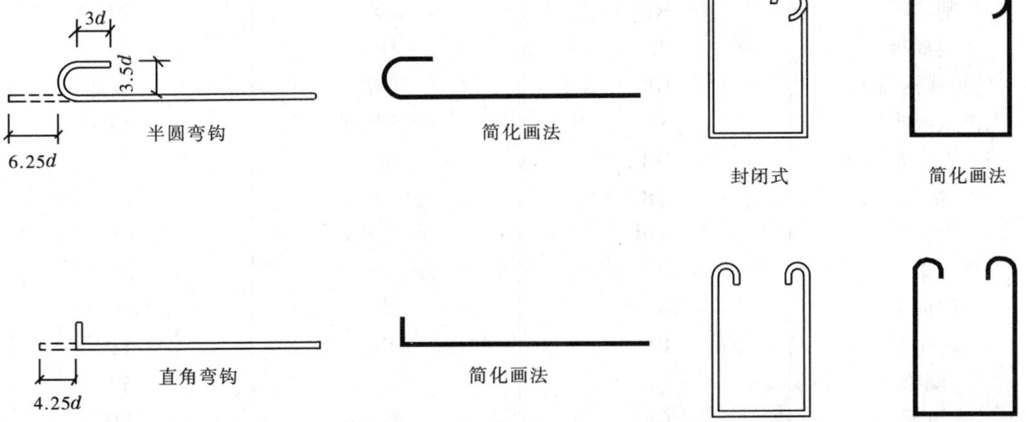

(a)受力筋的弯钩　　(b)箍筋的弯钩

图 10-2　钢筋弯钩的形式

(四)钢筋的符号

由于钢筋的生产工艺不同,因此钢筋的品种繁多,其力学性能也各异。表10-1所示为普通钢筋强度标准值。

表10-1　普通钢筋强度标准值

牌号	符号	公称直径 d/mm	屈服强度标准值 f_{yk}/(N/mm²)	极限强度标准值 f_{stk}/(N/mm²)
HPB300	Φ	6~14	300	420
HRB400 HRBF400 RRB400	$\underline{\Phi}$ $\underline{\Phi}^{F}$ $\underline{\Phi}^{R}$	6~50	400	540
HRB500 HRBF500	$\underline{\overline{\Phi}}$ $\underline{\overline{\Phi}}^{F}$	6~50	500	630

三、常用构件的代号

在建筑工程中,由于所使用的构件种类繁多,因此在结构施工图中,为了简明扼要地标注构件,通常采用代号标注的形式。所用构件代号可在《建筑结构制图标准》(GB/T 50105—2010)中查用。常用构件代号如表10-2所示。

表10-2　常用构件代号(GB/T 50105—2010)

名称	代号	名称	代号
板	B	屋架	WJ
屋面板	WB	托架	TJ
空心板	KB	天窗架	CJ
槽形板	CB	框架	KJ
折板	ZB	刚架	GJ
密肋板	MB	支架	ZJ
楼梯板	TB	柱	Z
盖板或沟盖板	GB	基础	J
挡雨板或檐口板	YB	设备基础	SJ
吊车安全走道板	DB	桩	ZH
墙板	QB	柱间支撑	ZC
天沟板	TGB	垂直支撑	CC
梁	L	水平支撑	SC
屋面梁	WL	梯	T
吊车梁	DL	雨篷	YP
圈梁	QL	阳台	YT
过梁	GL	梁垫	LD
连系梁	LL	预埋件	M
基础梁	JL	天窗端壁	TD
楼梯梁	TL	钢筋网	W
檩条	LT	钢筋骨架	G

注:预应力钢筋混凝土构件的代号,应在上列构件代号前加“Y”。

四、构件标准图集

在建筑设计中，有大量的钢筋混凝土构件采用定型设计构件，为此国家及各地区都编制了定型构件的标准施工图集，以方便设计人员设计时引用或查阅。由于各地区对钢筋混凝土构件的表示方法不尽相同，使用时应注意查阅当地的构件标准图集。

例如：图 10-3 所示 5YKBⅡ549-2，该标注表示 5 块预应力(Y)空心板(KB)长 5400 mm，宽 900 mm，荷载等级二级(200 kg/m^2)。

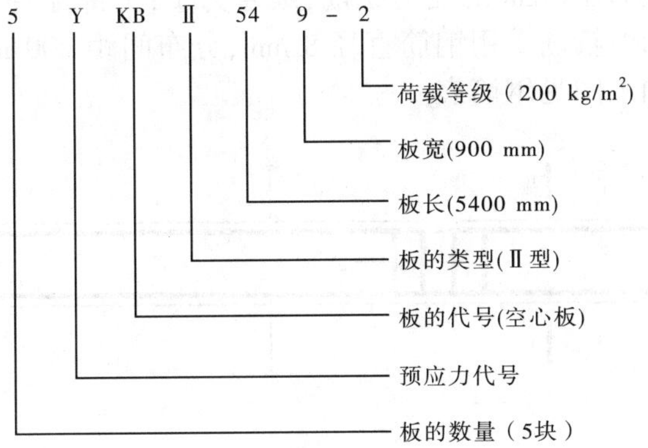

图 10-3　预制空心板编号注释

任务二　钢筋混凝土结构图

一、概述

钢筋混凝土结构图由模板图、配筋图、预埋件详图和钢筋明细表组成。它充分表达了钢筋混凝土构件的外形、尺寸、钢筋的配置，预埋件和预留孔洞的大小和位置。在建筑结构中，主要钢筋混凝土构件是梁、板、柱。

钢筋混凝土结构图的图示方法应根据钢筋混凝土构件的具体特征，主要采用钢筋混凝土构件平面图、立面图和断面图等图示表达。

在钢筋混凝土构件详图中，构件外形轮廓采用细实线表示，通常省略混凝土图例，而构件中所选配的钢筋采用粗实线或黑圆点表示，同时还应标注出钢筋的编号、代号、直径、根数、间距等。在构件详图中，为了区分各种类型的配筋，除需要清楚地表达钢筋混凝土构件的外形和配筋情况外，还应在标注时对构件中所配钢筋加以编号。编号原则是：相同的钢筋(形状、规格、尺寸相同)只编一个号；先受力筋(先直筋后弯筋)，后架立筋或分布筋，再箍筋等，并按自下而上、从左向右顺序编号。编号标注的方法：结构配筋在图中各类钢筋合适的部位上，用带箭头的细实线引出，并在引出线尾端画一个直径为 6 mm 的细实线圆，用阿拉伯数字将钢筋编号注写在圆中。

如标注 2 Φ 16②，②表示钢筋的编号为 2 号；2 Φ 16 表示 2 根直径 16 mm 的钢筋。又如标注Φ 6@ 200，@ 为钢筋间的间距代号，表示直径 6 mm 的钢筋间距 200 mm。

二、钢筋混凝土梁

(一)梁结构图的一般表示法

在建筑结构中采用了大量的钢筋混凝土梁,其所处部位不同,作用和代号也不尽相同,见表10-2。梁的配筋图通常由立面图、断面图、钢筋详图或钢筋明细表组成。

如图10-4所示是钢筋混凝土简支梁的配筋图,该梁的配筋图由立面图、断面图、钢筋表组成。图10-4中所示,梁的两端简支在砖墙上,梁的跨度4500 mm,断面400 mm×250 mm,下部配置3根直径为18 mm的受力钢筋,编号为①;上部配置2根直径为12 mm的钢筋作架立筋,编号为②;箍筋采用钢筋直径8 mm,分布间距200 mm,编号为③,并全梁均匀分布。梁的钢筋加工图见钢筋表。

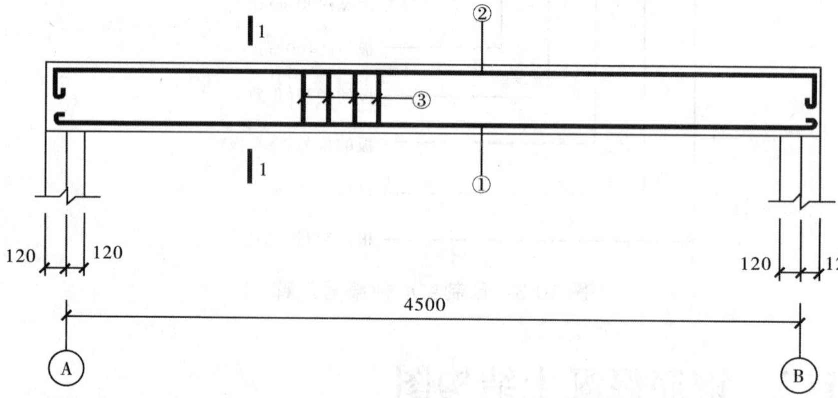

立面图

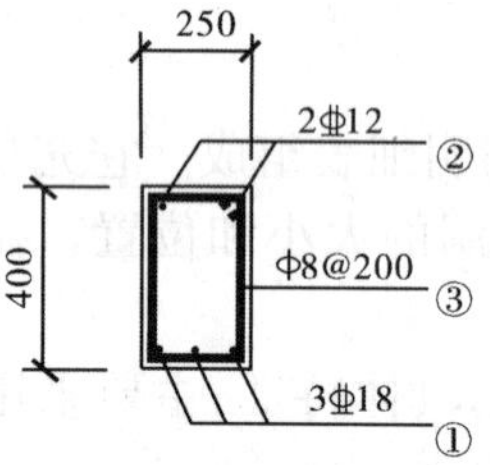

1—1

钢筋表

编号	型式	直径	长度	数量	备注
1	120 4696 120	Φ18	4936	3	
2	150 4696 150	Φ12	4990	2	
3	350 210	Φ8	1330	23	

图10-4　简支梁配筋图

在梁的配筋图中,如果梁采用的比例较大,画出的梁很长,则梁可以折断表示。箍筋均匀分布时,可采用简化画法,只需画出部分箍筋。断面图的数量应根据梁的断面变化情况决定,梁内配筋不同的断面均应画断面图。梁的配筋图一般应按比例绘制,必要时纵横两个方向可取不同比例,即可将横向比例适当放大。

(二)梁结构图的平面整体表示法

钢筋混凝土梁的配筋图,除传统的逐个表示法外,近年来出现了一种平面整体表示方法,由于它具有图示表示简便、效率高、减少大量的重复标注等优点,目前正在被广泛采用。

梁的平面注写表示法,是在梁平面布置图上,采用平面注写的方式或截面注写的方式表达。平面注写的方式是在梁的平面布置图上,分别在不同编号的梁中各选一根梁,通过在其上注写截面尺寸和配筋具体数值的方式来表达。平面注写包括集中标注和原位标注,集中标注表达梁的通用数值,其内容包括梁编号、梁截面尺寸、梁箍筋、梁上部贯通筋或架立筋、梁顶面标高高度差。当集中标注中的某项数值不适用于梁的某部位时,则将该项数值原位标注,原位标注是表达梁各部分的特殊值,如梁支座处上部纵筋、梁下部纵筋、侧面纵向构造或抗扭纵筋、附加箍筋或吊筋等。施工时,原位标注取值优先。

截面注写方式与传统方式相同,是在梁的平面布置图上,在选定的部位标注截面位置和编号,并在图中适当的位置画出该截面的配筋详图,如图 10-5 所示。具体方法如下:

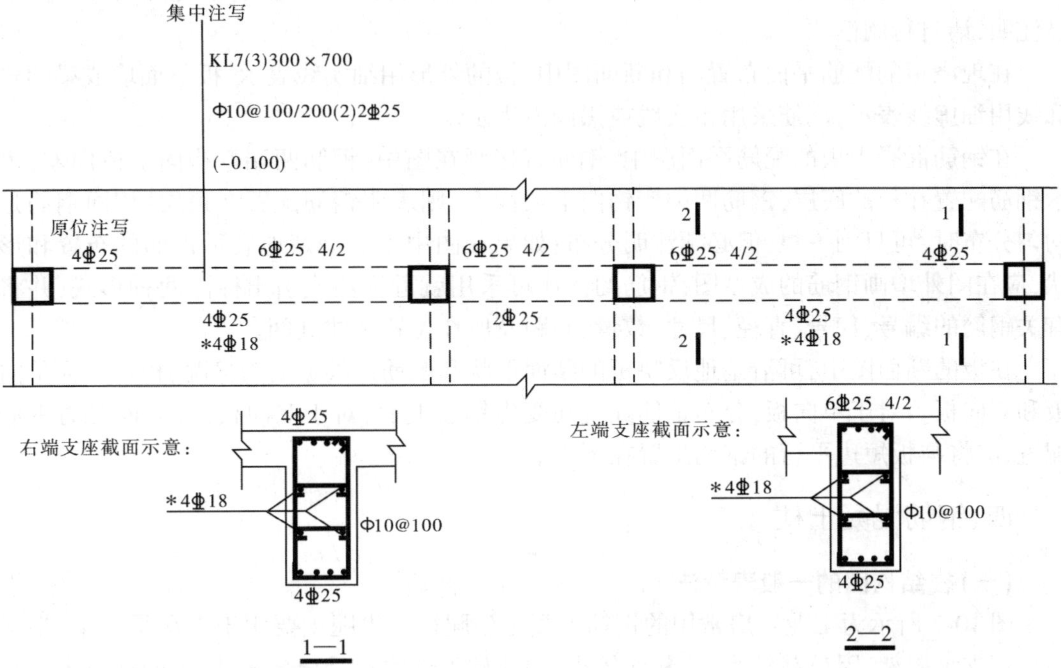

图 10-5 多跨梁的平面注写法

(1)用索引线将梁的通用数值引出,在跨中集中标注一次。

(2)梁的特殊值直接注写在梁的原部位。

(3)纵向钢筋多于一排时,从外向里将各排纵筋用"/"分开,例如:6 ⏀ 254/2 表示纵向钢筋有两排,外排 4 ⏀ 25,内排 2 ⏀ 25。

(4)同排纵筋为两种直径时,用"+"相连,角部纵筋写在前面,例如:2 ⏀ 25+2 ⏀ 22 表示 2 ⏀ 25 放在角部,2 ⏀ 22 放在中部。

(5)梁上部纵筋全部拉通时,可仅在上部跨中标注一次。

(6)当梁中间支座两边的上部纵筋不同时,须在支座两边分别标注;如相同,可仅在支座的一边标注,另一边可省略不注。

(7)梁侧面抗扭钢筋前加"*"号,例如:*4 ⏀ 18 表示梁两侧各有 2 ⏀ 18 的抗扭纵筋。

(8)梁箍筋应标注直径、级别、加密区与非加密区间距和肢数,加密区与非加密区的不同间距用"/"线分隔,例如:Φ 10 @ 100(4)/200(2)表示箍筋采用钢筋直径 10 mm,加密区间距为 100 mm,四肢箍;非加密区间距为 200 mm,两肢箍。

(9)附加箍筋或吊筋直接注在平面图主梁支座处,与主梁的方向一致,用"()"区别于其他钢筋。例如:(6Φ8+2Ф16)表示主梁支座处每侧加3Φ8的箍筋、2Ф16的吊筋。

(10)当梁顶与板顶有标高差时,须在“( )”中注写。例如:(0.100)表示梁顶和板的高差0.1 m。

三、钢筋混凝土板

钢筋混凝土板根据形成工艺分为钢筋混凝土现浇板和预制板。

钢筋混凝土板的配筋图由钢筋平面布置图、断面图和钢筋详图组成。

图10-6所示是钢筋混凝土楼板,该板为双向受力板,其外形、配筋情况和尺寸在图中已注明,请自行阅读。

在现浇板的配筋平面布置图和断面图中,板的外形用细实线表示,板下面墙或梁的轮廓线用细虚线表示,钢筋采用粗实线或黑圆点表示。

在钢筋混凝土板的配筋平面图中,钢筋直接画在图中;钢筋两端弯钩向上或向左,表示钢筋配置在板的底层,钢筋两端弯钩向下或向右,则表明钢筋配置在顶层;相同钢筋是均匀分布时,可只画一根,但必须注明分布;如果在图中不能清楚地表示钢筋的布置和形状,应在图外增画钢筋的成型图;钢筋的标注可采用就近标注或引出标注两种形式,并将有关钢筋的编号、代号、直径、尺寸、数量、间距及所在位置标注其间。

在板的断面图中,可清楚地反映板的断面形状和配筋。根据受力情况,板可分为单向板和双向板。对于单向板,分布钢筋配置在受力钢筋上面;对于双向板,其双向受力钢筋配置,应将与板短边平行的钢筋配置在下面。

四、钢筋混凝土柱

(一)柱结构图的一般表示法

图10-7所示为工业厂房常用的钢筋混凝土牛腿柱。牛腿主要用于支承吊车梁,牛腿柱上部支承屋架,因荷载较小,故断面较小,牛腿柱下部因承受全部荷载,故断面较大。柱的断面通常采用矩形,考虑到美观、节省材料等,也可做成工字形或圆形等。图10-7中上柱开矩形孔,下柱采用工字形结构断面。

钢筋混凝土柱的配筋图通常由立面图、断面图和钢筋成形图或钢筋明细表组成。

在柱的配筋立面图和断面图中,柱的外形轮廓用细实线表示,钢筋用粗实线或黑圆点表示。图10-7中表达了柱的外形和各部位尺寸,钢筋的编号、代号、形状、数量和布置,以及断面图的剖切位置和断面图等,并在钢筋明细表中列出了各种钢筋的编号、代号、直径、形状、数量、尺寸等。

(二)柱的平面整体表示法

柱的平面整体表示法是在柱的平面布置图上采用列表注写方式或截面注写方式表达。

列表注写方式是在柱的平面图上,对相同的柱统一编号,并选择一个或几个截面标注几何参数代号,且在柱表中注写柱号、柱段起止标高、几何尺寸(含柱截面与轴线的偏心情况)与配筋的具体数值,同时配以各种柱截面形状及其配筋类型图,柱端箍筋加密区与柱身非加密区的间距用“/”分隔,如图10-8(a)所示。

柱的截面注写方式是在柱平面布置图的柱截面上,分别在同一编号的柱中选择一截

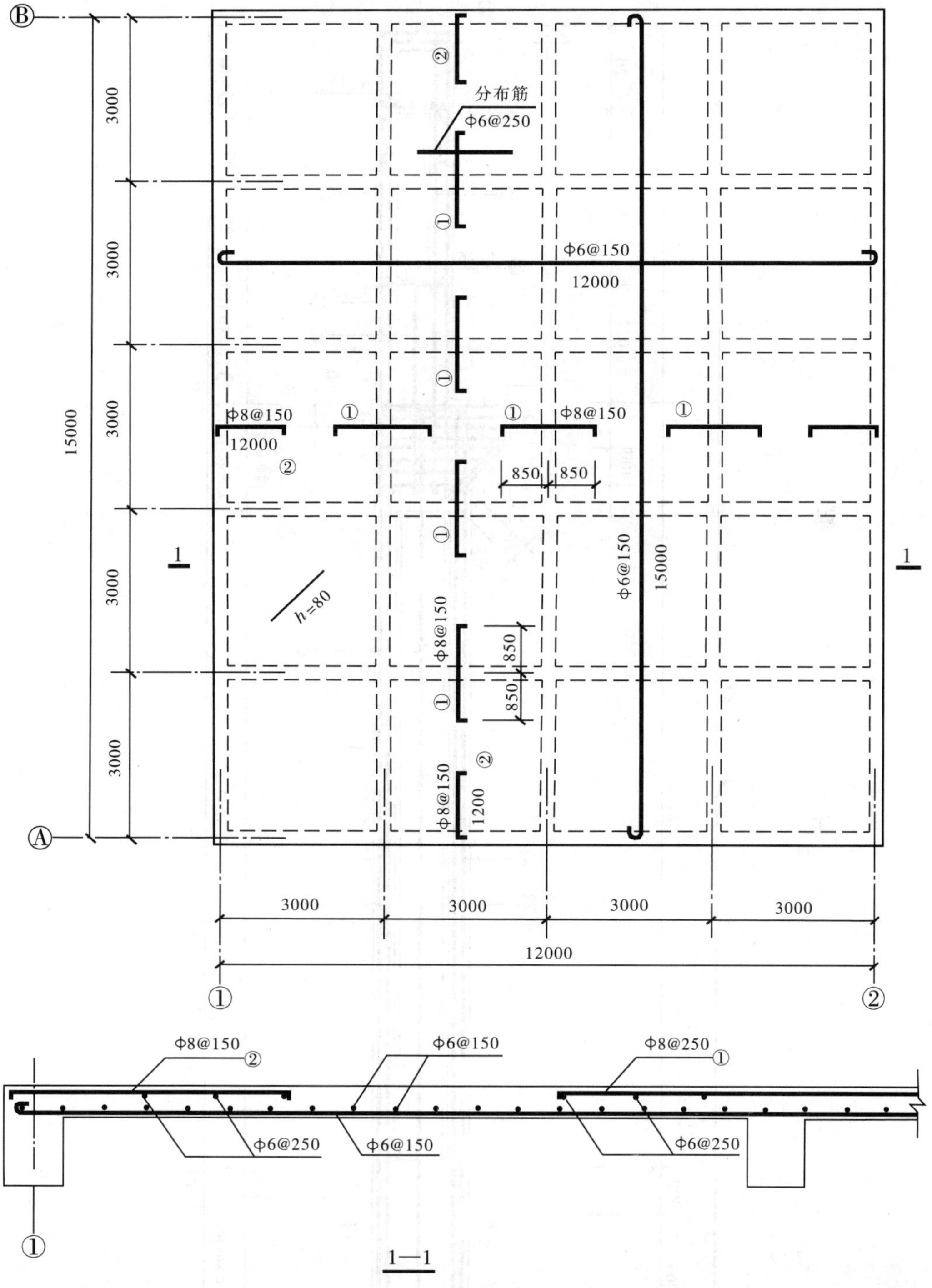

图 10-6 某楼板配筋图

面，原位适当放大绘制柱的截面配筋图，并在配筋图上引出标注，其标注内容为柱编号、截面尺寸、角筋或全部纵筋、箍筋和柱截面与轴线等几何参数，如图 10-8(b)所示。

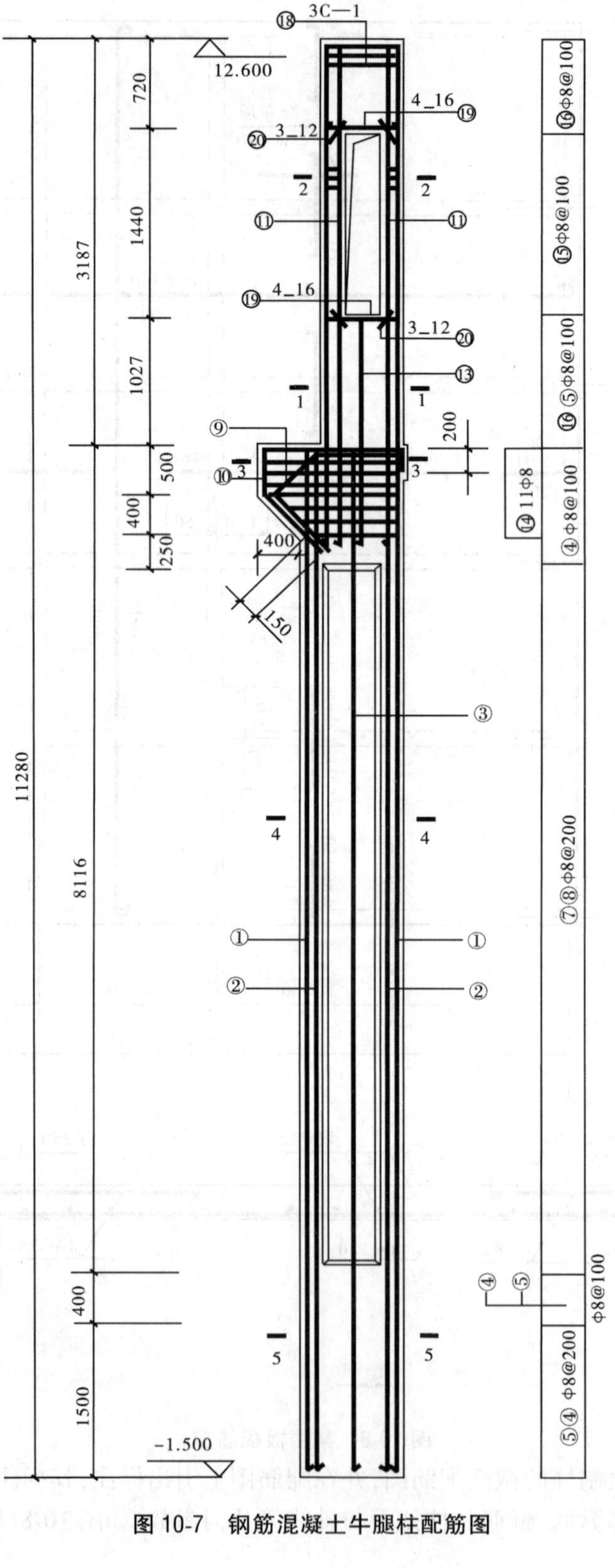

图 10-7　钢筋混凝土牛腿柱配筋图

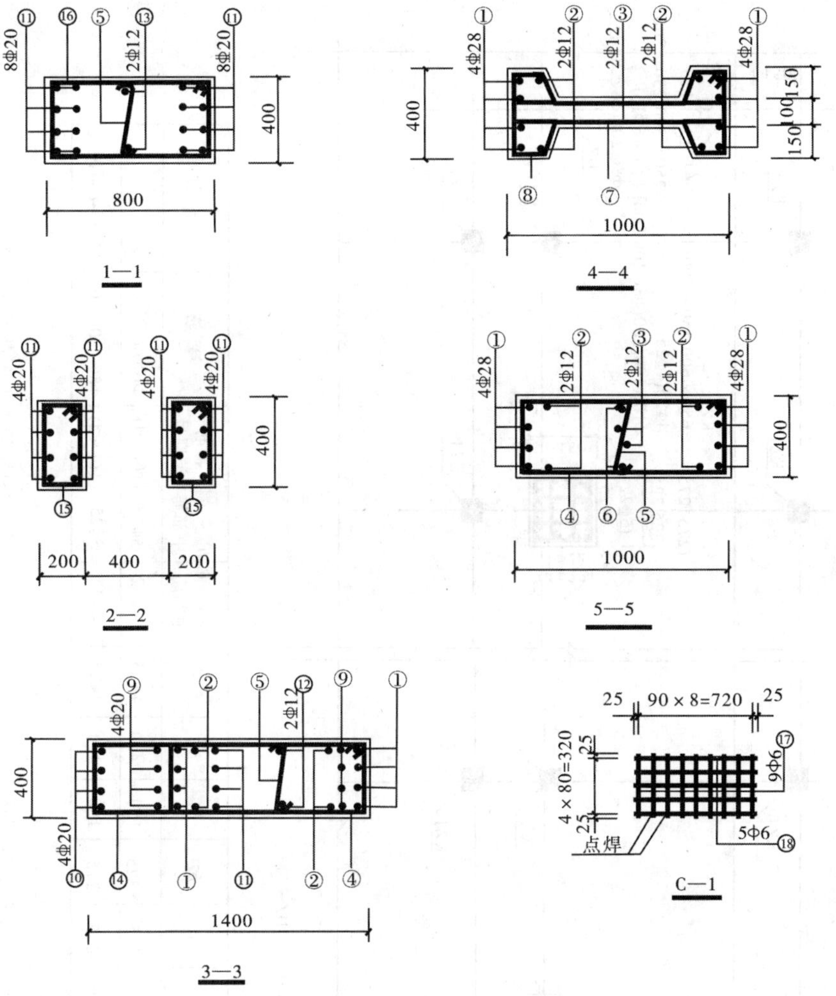

钢　筋　表									
编号	式样	直径	长度/mm	数量	编号	式样	直径	长度/mm	数量
1	10060	Φ28	10060	8	11	4860	Φ20	4860	16
2	10060	Φ12	10060	4	12	1150	Φ12	1150	2
3	6960	Φ12	6960	2	13	2160	Φ12	2160	2
4	350 950	Φ8	1700	23	14	350 1350~950	Φ8	3500	11
5	350	Φ8	450	36	15	150 350	Φ8	1100	10
6	1950	Φ12	1950	2	16	350 750	Φ8	2300	22
7	950	Φ8	950	70	17	370	Φ6	370	9
8	100 350 200	Φ8	950	70	18	770	Φ6	770	5
9	750 720 800 200	Φ20	2470	4	19	300 700	Φ16	1300	8
10	450 720 1340 200	Φ20	2710	4	20	370	Φ12	370	12

续图 10-7

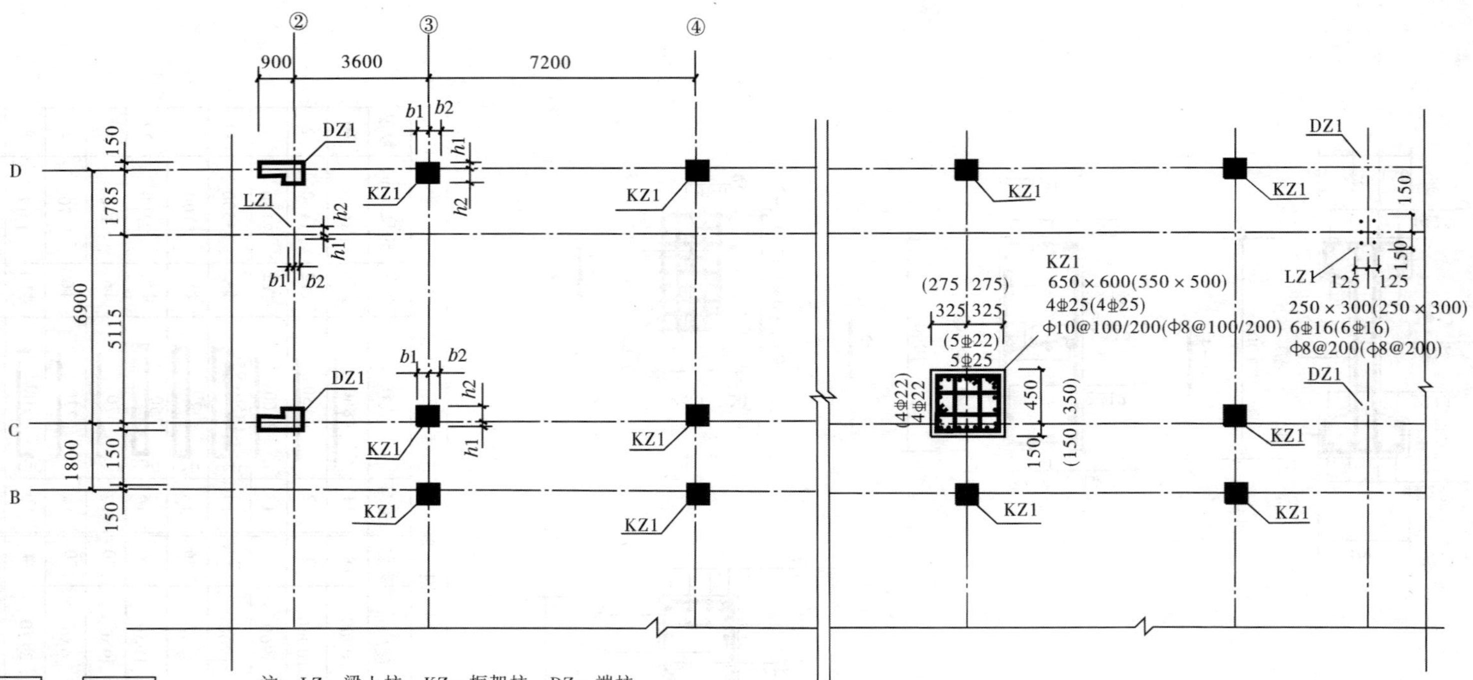

注：LZ—梁上柱，KZ—框架柱，DZ—端柱。

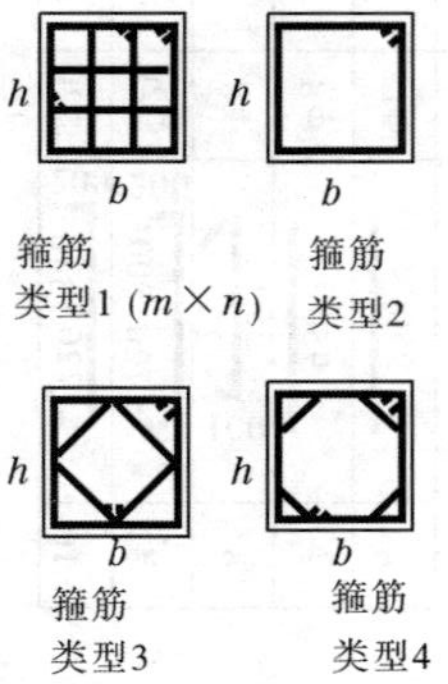

柱表

柱号	标高	b×h	b1	b2	h1	h2	角筋	h边一侧中部筋	b边一侧中部筋	箍筋类型号	箍筋	备注
KZ1	18.000~36.000	650×600	325	325	150	450	4ф25	4ф22	5ф25	1(4×4)	ф10@100/200	
	36.000~56.000	550×500	275	275	150	350	4ф25	4ф22	5ф25	1(4×4)	ф8@100/200	采用焊接封闭箍

(a)柱的施工图列表注写法　　(b)柱的施工图截面注写法

图10-8　柱的施工图平面表示法

任务三 基础平面图和基础详图

一、概述

基础是建筑物向地基传递全部荷载的重要承重构件。由于它的构造与房屋上部的结构形式和地基承载力有密切关系,故形式多样,常见的基础形式有条形基础和独立基础。

基础施工图是基础定位放样、基坑开挖和施工的主要依据,它主要由基础平面图和基础详图组成。

二、基础平面图

基础平面图是一种剖视图,是假想用一个水平剖切面,沿室内地面与基础之间将建筑物剖切开,再将建筑物上部和基础四周的土移开后所作出的水平投影。基础平面图主要内容包括:基础的平面布置、定位轴线位置、基础的形状和尺寸、基础梁的位置和代号、基础详图的剖切位置和编号等。

以条形基础为例,在基础平面图中,被剖切到的基础墙体,轮廓线采用粗实线表示,构造柱断面涂黑,基础底面外轮廓线采用细实线表示,而基础细部的可见轮廓线通常省略不画(如大放脚轮廓线等),各种管线及其出入口处的预留孔洞用虚线表示。除此之外,图中还应标注出基础各部分的尺寸。

基础平面图的定位轴线应与建筑施工图一致,比例也尽量相同。

画基础平面图时,应根据建筑平面图中的定位轴线和比例,确定基础的定位轴线,然后画出基础墙、基础宽度轮廓线等,同时标注基础的定位轴线、尺寸、基础详图的剖切位置线和编号。

图 10-9 反映了学生公寓的基础平面布置情况、基础底面的尺寸、基础详图的剖切位置和编号,以及构造柱和基础梁的位置和编号。请自行参照阅读。

三、基础详图

由于基础平面图只表示了基础的平面布置,而基础各部位的断面情况没有表达出来,为了给砌筑基础提供依据,就必须画出各部分的基础断面详图。

基础详图是一种断面图,是在基础合适的部位,采用假想的剖切平面垂直剖切基础所得到的断面图。为了清楚地表达基础的断面,基础详图的比例较大,通常取 1∶20、1∶30 绘制。基础详图充分表达了基础的断面形状、材料、构造、大小和埋置深度。

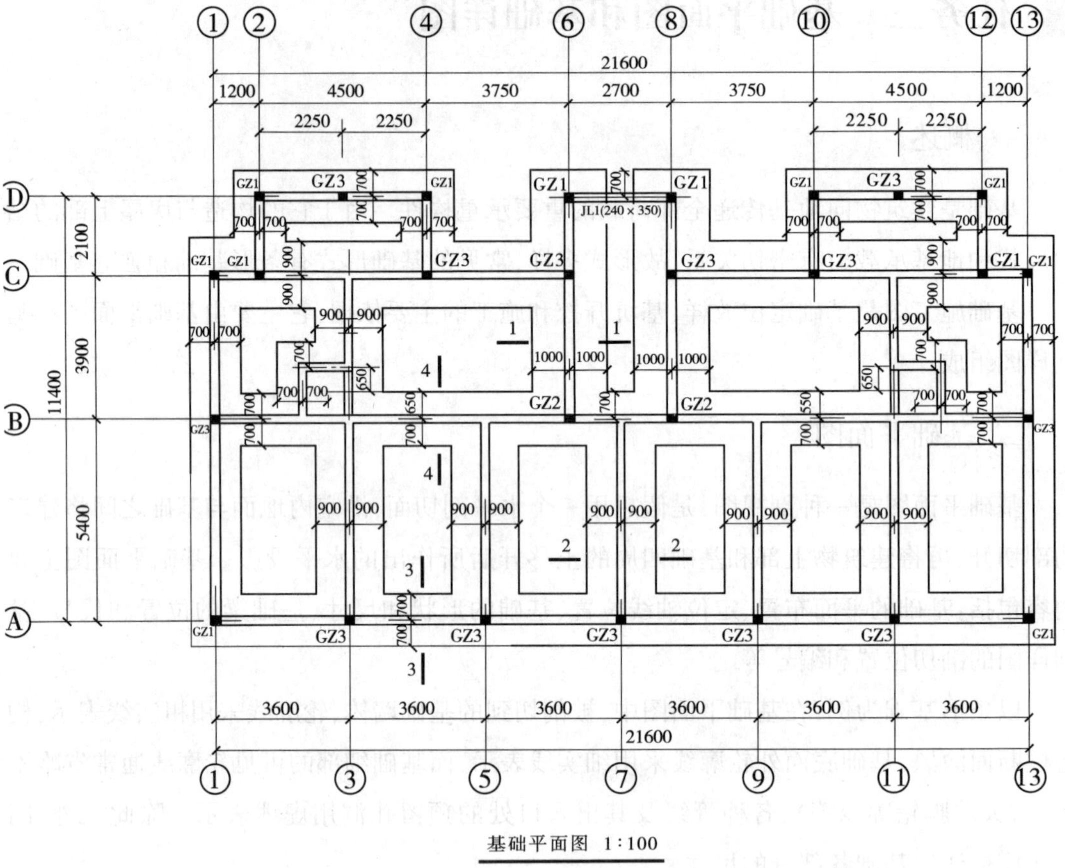

图 10-9　某学生公寓基础平面图

基础的断面形状与埋置深度应根据上部的荷载以及地基承载力而定。即使同一幢房屋,由于各处的荷载和地基承载力的不同,其基础断面的形式也不相同。对每一处断面不同的基础,都需要画出它的断面图,并在基础平面图上用剖切位置线表明该断面的位置。对条形基础断面形状和配筋形式较类似的,可采用通用基础详图的形式,通用详图的轴线符号圆圈内不注明具体编号。

基础详图的主要内容有:基础断面图中的定位轴线及其编号;基础断面结构、形状、尺寸、标高、材料以及配筋;基础梁(或圈梁)的尺寸和配筋;防潮层的位置等。

图 10-10 为某学生公寓基础详图,由于基础有多个不同的断面,其断面形状和配筋形式较类似,故采用绘制一个通用基础断面详图,并附有不同断面基础的配筋表,同时反映了该公寓基础断面的形状、尺寸、结构和定位轴线的位置。

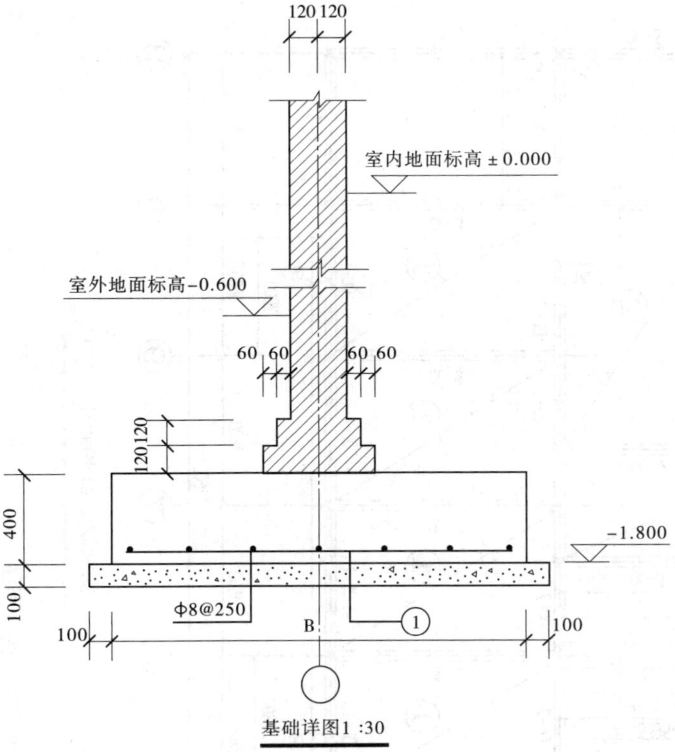

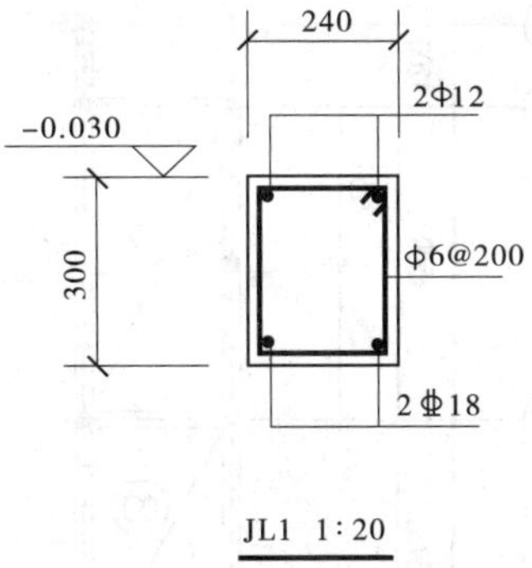

基础配筋表

B	基础底板配筋 ①
2000	Φ14@150
1800	Φ14@150
1400	Φ12@150
1350	Φ12@150

图 10-10 某学生公寓基础详图

任务四 楼层结构平面图

楼层结构平面图通常也称楼层结构平面布置图,用来表示楼面板及其下面的墙、梁、柱等承重构件的平面布置,以便清楚地反映各构件在房屋中的位置,以及它们之间的构造关系。楼层结构平面图的数量应根据各层楼面结构布置的具体情况确定,如果楼层结构布置情况相同,可只用一个楼层结构平面图表示,但应在图名中注明合用各层的层数,否则分层表示。

楼层结构平面图是一个水平剖视图,是假想用一个水平面紧贴楼面剖切形成的。图中被剖切到的墙体轮廓线用中实线表示;被遮挡住的墙体轮廓线用中粗虚线表示;楼板轮廓线用细实线表示;钢筋混凝土柱断面用涂黑表示;梁的中心位置用粗点画线表示。

图 10-11 为某学生公寓楼层结构平面图,请自行参照阅读。

楼层结构平面图的画法与建筑平面图的画法基本相同。

楼层结构平面图要求图中定位轴线、尺寸应与建筑平面图一致,图示比例也应尽量相同。各类钢筋混凝土梁、柱用代号标注,其断面形状、尺寸、材料和配筋等均采用断面详图的形式表示;现浇楼面板的形状、尺寸、材料和配筋等可直接标注在图中,对于配筋相同的

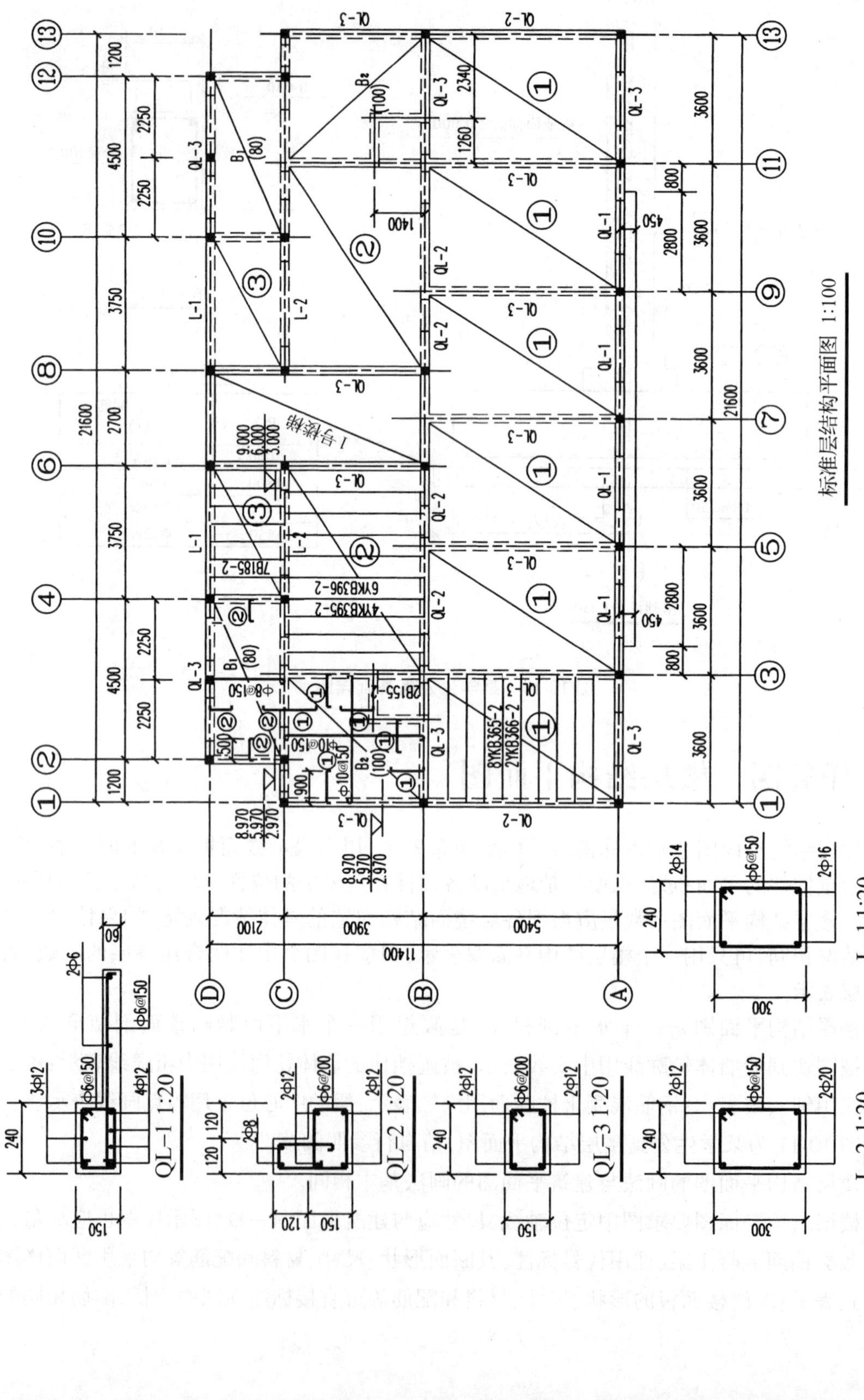

图10-11　某学生公寓楼层结构平面图

现浇板，只需标注其中一块，其余可在该板图示范围内画一细对角线，注明相同板的代号，从略表达；预制楼板则采用细实线图示铺设部位和方向，并画一细对角线，在上面注明预制板的数量、代号、型号、尺寸和荷载等级等，对于相同铺设区域，只需作对角线并简要注明；门窗过梁可统一说明，其余内容可省略。

钢筋混凝土构件（梁、板、柱）均采用国家标准规定的代号和编号标注，只要查看这些代号、编号和定位轴线就可以知道这些构件的位置和数量。

任务五　楼梯结构详图

楼梯结构详图主要由楼梯结构平面图、楼梯剖视图和楼梯结构配筋图组成，它主要表达了楼梯结构中的楼梯梁、楼梯板、踏步和楼梯平台等的布置、结构、形状、尺寸、材料和配筋等，是楼梯施工的重要依据。

一、楼梯结构平面图

楼梯结构平面图是一个沿楼梯梁顶面水平剖切后向下投影形成的剖视图。它主要表达内容是楼梯中的楼梯梁、楼梯板、踏步和楼梯平台等，图中反映了它们的平面布置、代号、尺寸及标高，详见图 10-12。

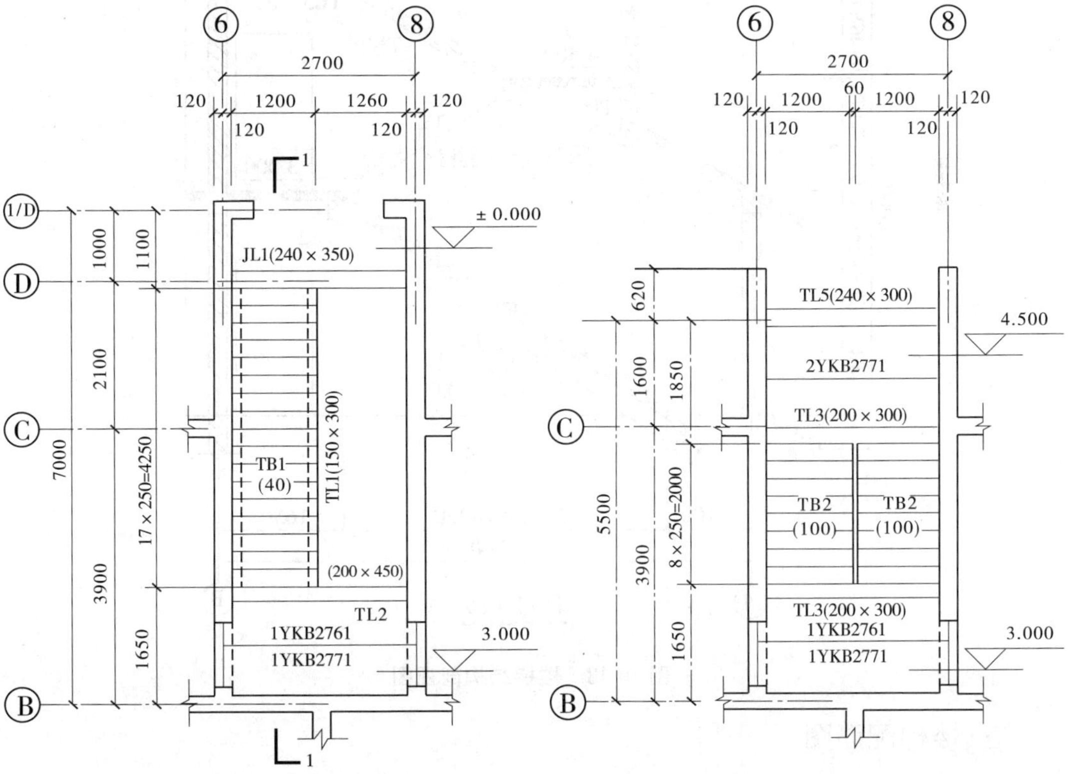

底层楼梯结构平面图　1:100　　　　二层楼梯结构平面图　1:100

图 10-12　某楼梯结构平面图

楼梯结构平面图的图示范围、定位轴线、表达方法等与楼梯施工图基本一致。图中不可见轮廓线用细虚线表示,可见轮廓线用细实线表示,砖墙的断面采用中粗实线表示。对于多层房屋,应画出每层楼梯的结构平面图,如几层的楼梯形式相同,可任取一层楼梯的结构平面图,作为标准层楼梯结构平面图。楼梯结构剖视图的剖切符号通常在底层楼梯结构平面图中表示。

图10-12为某楼梯结构平面图,反映了楼梯结构中楼梯梁、楼梯平台、楼梯板等的平面布置、尺寸、代号等,图中1—1反映了楼梯结构剖视图的剖切位置、投影方向和编号。

二、楼梯结构剖视图

楼梯结构剖视图是沿着楼梯结构横向剖切而形成的剖视图。它表达了楼梯各承重构件的竖向布置、构造、断面形状和连接关系。楼梯结构剖视图可兼作配筋图,当图中不能详细表示楼梯板和楼梯梁的配筋时,应用较大比例另画出配筋详图。图10-13为1—1楼梯结构剖视图,图中反映了在楼梯范围内的被剖切到的楼梯结构,以及未被剖切到的楼梯结构的情况,其他部位均省略表达。楼梯构件采用代号标注,为了清楚地表示楼梯结构断面,图中比例通常选用1:50、1:40、1:20等。

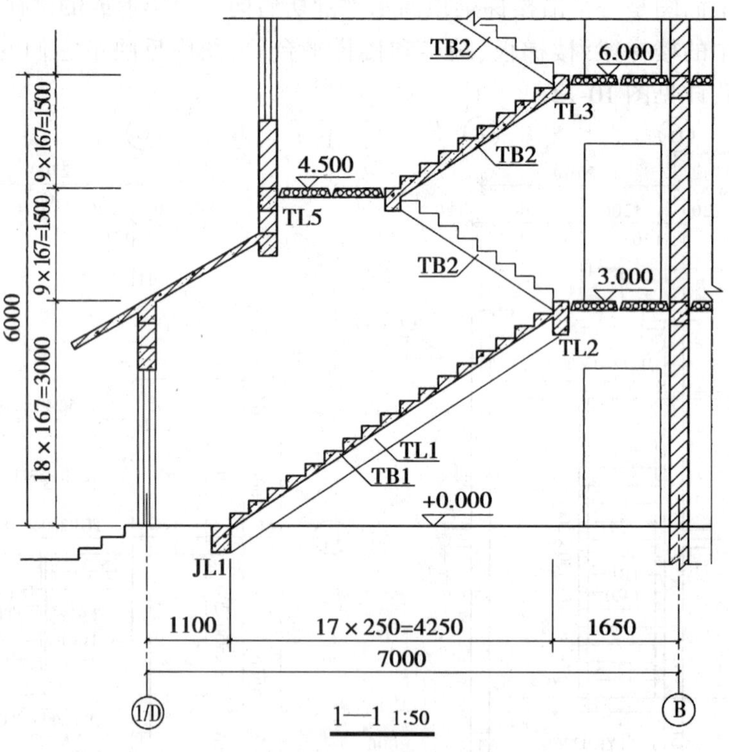

图10-13 楼梯结构剖视图

三、楼梯配筋图

楼梯配筋图是楼梯结构图中主要图样之一,它详细注明了楼梯各承重结构(如楼梯梁、楼梯板、楼梯平台等）的钢筋布置、形状、尺寸、代号、直径等。

楼梯配筋图通常由楼梯梁配筋图、楼梯板配筋图、楼梯平台配筋图等组成。图10-14为某学生公寓楼梯板TB和楼梯梁TL的配筋图。

在楼梯配筋图图示表达中，楼梯结构轮廓采用细实线表示，钢筋采用粗实线表示，钢筋断面采用黑圆点表示。如在配筋图中不能清楚地表达钢筋的布置和形状，应在配筋图外就近图示钢筋大样图，并标注钢筋的编号、数量、直径和尺寸。

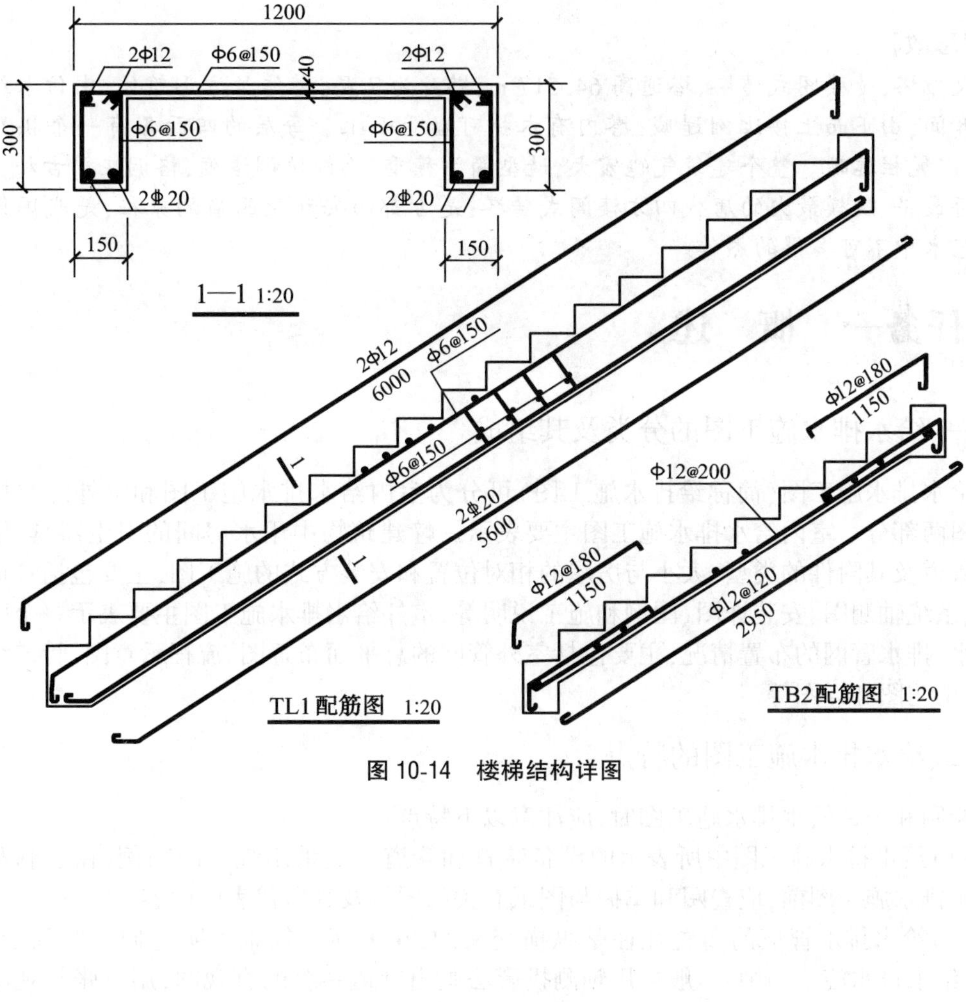

图10-14　楼梯结构详图

项目十一　给水排水施工图

【课程思政】

大雁塔,是楼阁式砖塔,塔通高 64.517 m,塔身为 7 层,塔体呈方形锥体,由仿木结构形成开间,由下而上按比例递减,塔内有木梯可盘登而上。每层的四面各有一个拱券门洞,可以凭栏远眺。整个建筑气魄宏大,造型简洁稳重,比例协调适度,格调庄严古朴。作为现存最早、规模最大的唐代四方楼阁式砖塔,是古都西安和陕西省的象征,是我国佛教建筑艺术中不可多得的杰作。

任务一　概　述

一、给水排水施工图的分类及其组成

给水排水施工图(简称给排水施工图)可分为室内给水排水施工图和室外给水排水施工图两部分。室内给水排水施工图主要表示一幢建筑物中用水房间的卫生器具、给水排水管道及其附件的类型、大小与房屋的相对位置和安装方式的施工图,主要包括管道平面图、系统轴测图、安装详图、图例和施工说明等;室外给水排水施工图主要表示一个区域的给水、排水管网的布置情况,主要包括室外管网的总平面布置图、流程示意图、管道纵剖面图、工艺图和详图等。

二、给水排水施工图的特点

绘制和识读给水排水施工图时,应注意以下特点:

(1)给水排水施工图中所表示的设备装置和管道一般采用统一的图例,在绘制和识读给水排水施工图前,应查阅和掌握与图纸有关的图例及其所代表的内容。

(2)给水排水管道的布置往往是纵横交叉的,在平面上较难表明它们的空间走向。因此,给水排水施工图中,一般采用轴测投影法画出管道系统的直观图,用一张直观图来表明各层管道系统的空间关系及走向,这种直观图称为管道系统轴测图,简称系统轴测图。绘图时,是根据各层平面布置图来绘制系统轴测图的。读图时,可把系统轴测图和平面布置图对照识读,这样就能较快地掌握给水排水施工图的内容。

(3)在识读给水排水施工图时,无论是给水系统,还是排水系统,都应按水的流向进行识读。如识读一幢房屋的室内给水系统图,首先找出进水的来源及房屋引入管,然后按一定的流向通过干管、支管,最后找出用水设备(洗脸盆、盥洗台、拖布池、高位水箱等);识读一幢房屋的室内排水系统图则可从用水设备(洗脸盆、拖布池、小便槽、大便器等)开始,沿污水流向,经支管、干管到排出管。上述顺序可归纳如下:

①室内给水系统：房屋引入管→水表井→干管→支管→用水设备。

②室内排水系统：排水设备→支管→干管→排出管。

(4)给水排水施工图中的管道设备安装应与土建施工图相互配合，尤其在预留洞口、预埋件、管沟等方面对土建的要求，需在土建施工图纸上有明确表示和注明。

三、给水排水施工图中常用图例

给水排水工程图中，除详图外，其他各类图示管道设备等一般采用统一图例来表示，现列出常用图例的一部分于表 11-1 中。

表 11-1 给水排水常用图例(摘自 GB/T 50106—2010)

序号	名称	图例	说明	序号	名称	图例	说明
1	管道	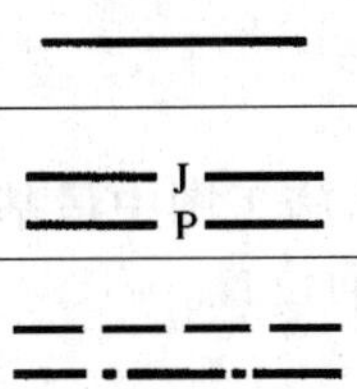	① ② ③	16	旋塞阀		
2	管道交叉	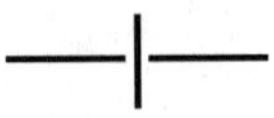	④	17	球阀		
3	三通连接			18	浮球阀		
4	四通连接			19	放水龙头	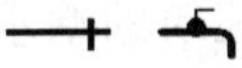	
5	管道立管	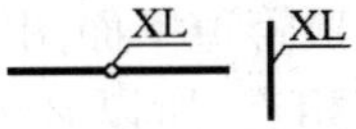	⑤	20	台式洗脸盆		⑥
6	存水弯			21	立式洗脸盆		
7	立管检查口			22	浴盆	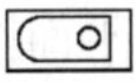	
8	清扫口	 平面 系统		23	带沥水板洗涤盆	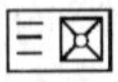	
9	通气帽			24	盥洗槽	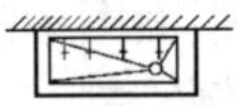	
10	雨水斗	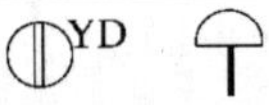		25	污水池		
11	排水漏斗	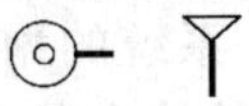		26	蹲式大便器	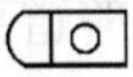	
12	圆形地漏	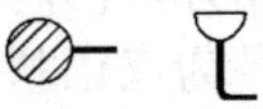		27	坐式大便器	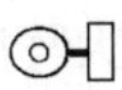	

续表 11-1

序号	名称	图例	说明	序号	名称	图例	说明
13	自动冲洗水箱			28	小便槽	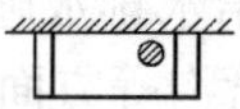	
14	闸阀			29	淋浴喷头	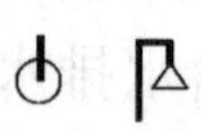	
15	截止阀			30	矩形化粪池	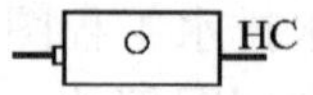	⑦

注:①用于一张图内只有一种管道;②用汉语拼音字头表示管道类别;③用图例表示管道类别;④管道交叉时将在下方和后方的管道断开;⑤X 为管道类别代号;⑥用于一张图内只有一种水盆或水池;⑦HC 矩形化粪池。

任务二　室内给水排水平面图

管道平面图(室内给水排水平面图)是给水排水施工图中最基本的图纸,它主要图示卫生器具、给水排水管道及其附件相对于房屋的平面位置。

一、管道平面图的图示特点

(一)管道平面图的比例

室内给水排水平面图一般采用与建筑平面图相同的比例,常采用1∶100的比例,必要时也可采用1∶50、1∶200或1∶150等比例。

(二)管道平面图的数量

多层建筑的给水排水平面图原则上应分层绘制,管道系统布置相同的楼层,管道平面图可以只绘制一个给水排水平面图,但底层管道平面图必须单独画出,一般应画完全的底层平面图。屋面上的管道系统和屋面排水应另画屋顶管道平面图。

由于底层管道平面图中的室内管道与户外管道相连,所以必须单独画出一个完整的底层管道平面图(见图11-1);各楼层管道系统的布置相同,可以合并绘制一个楼层管道平面图,如图11-2所示。

(三)管道平面图中的房屋平面图

在管道平面图中所画的房屋平面图,仅作为管道系统各组成部分的水平布局和定位的基准。因此,仅需抄绘房屋的墙身、柱、门窗洞口、楼梯、台阶等主要构配件,房屋的细部和门窗代号等均可略去。房屋平面图中的轮廓线均用细实线(0.25*b*)绘制。

(四)管道平面图中的图例

管道平面图中的图例均应按照《建筑给水排水制图标准》(GB/T 50106—2010)中所规定的图例绘制,常用图例见表11-1。其中除管道用粗线(*b*)绘制外,其余均用细实线(0.25*b*)绘制,给水管道用粗实线,排水管道用粗虚线。

(五)管道的类别代号和管道系统编号

在底层管道平面图中各种管道都要按系统编号。系统的划分:一般给水管道以每一个引入管为一个系统,排水管道以每一个承接排水管的检查井为一个系统。给水管道的类别代号为大写汉语拼音字母J,排水管道的类别代号为汉语拼音字母P(排水管道若分污水系统和废水系统,则其类别代号为W和F)。管道的类别代号写在系统编号直径为

10 mm 的细实线圆圈内的分子处，管道系统的编号写在圆圈内的分母处。例如：图 11-1 中$\frac{J}{1}$为第一个给水系统，$\frac{P}{2}$为第二个排水系统，其作用为管道系统的索引符号。

各种管道不论在楼面，还是在地面之上或地面之下，均按可见表示，按管道的规定线型画出，当管道在平面图上下投影重影时，可以平行画出。即使明装管道也可以画入墙内，但应说明管道系统是明装的。

给水系统中的引入管和排水系统中的排出管仅需在底层房屋管道平面图中画出，在楼层管道平面图中一律不画。

立管用直径为 3b 的细实线圆表示，并要表示立管的类别和代号，如图 11-1 中 JL-1 表示给水立管 1，PL-2 表示排水立管 2。

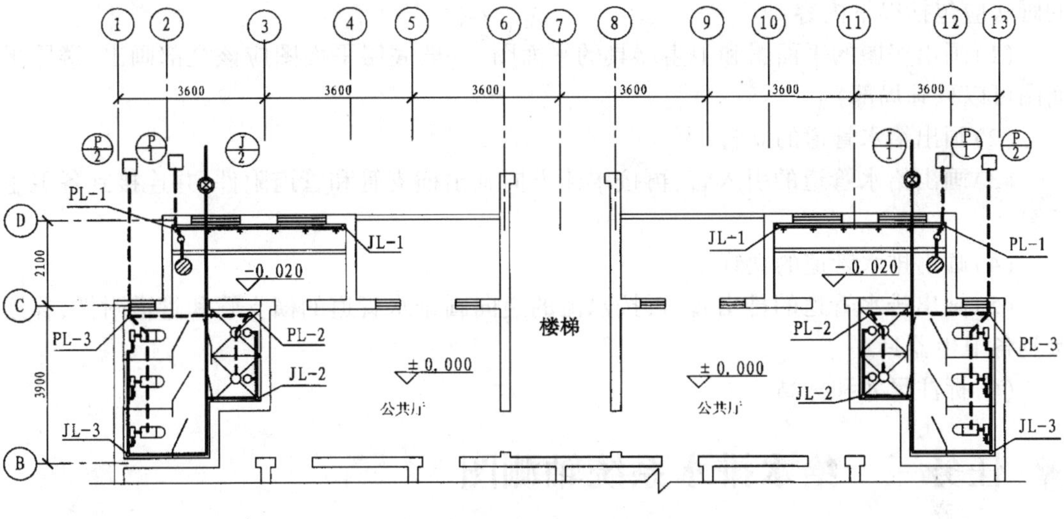

底层给水排水管道平面图 1:100

图 11-1 底层给水排水管道平面图

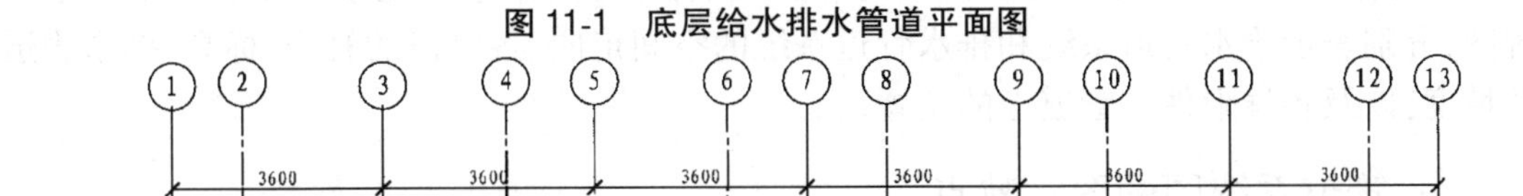

楼层给水排水管道平面图 1:100

图 11-2 楼层给水排水管道平面图

(六)管道平面图中的尺寸和标高

在给水排水管道平面图中应该标注墙或者柱的轴线的尺寸,以及室内外地面和楼面的标高。一般不标注卫生器具和管道的定位尺寸,因为卫生器具和管道一般都是沿墙或者靠柱设置的,必要时以墙面或柱面为基准标注尺寸,卫生器具的规格可注在引出线上,或在施工说明中说明。管道的管径、标高和排水管道的坡度均注在管道系统图中。管道的长度用比例尺从图中量出近似尺寸,在安装时则以实测尺寸为准,所以在管道平面图中也不标注管道的长度尺寸。

二、管道平面图的画法

给水排水施工图一般先画底层管道平面图,再画楼层管道平面图。各层管道平面图的画法应包括以下内容:

(1)画出房屋的平面图和卫生器具的平面图(一般底层平面图应该全部画出,楼层平面图可以只画局部)。

(2)画出给水管道的立管。

(3)画出给水管道的引入管,再按水流方向画出横支管和管道附件,并连接到各卫生器具。

(4)画出排水管道的立管。

(5)画出排水管道的排出管,再按水流的逆向画排水管道的横支管和管道附件,并连接到各卫生器具。

(6)标注尺寸和标高。

任务三　给水排水系统轴测图

管道系统图是给水排水施工图中的主要图纸,它分为给水管道系统图和排水管道系统图,分别表示给水管道系统和排水管道系统的空间走向、各管段的管径、标高、排水管道的坡度,以及各种附件在管道上的位置。

一、管道系统图的图示特点

(一)管道系统图的比例

管道系统图的比例一般采用与管道平面图相同的比例,当管道系统比较复杂时也可采用放大的比例放大画出,必要时也可不按比例绘制。总之,视具体情况而定,以能表达清楚管路情况为准。

(二)管道系统图的数量和管道系统图的符号

管道系统图的数量是按给水引入管和排水检查井的数量而定的。每一个管道系统图的符号都应与管道平面图中的系统索引符号相符,注写在直径为 14 mm 的粗实线圆圈内,各管道系统图一般应按系统分别绘制。

(三)管道系统图的轴向和伸缩系数

管道系统图均采用斜等测即正面斜轴测图绘制,在图 11-3 和图 11-4 中 O_1X_1 轴处于

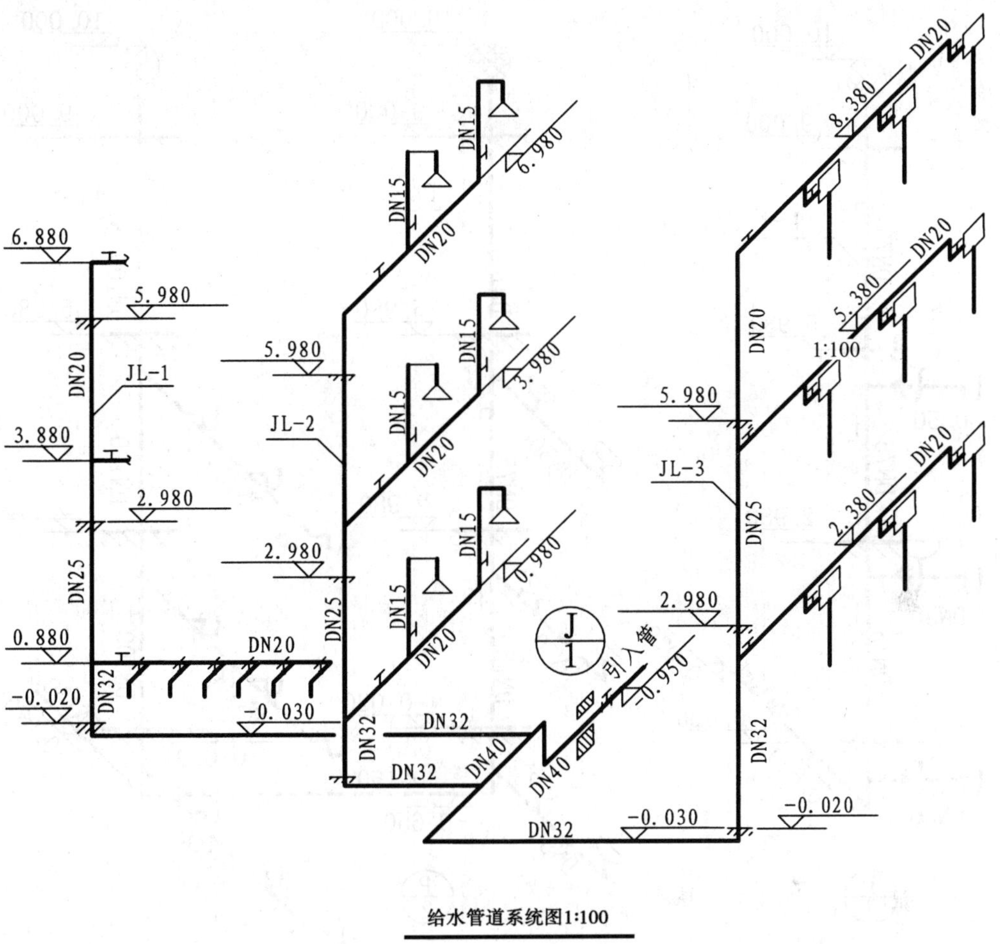

图 11-3　给水管道系统图

水平方向，O_1Z_1 轴处于铅垂方向，O_1Y_1 轴一般与水平方向成 45°（或与水平方向呈 30°或 60°）。三个轴向的伸缩系数均为 1。根据正面斜轴测图的性质，在管道系统图中凡是与三个轴向平行的线段均反映实长。

在管道系统图中的管道及其附件均需遵照《建筑给水排水制图标准》（GB/T 50106—2010）中规定的图例，并按照轴测图的规律画出，当空间的交叉管道在图中相交时，应将不可见的管道在相交处断开，当给水管道被遮挡时，用粗虚线画出，但此虚线的线段比排水管道粗虚线的线段要短一些。当管道比较集中，不易表达清楚时，可将管道断开并沿管道的轴线移开画出，而在管道的断开轴线处用细点画线连接。

（四）管道系统图中墙、地面和楼面的画法

在管道系统图中还应画出被管道穿过的墙、柱、地面、楼面和屋面，如图 11-3 和图 11-4 所示，图中被管道穿过的墙、地面、楼面和屋面均用细实线画出其断面。

（五）管道系统图中的管径和标高

各种管段的公称直径称为管径（DN），都注在管段的旁边，当位置受限制时也可注在

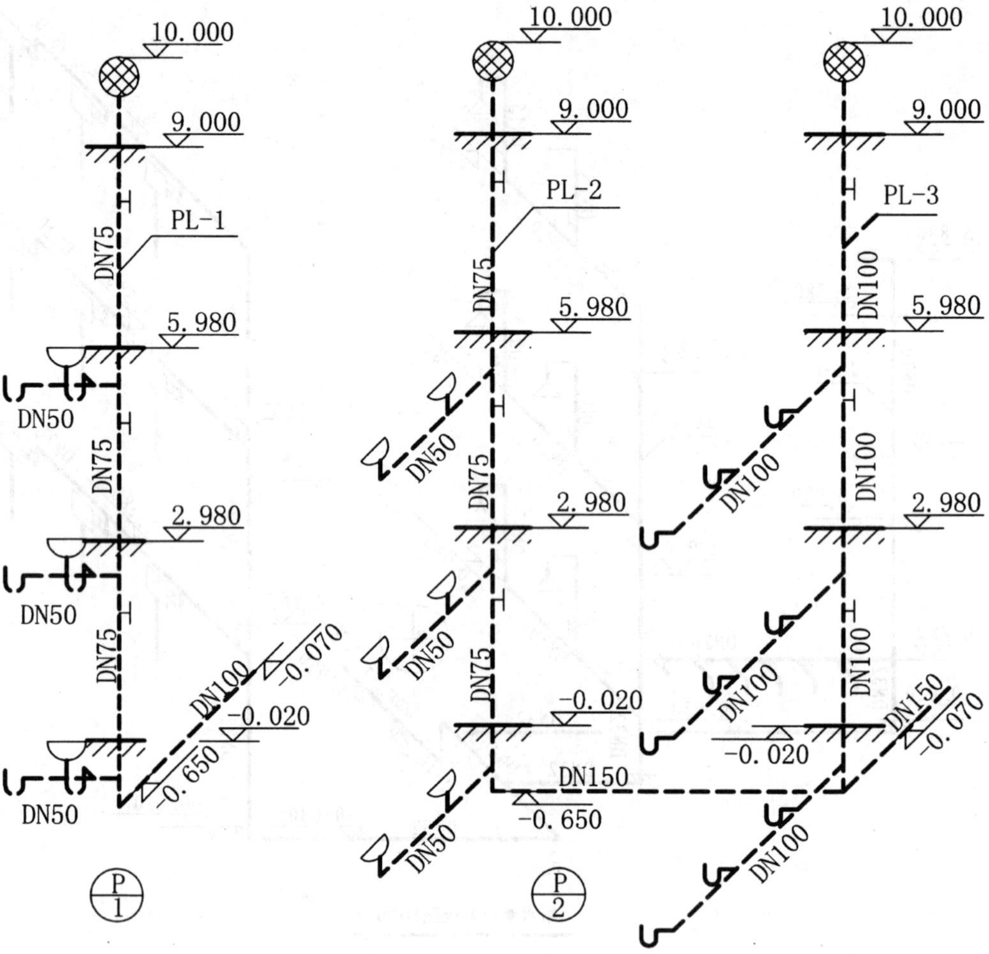

给水管道系统图1:100

图 11-4　排水管道系统图

管段的引出线上。管道的管径要逐段注出,当管径相同时,可仅注在该管段的始末处,中间管段可省略不注。

凡有坡度的排水横管还要注出坡度(给水横管没有坡度)。坡度注在排水横管的旁边或引出线上。当排水横管采用标准坡度时,在图中可省略不注,但应在施工说明中加以说明。

管道系统图中的标高均注相对标高。在给水管道系统图中给水横管的标高均以管道的中心轴线为基准,除标注给水横管中心的标高外,还要注明地面、楼面、屋面、水箱以及阀门和放水龙头的标高。在排水管道系统图中的排水横管的标高以管底为基准,排水横管的标高由卫生器具的安装高度所决定,所以一般不标注排水横管的标高,而只要标注出横管起点的管底标高,另外还要标注地面、楼面、屋面、立管管顶、检查口的标高,如图 11-4 所示。

二、管道系统图应画出的内容

(1)画出立管。

(2)画出立管所穿过的地面、楼面和屋面的断面。

(3)画出横管。

(4)画出横管所穿过的墙和梁的断面。

(5)画出管道上的附件。

(6)注写各管段的公称直径、标高、坡度等。

三、给水排水施工图的读图方法

给水排水施工图主要包括管道平面图和管道系统图。这两种图相辅相成、互相补充，共同表达房屋内各种卫生器具和各种管道以及管道上各种附件的空间位置。在读图时要按照给水和排水的各个系统把这两种图纸联系起来互相对照，反复阅读，才能看懂图纸所表达的内容。

现以某公寓的给水排水管道平面图以及给水管道系统图和排水管道系统图为例，介绍阅读给水排水施工图的一般方法。

(一)识读各层管道平面图

识读各层管道平面图，要求先看懂以下一些问题：

(1)在各层管道平面图中，哪些房间布置有卫生器具和管道？布置的位置在哪里？地面和各层楼面的标高是多少？

例如：从图11-1底层给水排水管道平面图中可以看出，底层布置卫生器具和管道的房间有盥洗间、厕所和浴室。厕所内装有三蹲位的蹲式大便器，浴室中有2个淋浴器，盥洗间有盥洗槽和地漏，所有卫生器具均有给水管道和排水管道与之相连接。所有用水房间的地面标高均比室内地面的标高低0.020 m。

(2)有几个给水系统和几个排水系统？

根据底层管道平面图的系统索引符号可知，给水系统有$\frac{J}{1}$和$\frac{J}{2}$，排水系统有$\frac{P}{1}$和$\frac{P}{2}$。

(二)识读管道系统图

识读管道系统图时必须将每一个系统图与各层管道平面图反复对照，反复识读，才能看懂图纸的内容。首先在底层管道平面图中，按照所标注的管道索引符号找到相应的管道系统图，再对照各层管道平面图找到该系统的立管及与之相连接的横管和卫生器具，以及管道上的附件，再进一步识读各管段的公称直径和标高等。

1.识读给水管道系统图的一般方法

识读给水管道系统图一般是按照水的流向顺序进行，一般从室外引入管开始识读，依次为引入管→水平干管→立管→支管→卫生器具；若经水箱供水，则要找出水箱的进水管，依次为水箱的进水管→水箱→水箱的出水管→水平干管→立管→支管→卫生器具。

下面以给水管道系统$\frac{J}{1}$为例,介绍给水管道系统图的一般识读方法:

先从底层给水排水管道平面图(见图 11-1)找出$\frac{J}{1}$及$\frac{J}{1}$管道系统图(见图 11-3),对照两图给水引入管 DN40,管中心的标高为-0.950 m,其上装有阀门,向南穿过Ⓓ轴线墙进入盥洗间,升至标高为-0.300 m 处,引出立管 JL-1,其管径为 DN32,水平干管继续穿过Ⓒ轴线进入浴室和厕所,分别在浴室和厕所内引出立管 JL-2 和 JL-3,管径均为 DN32。从图 11-3 中可以看出,在 JL-1 立管标高为 0.880 m 处用 DN20 的横支管连接到盥洗槽放水龙头;在 JL-2 立管标高为 0.980 m 处用 DN20 的横支管连接到浴室,其上安装 2 个淋浴器;在 JL-3 立管标高为 2.380 m 处用 DN20 的横支管连接到厕所,其上安装 3 个大便器冲洗水箱。二层、三层给水设备布置与底层相同,读者可自行阅读。

2. 识读排水管道系统图的一般方法

识读排水管道系统图的方法也是按照水的流向顺序进行,从卫生器具开始直至检查井,依次为卫生器具→弯头→横支管→立管→排出管→检查井。

现以排水管道系统$\frac{P}{2}$为例,介绍识读排水管道系统图的一般方法。

先从底层给水排水管道平面图(见图 11-1)中找出$\frac{P}{2}$及$\frac{P}{2}$的管道系统图(见图 11-4),再与图 11-2 同时对照,可见$\frac{P}{2}$为公寓各层厕所和浴室的排水系统,该系统有两根排水立管,其中 PL-2 为浴室排水立管,管径为 75 mm,PL-3 为厕所排水立管,管径为 100 mm;厕所内蹲式大便器的污水经 P 字形存水弯排入楼面或地面下的 DN100 横支管,然后排入立管 PL-3,浴室内设有地漏,污水先排入楼面或地面下的 DN50 横支管,然后排入立管 PL-2。两立管在标高为-0.650 m 处与 DN150 的排出管连接后排入$\frac{P}{2}$检查井。在各层立管 PL-2 和 PL-3 上均装有检查口,两立管一直穿出屋面,顶端处装有通气帽。读者可照以上读图方法自行识读$\frac{P}{1}$的排水管道系统图。

任务四　室外给水排水平面图

一、室外管网平面布置图

为了说明新建房屋室内给水排水管道与室外管网的连接情况,通常还需要用小比例(如 1∶500,1∶1000 等)画出室外管网的平面布置图。在此图中,只画出局部室外管网的干管,以能说明与给水引入管和排水排出管的连接情况即可。用中实线画出建筑物外墙轮廓线,用粗实线表示给水管道,用粗虚线表示排水管道。检查井用 2~3 mm 的小圆圈表示。图 11-5(a)为室外给水管网平面布置图,图 11-5(b)为室外排水管网平面布置图。

二、小区(或城市)管网总平面布置图

为了说明一个小区(或城市)给水排水管网的布置情况,通常需要画出该区的给水排

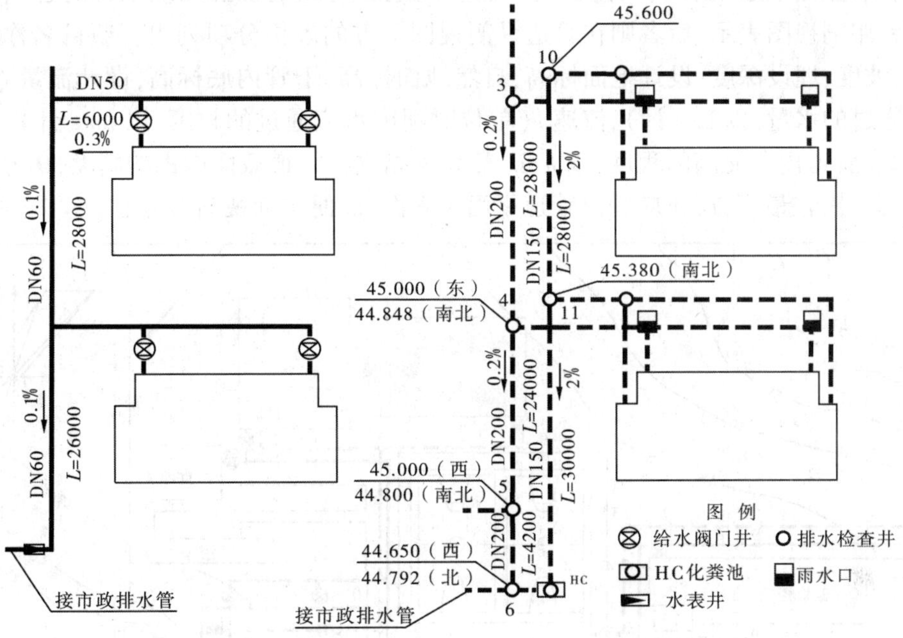

(a)给水管网　　(b)排水管网

图 11-5　室外管网平面布置图

水管网总平面布置图。现以图 11-6 为例说明画图时应注意的事项：

(1)给水管道用粗实线表示，房屋引入管处均应画出阀门井。一个居住区应有消火栓和水表井。如为城市管网布置图，还应画上水厂、抽水机站和水塔等的位置。

(2)由于排水管道经常要疏通，所以在排水管的起端、两管相交点和转折点均要设置检查井，在图中用直径 2~3 mm 的小圆圈表示，两检查井之间的管线应为直线。从上游开始，按主次对检查井顺序编号，在图中用箭头表示流水方向。图中排水干管、雨水管、粪便污水管等均用粗虚线表示。在本例中是把雨水管、污水管合一排放，即通常称为合流制的排放方式。

(3)为了说明管道、检查井的埋设深度、管道坡度、管径大小等情况，对较简单的排水管网布置可直接在布置图中注上管径、坡度、流向，每一管段检查井处的各向管段的管底标高。室外管道宜标注绝对标高。给水管道一般只需标注直径和长度。

三、管道纵剖面图

由于整个市区管道种类繁多，布置复杂，因此应按管道种类分别绘出每一条街道的管网平面布置图和管道纵剖视图，以显示路面起伏，管道敷设的坡度、埋深和管道交接等情况。图 11-7 为某街道管网平面布置图，图中有给水管、排水管。图 11-8 是图 11-7 中的排水干管纵剖视图。

纵剖视图的内容、读法和画法如下：

(1)管道纵剖视图的内容有:管道、检查井、地层的纵剖视图和该干管的各项设计数据。前者用剖视图表示,后者则在管道纵剖视图下方的表格分项列出。项目名称有干管的直径、坡度、埋设深度,设计地面标高,自然地面标高,干管内底标高,设计流量 Q(单位时间内通过的水量,以 L/s 计),流速 v(单位时间内水流通过的长度,以 m/s 计),充盈度(表示水在管道内所充满的程度,以 h/D 表示,h 指水在管道截面内占的高度,D 为管道的直径)。此外,在最下方,还应画出管道平面示意图,以便与剖视图对应。

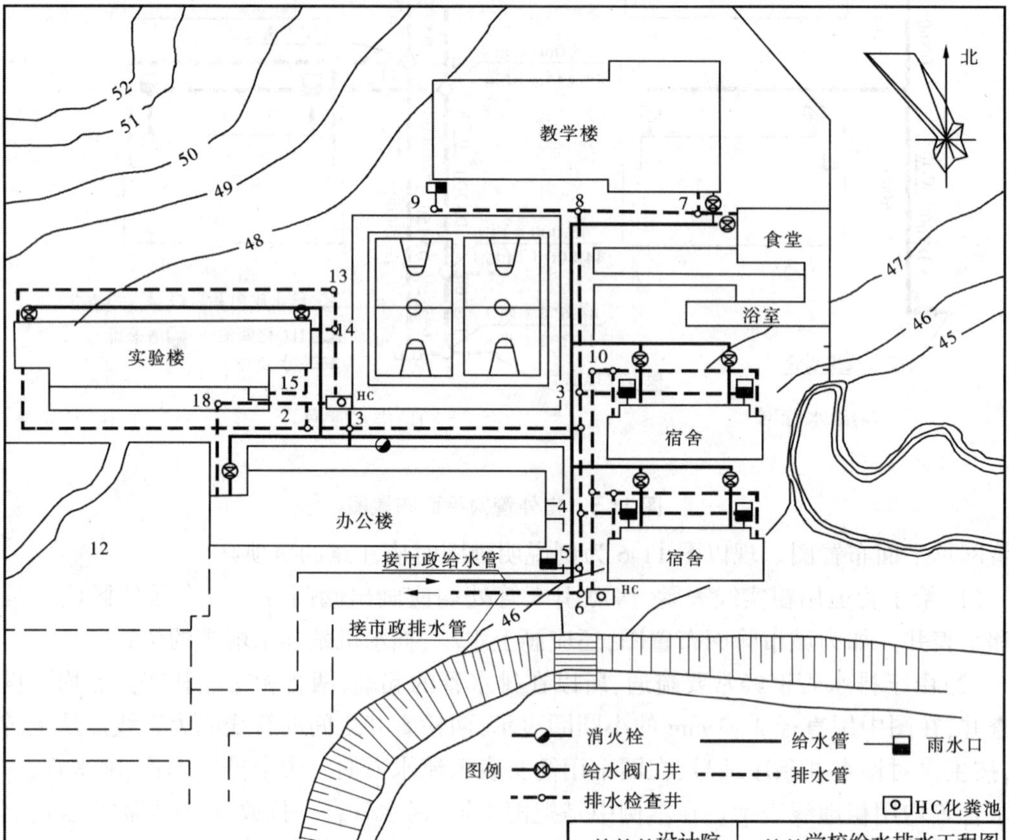

×××设计院		××学校给水排水工程图	
审核		给水排水管网总平面布置图	图别
设计			图号
制图			日期

图 11-6　某校区给水排水管网总平面布置图

(2)由于管道的长度方向(图中的纵向)比其直径方向(图中的横向)大得多,为了说明地面起伏情况,通常在纵剖视图中采用横竖两种不同的比例。在图中横向比例为 1:100(也可采用 1:200 或 1:50),纵向比例采用 1:1000(也可采用 1:2000 或 1:5000),一般纵横的比例为 10:1。

(3)管道剖视图是管道纵剖视图的主要内容。它是沿着干管轴线剖开后画出来的。画图时,在高程栏中根据横向比例(1 格代表 1 m)绘出分格线;根据纵向比例和两检查井之间的水平距离绘出垂直分格线。然后根据干管的直径、管底标高、坡度及地面标高,在

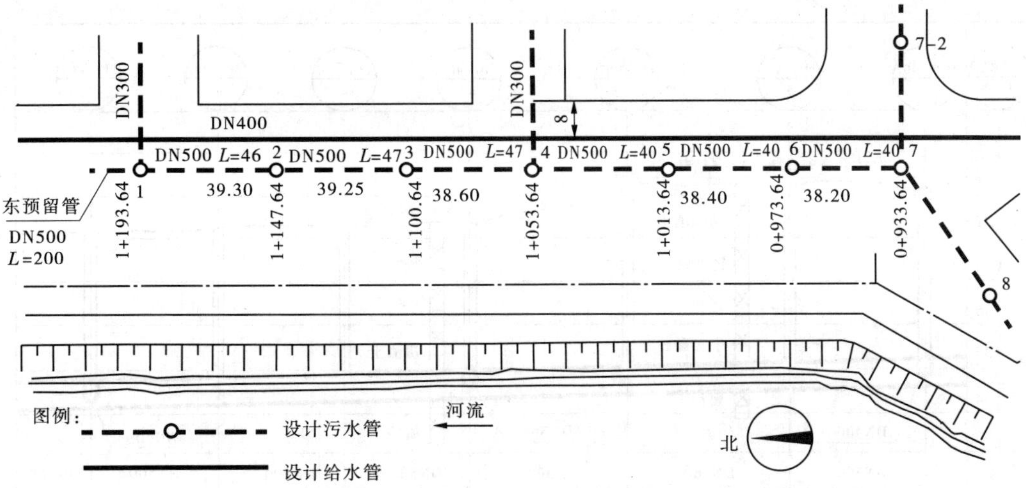

图 11-7 某街道管网平面布置图

分格线内按上述比例画出干管、检查井的剖视图。管道和检查井在剖视图中都用双线表示,并把同一直径的设计管段都画成直线。此外,还应将另一方向井与该干管相交或交叉的管道截面画成椭圆形(因为竖横比例不同)。

(4)该干管的设计项目名称列表绘于剖视图的下方。应注意不同的管段之间设计数据的变化。例如:1 号检查井到 4 号检查井之间,干管的设计流量 $Q=76.9$ L/s,流速 $v=0.8$ m/s,充盈度 $h/D=0.52$。而 4 号检查井到 7 号检查井之间,干管的设计数据则变为 $Q=92.4$ L/s,$v=0.82$ m/s,$h/D=0.35$。其余数据如表中各栏所示。

管道平面示意图只画出该干管、检查井和相交管道的位置,以便与剖视图对应。

(5)为了显示土层的构造情况,在纵剖视图上还应绘出有代表性的钻井位置和土层的构造断面。图中绘出了 1 号、2 号两个钻井的位置。从 1 号钻井可知该处自上而下土层的构造是:①黏砂填土;②轻黏砂;③黏砂;④中轻黏砂;⑤粉砂。

(6)在管道纵剖视图中,通常将管道剖面画成粗实线,检查井、地面和钻井剖面画成中实线,其他分格线则采用细实线。

四、管道上的构配件详图

室内给排水管网平面布置图、轴测图和室外管网总平面布置图只表示了管道的连接情况、走向和配件的位置。这些图样比例较小(1∶100、1∶1000、1∶1500 等),配件的构造和安装情况均用图例表示,为了便于施工,需用较大的比例画出配件及其安装详图。图 11-9 是给水水平管道穿墙防漏套管安装详图。由于管道都是回转体,可采用一个剖视图表示。图 11-10 是 90°给水弯管穿墙防漏套管安装详图。两投影都采用全剖视图,剖切位置都通过进水管的轴线。

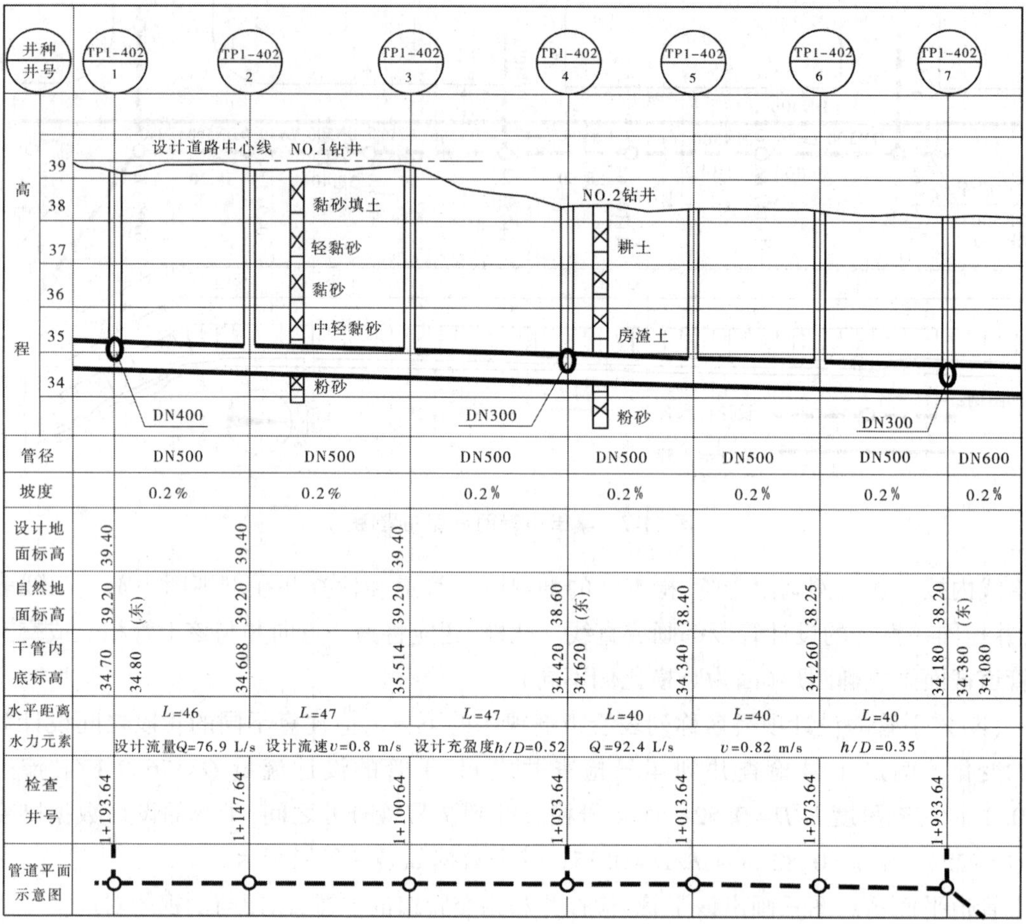

图 11-8 某街道污水干管纵剖视图

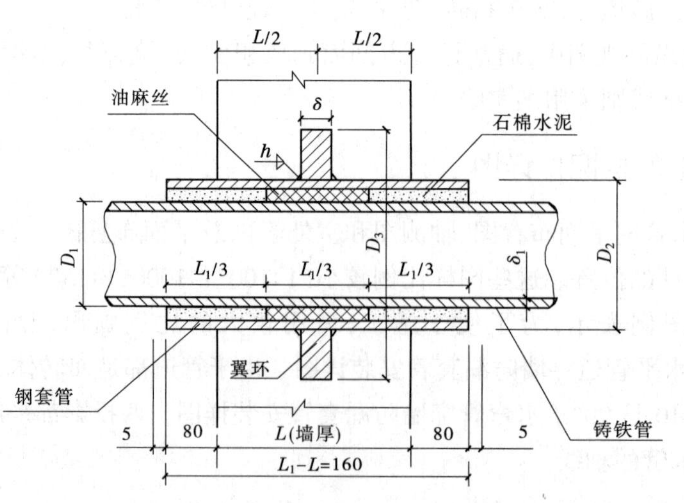

图 11-9 给水水平管道穿墙防漏套管安装详图

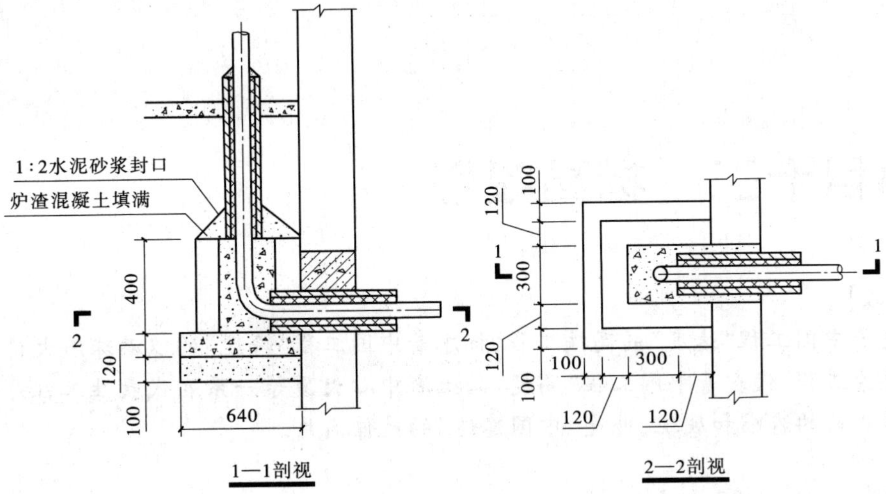

图 11-10　90°给水弯管穿墙防漏套管安装详图

项目十二 标高投影

【课程思政】

标志着中国工程“速度”的高铁工程,标志着中国工程“跨度”的以港珠澳大桥为代表的中国桥梁工程,代表着中国工程“高度”的上海中心大厦等一系列代表性工程是建筑业转型发展成果的浓缩和展现,也是“中国建造”的最佳名片。

任务一 概 述

地面上的各种建筑物在设计和施工中,常需利用地形图,并在图上表示建筑物的布置情况和建筑物与地面连接情况等有关问题。但由于地面形状复杂,且不规则等因素,用多面正投影或轴测图都很难表达清楚。因此,人们在生产实践中总结了一种适合表达地形面的方法——标高投影法。

标高投影法,就是在水平投影图上直接加注物体上某些特征点、线、面的高度,那么只用一个水平投影也完全可以确定该物体的空间形状和位置。这种利用水平投影和高程数值结合起来表示空间物体的方法称为标高投影法。

标高投影是一种标注高度数值的单面正投影,其高度数值称为高程或标高,高程以 m 为单位,在图中不需注明。在工程图中一般采用与测量相一致的基准面(青岛市黄海海平面),以此为基准面标出的高程称为绝对高程;也可以任选水平面作为基准面,以此为基准面标出的高程称为相对高程。标准规定基准面高程为零,基准面以上高程为正,基准面以下高程为负。

由于标高投影图表达范围大,因此在图中需应用绘图比例或比例尺。

任务二 点、直线、平面的标高投影

一、点的标高投影

如图 12-1(a)所示,以水平面 H 为基准面,其高程为零,点 A 在 H 面上方 3 m,点 B 在 H 面下方 2 m 。如果在 A、B 二点水平投影的右下角注上其高程数值即 a_3、b_{-2},再标注上比例尺,就得到了 A、B 二点的标高投影图,如图 12-1(b)所示。

码 12-1 微课-点、线的标高投影

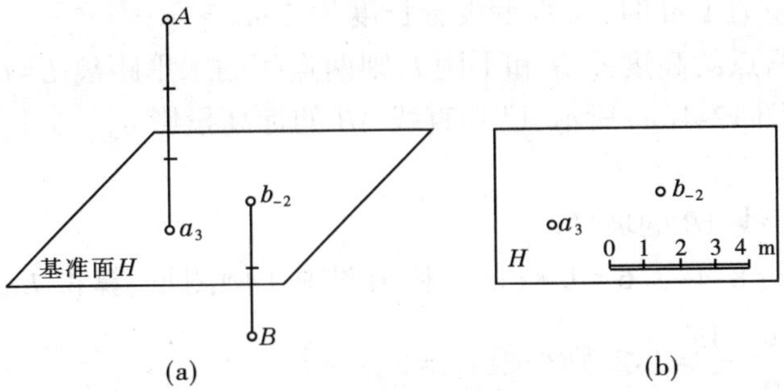

图 12-1 点的标高投影

二、直线的标高投影

(一)直线的表示方法

在标高投影中,直线的位置也是由直线上的两个点或直线上一点及该直线的方向确定。因此,直线的标高投影有以下两种表示法:

(1)用直线的水平投影和直线上两点的高程表示,如图 12-2(a)所示。

(2)用直线的方向和直线上一点的高程表示,直线的方向用坡度和箭头表示,箭头指向下坡,如图 12-2(b)所示。

(二)直线的坡度和平距

直线上任意两点间的高度差与水平距离(水平投影长度)之比称为直线的坡度,用符号 i 表示,如图 12-3 所示。

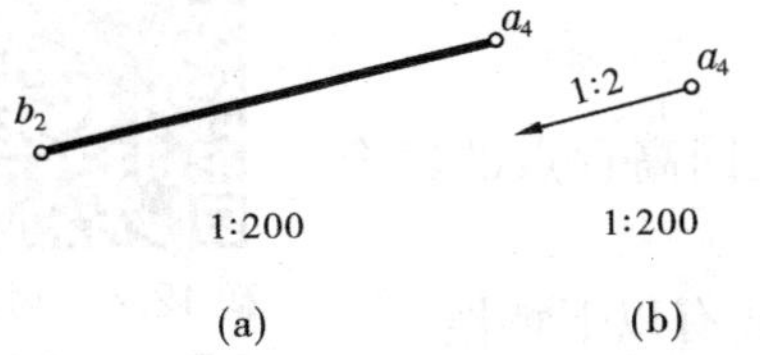

图 12-2 直线的标高投影表示法

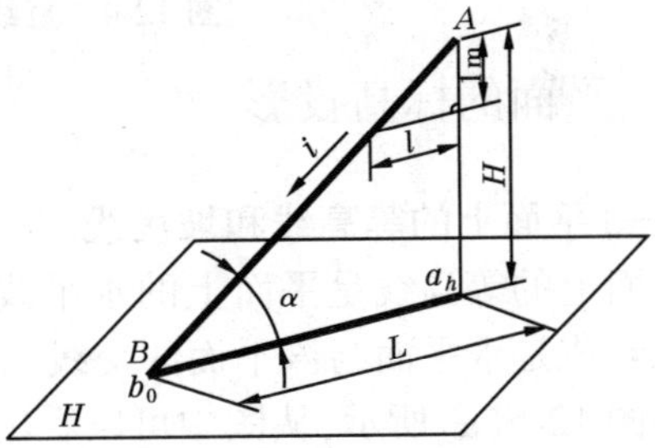

图 12-3 直线的坡度和平距

$$坡度(i)=\frac{高度差(H)}{水平距离(L)}=\tan\alpha$$

图 12-2(a)中 AB 直线的高差为 2 m,水平投影长度为 6 m(用比例在图中算得),则该直线的坡度:$i=H/L=2/6=1/3$,常写为 1:3的形式。

在以后作图中还常常用到平距。直线的平距(l)是指直线上两点的高度差为 1 m 时的水平距离(水平投影长度)的数值,如图 12-3 所示。

$$平距(l)=\frac{水平距离(L)}{高度差(H)}=\cot\alpha=\frac{1}{\tan\alpha}=\frac{1}{i}$$

由此可见，平距与坡度互为倒数。如图 12-2(b) 中直线的坡度 $i=1:2$，则平距 $l=2$，即此直线上两点的高差为 1 m 时，其水平投影长度为 2 m。

若已知直线上两点的高度差 H 和平距 l，则两点间的水平距离 $L=Hl$。

【例 12-1】 如图 12-4(a) 所示，已知直线 AB 的标高投影 $a_{8.4}$、$b_{3.6}$，求直线 AB 的坡度和直线 AB 上各整数高程点。

【解】 (1) 求直线 AB 的坡度。

由已知得：$\Delta H_{AB}=8.4-3.6=4.8(\mathrm{m})$，利用图中比例测量、算得 $L_{AB}=9.6$ m，于是，直线坡度：$i=\dfrac{\Delta H_{AB}}{L_{AB}}=\dfrac{4.8}{9.6}=\dfrac{1}{2}=1:2$，则平距 $l_{AB}=2$。

(2) 求整数高程点。其方法如下：

由于 $l_{AB}=2$，利用 $L=Hl$ 得：高程为 4 m、5 m、6 m、7 m、8 m 各点间的水平距离均为 2 m，高程 8 m 的点与高程 8.4 m 的点 A 之间的距离 $L=\Delta H\times l=(8.4-8)\times 2=0.8(\mathrm{m})$。从 $a_{8.4}$ 沿 ab 方向根据各点间的水平距离利用图中比例依次量取，就得到高程为 8 m、7 m、6 m、5 m、4 m 的整数高程点，如图 12-4(b) 所示。

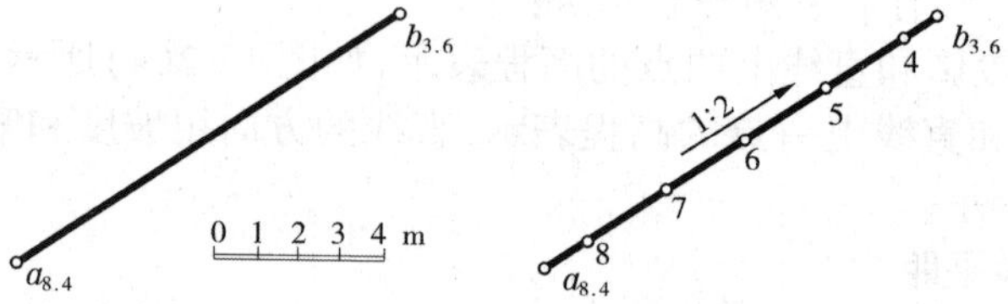

(a)　　(b)

图 12-4　直线的坡度和高程点的求法

三、平面的标高投影

(一) 平面上的等高线和坡度线

平面上的等高线是平面上的水平线，既是平面上同高程点的集合，也可以看成是水平面与该平面的交线。

码 12-2　微课-平面的标高投影

如图 12-5(a) 所示，从图中可以看出平面上等高线有以下特性：

(1) 等高线是直线。

(2) 等高线相互平行。

(3) 等高线间高差相等时，其水平间距也相等。

平面上的坡度线就是平面上垂直于等高线的直线，也称平面内对 H 面的最大斜度线。平面上的坡度线的坡度即为平面的坡度，如图 12-5(a)、(b) 所示。平面上的坡度线具有以下性质：

(1) 平面上的坡度线投影与等高线的标高投影相互垂直。

(2) 坡度线对水平面的倾角等于平面对水平面的倾角。

(3) 坡度线是平面上坡度最大的直线。

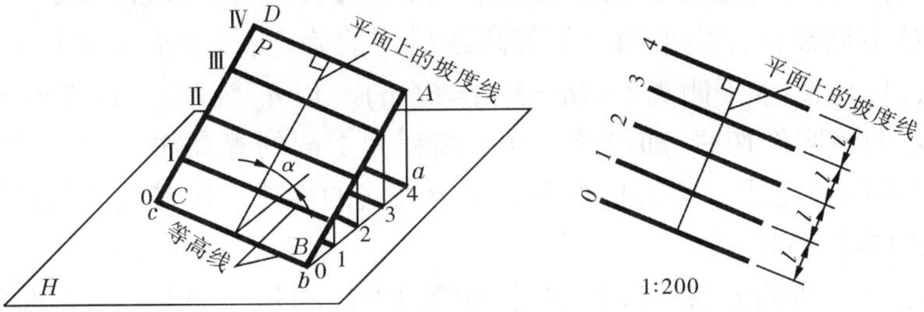

图 12-5 平面上的等高线和坡度线

(二)平面的表示方法和平面内等高线的求法

在标高投影中,利用几何元素来表示平面的方法仍适用,常用以下两种方法来表示平面。

(1)用平面上的一条等高线和一条坡度线(或两条相互平行的等高线)来表示平面,如图 12-6(a)、(c)所示。

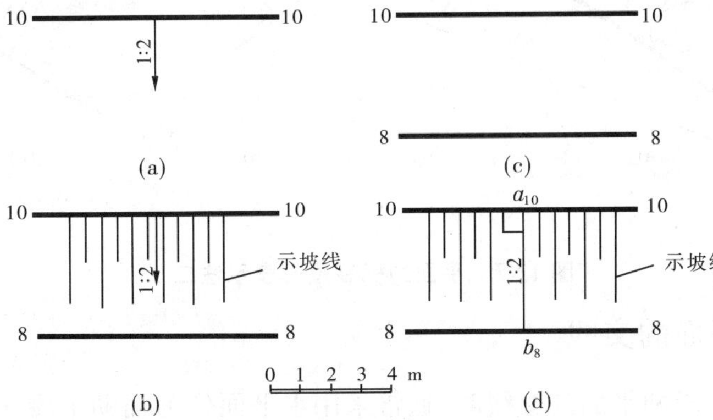

图 12-6 平面的标高投影表示法一

利用该表示法不仅可作出平面上任意高程的等高线,也能求平面的坡度。例如:要作出平面上 8 m 等高线,根据平面上等高线性质,平面上 10 m 等高线与 8 m 等高线是直线,且相互平行,其水平距离 $L=Hl=2\times2=4$(m),根据比例或比例尺即可画出 8 m 等高线,如图 12-6(b)所示;如求平面的坡度,应先作出平面等高线间的垂线(平面的坡度线),利用平面的坡度 $i=H/L$ 求出,如图 12-6(d)所示,作等高线间垂线(平面的坡度线)$a_{10}b_8$,平面的坡度 $i=H/L=(10-8)/4=1/2=1:2$。

为了使坡面更形象,在坡面上可加画示坡线,示坡线按坡度线方向用长、短相间的细实线从坡面较高的一边画出。间距要均匀,长短要整齐,一般长线为短线的 2~3 倍。

(2)用平面上的一条倾斜直线和平面的坡度及大致坡向来表示平面,如图 12-7(b)所示。该平面由一条倾斜直线 a_4b_1 和平面大致坡向的坡度线($i=1:2$)表示,其中细实线上的箭头表示平面的大致坡向,平面上等高线的方向未知。如求作由一条倾斜直线和平面的坡度及大致坡向来表示的平面内的等高线,应先求出该平面上任一条等高线。已知 A

点的高程为 4 m,B 点的高程为 1 m,平面的坡度 $i=1:2$,即平面上坡度线的坡度 $i=1:2$,但其坡度线的准确方向需待作出平面上的等高线后才能确定,该平面上高程为 1 m 的等高线必通过 b_1 点,且与 a_4 水平距离 $L=Hl=3\times2=6$(m)。以 a_4 为圆心,以 $R=L=6$ m 为半径画圆,然后由 b_1 向该圆作切线,即得该平面上高程为 1 m 的等高线。过 a_4 作 1 m 等高线的垂线,即为平面的坡度线。然后根据平面上等高线的性质求出其他高程的等高线,并画出示坡线,如图 12-7(c)所示。

求该平面上等高线的方法可以理解为:如图 12-7(a)所示,以点 A 为锥顶,作一素线坡度与平面坡度 i 相同的正圆锥,圆锥与水平面交于一圆,此圆半径为 $R=L=Hl$,圆锥底圆与高程相同的平面等高线相切于一点,从 B 点作该圆的切线即为该平面上的等高线,切点与锥顶的连线即为平面的坡度线。

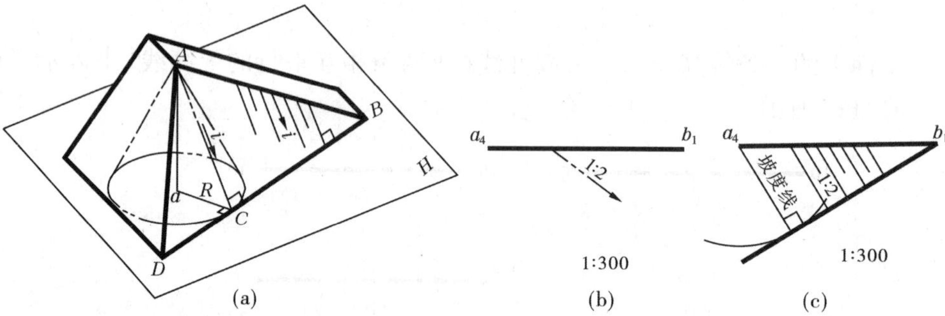

图 12-7　平面的标高投影表示法二

四、平面与平面的交线

在标高投影中,求两平面的交线时,通常采用水平面作为辅助平面。如图 12-8(a)所示,水平辅助面与两个相交平面的截交线是两条相同高程的等高线。两平面上同高程等高线的交点就是两平面的共有点,即两平面交线上的点。求出两个共有点,就可以确定两平面的交线。

如图 12-8(a)所示,求两平面 P、Q 的交线时,可假想先作出两个水平辅助面 H_{10} 和 H_8 与 P、Q 两平面相交,得一组 10 m 高程等高线和一组 8 m 高程等高线,求出两组等高线的交点 M、N,然后连接交点 M、N,即得 P、Q 两平面的交线 MN。其标高投影如图 12-8(b)所示。

在实际工程中,把建筑物上相邻两坡面的交线称为坡面交线,坡面与地面的交线称为坡脚线(堆砌、填方边界线)或开挖线(挖方边界线)。

【例 12-2】　在高程为 4 m 地面上开挖一底面高程为 0 m 的基坑,基坑底面的大小形状和各坡面坡度如图 12-9(a)、(b)所示,求基坑的开挖线和坡面交线。

【解】　如图 12-9 所示:

(1)求开挖线。开挖线即各坡面与地面的交线,因地面是水平面,故交线是各坡面高程为 4 m 的等高线。它们分别与相应的基坑底面边线(0 m 高程等高线)平行,其水平距

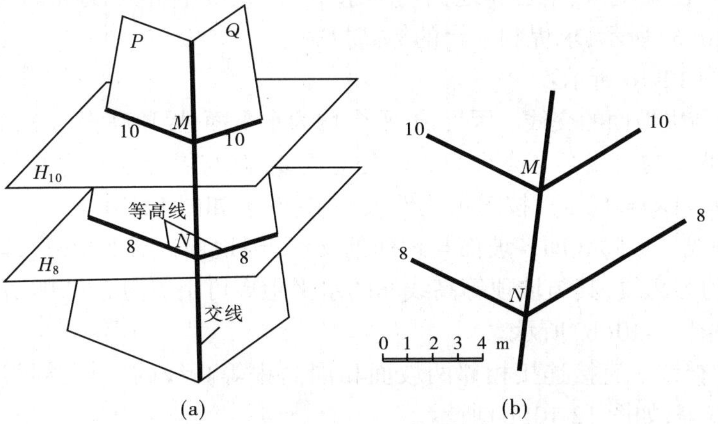

图 12-8 两平面的交线

离可由 $L=Hl$ 求出,$L=4\times2=8$(m),按图示比例画开挖线。

(2)求坡面交线。直接连接相邻两坡面相同高程等高线的交点,即得相邻两坡面交线。

(3)画出各坡面的示坡线,并标注完成作图。

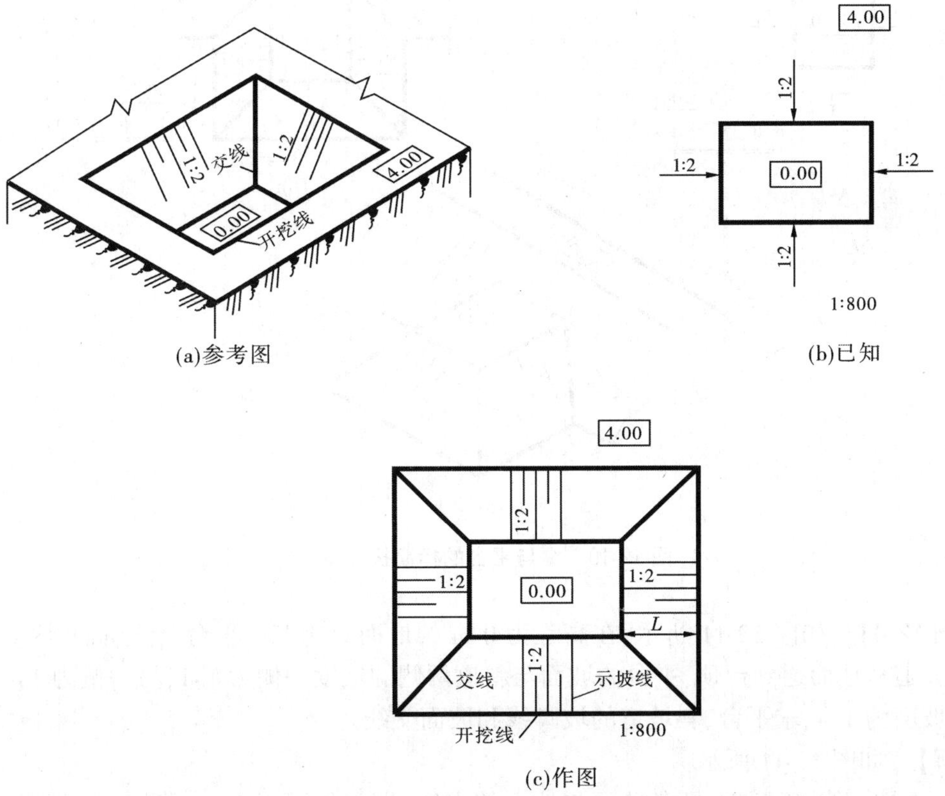

图 12-9 基坑的标高投影图

【例 12-3】 已知堤顶、平台和地面均为水平面,堤顶、平台和地面高程,以及各坡面坡度,如图 12-10(a)所示,求堤和平台的标高投影。

【解】 如图 12-10 所示:

(1)求平台与堤坡面的交线。因堤顶、平台均为水平面,堤顶高程为 3 m,平台高程为 2 m,其平台与堤坡面的交线必是高程为 2 m 的等高线,其与堤顶 3 m 等高线的水平距离可由 $L=Hl$ 求出,$L=1\times1=1$(m),按图示比例尺画出交线,如图 12-10(b)所示。

(2)求坡脚线。坡脚线即各坡面与地面的交线,因地面高程为 0 m,即坡脚线为各坡面上 0 m 高程的等高线,其与坡顶等高线间的水平距离可由 $L=Hl$ 求出,并按图示比例尺画出坡脚线,如图 12-10(b)所示。

(3)求坡面交线。直接连接相邻两坡面相同高程等高线的交点,即得相邻两坡面交线,如 a_2c_0、b_2d_0 等,如图 12-10(b)所示。

(4)画出各坡面的示坡线,并标注完成作图。

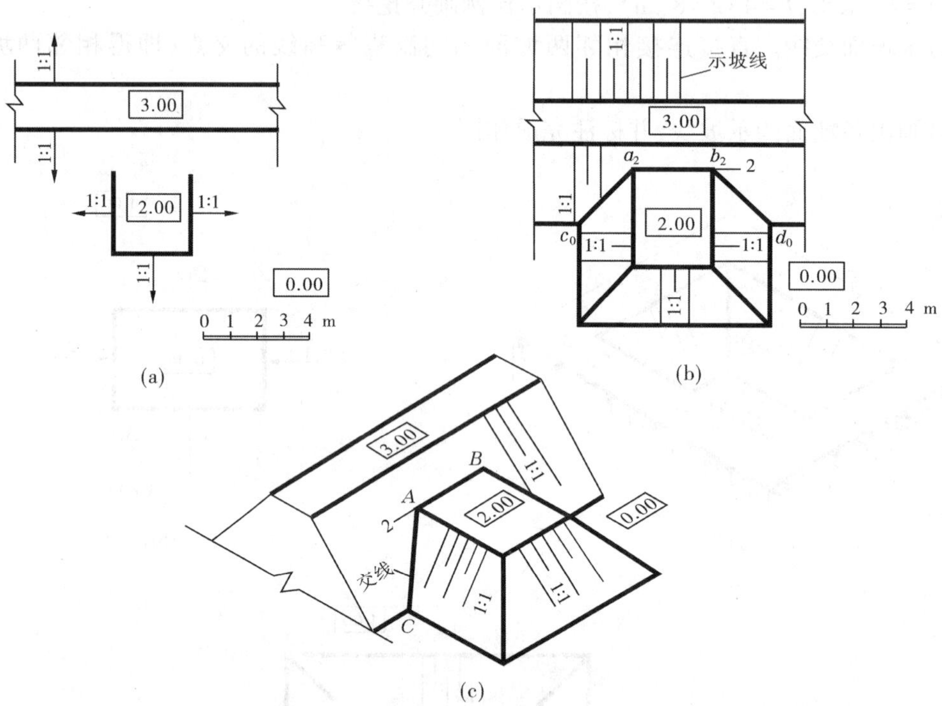

图 12-10 堤与平台的标高投影图

【例 12-4】 如图 12-11 所示,在高程为 0 m 的地面上构筑一平台,台顶高程为 4 m,有一斜坡道从地面通到台顶,平台的坡面与斜道两侧的坡度一侧为 1:1,另一侧为 1:1.5,斜坡道坡度为 1:4,求平台、斜坡道的坡脚线和坡面交线。

【解】 如图 12-11 所示:

(1)求坡脚线。坡脚线即各坡面与地面的交线,即各坡面上 0 m 高程的等高线。平台坡面的坡脚线与平台边缘线平行。其水平距离可由 $L=Hl$ 求出,分别为 $L_1=4\times1.5=$

6(m)，$L_2=4\times1=4$(m)，按图示比例尺画出平台的坡脚线。同理，由水平距离 $L_3=4\times4=16$(m)，画出斜坡道顶面的坡脚线。斜坡道两侧坡脚线的求法是：分别以 a_4、c_4 为圆心，$R_1=4\times1.5=6$(m)、$R_2=4\times1=4$(m)为半径画圆弧，再由 b_0、d_0 向两圆弧作切线，得斜坡道两侧的坡脚线。

(2)求坡面交线。平台坡面与斜坡道两侧坡面坡脚线的交点 e_0、f_0 就是平台坡面和斜坡道两侧坡面的共有点，a_4、c_4 也是平台坡面和斜坡道两侧坡面的共有点，连接 a_4e_0、c_4f_0 即为坡面交线。

(3)画出各坡面的示坡线，并标注完成作图。

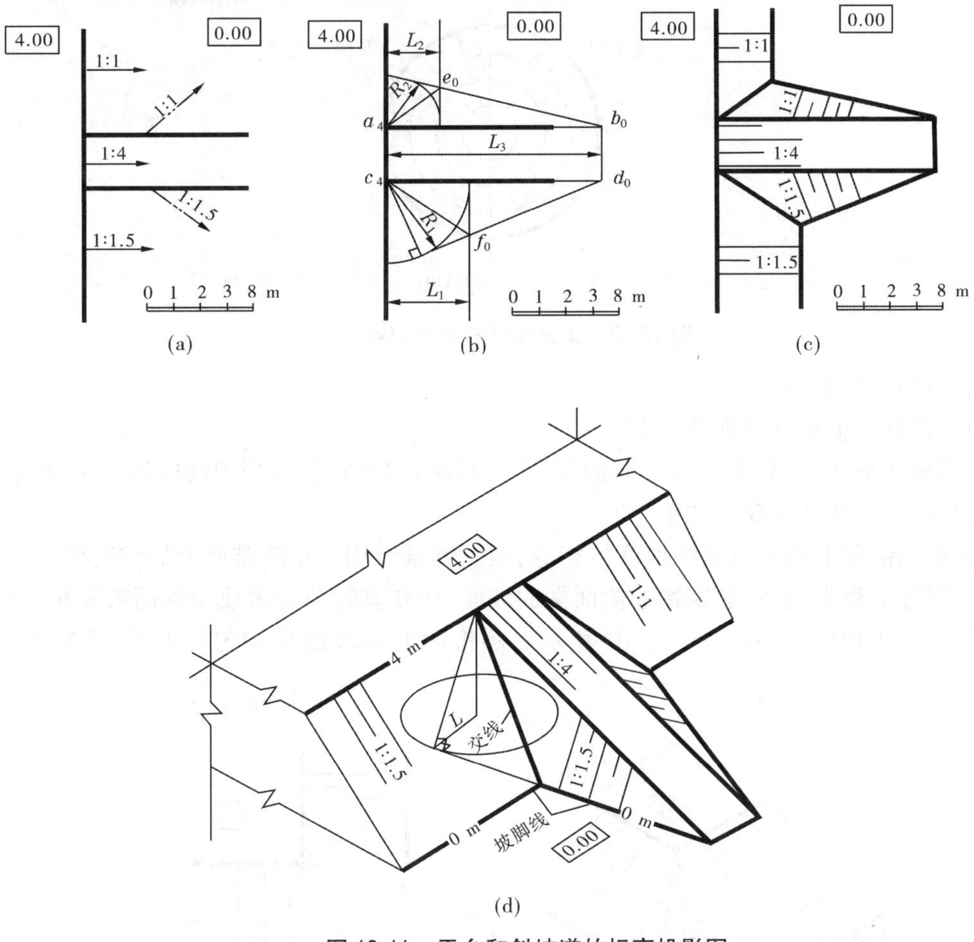

图 12-11 平台和斜坡道的标高投影图

任务三 正圆锥面的标高投影

如果用一组高差相等的水平面与轴线垂直于水平面的正圆锥面截交，其截交线均为等高线，如果将所有截交线的水平投影分别注上相应的高程，就得到正圆锥面的标高投影。如图 12-12 所示，其等高线的标高投影有如下特性：

码 12-3 微课-曲面的标高投影

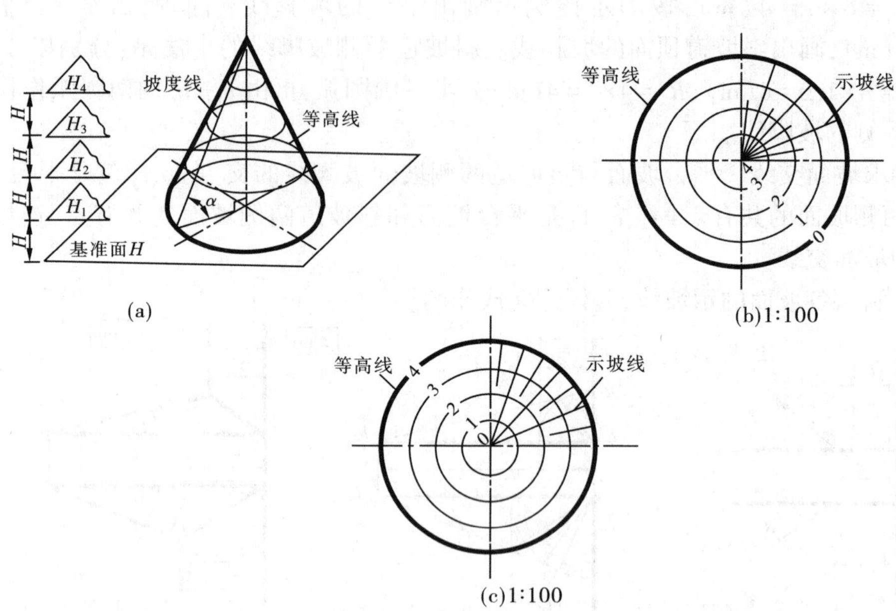

图 12-12　正圆锥面的标高投影

(1)等高线是同心圆。

(2)等高线之间的水平距离相等。

(3)当圆锥面正立时,越靠近圆心的等高线,其高程数值越大;当圆锥面倒立时,越靠近圆心的等高线,其高程数值越小。

由于正圆锥面上的所有素线坡度均相等,因此其素线均为正圆锥面上的坡度线。

在土石方工程中,常将建筑物的侧面做成坡面,而在其转角处做成与侧面坡度相同的圆锥面,如图 12-13(a)、(b)、(c)、(d)所示。圆锥面的示坡线呈均匀放射状,且应通过锥顶。

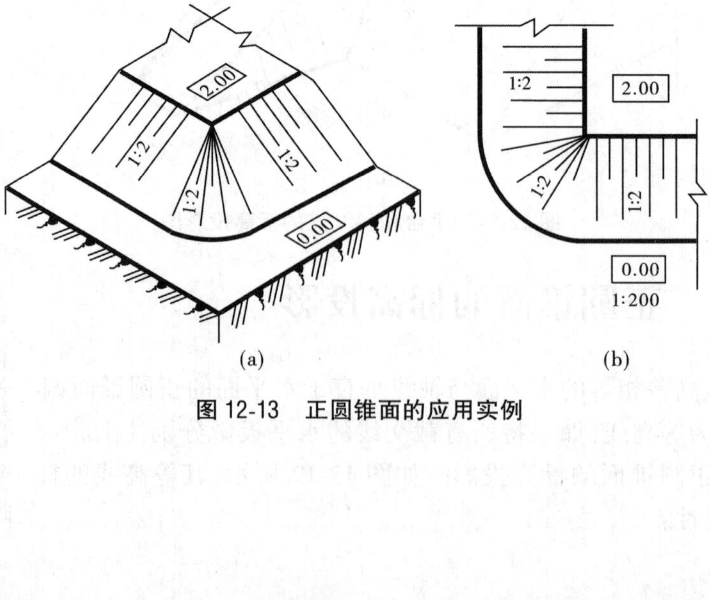

图 12-13　正圆锥面的应用实例

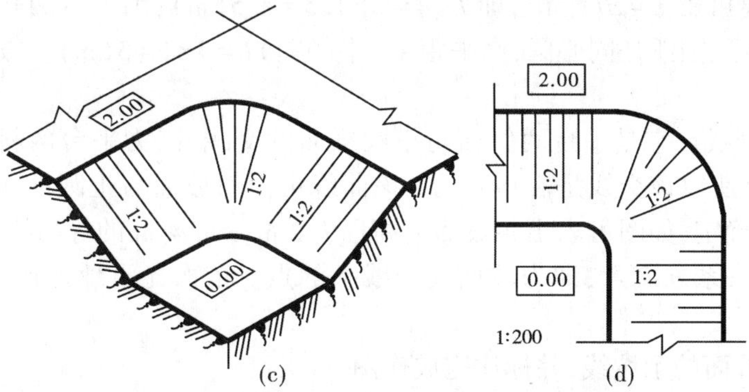

(c) (d)

续图 12-13

【例 12-5】 在高程为 2 m 的地面修筑一个高程为 5 m 的平台。平台一角的形状及各坡面坡度如图 12-14(a)所示,求其坡脚线和坡面交线。

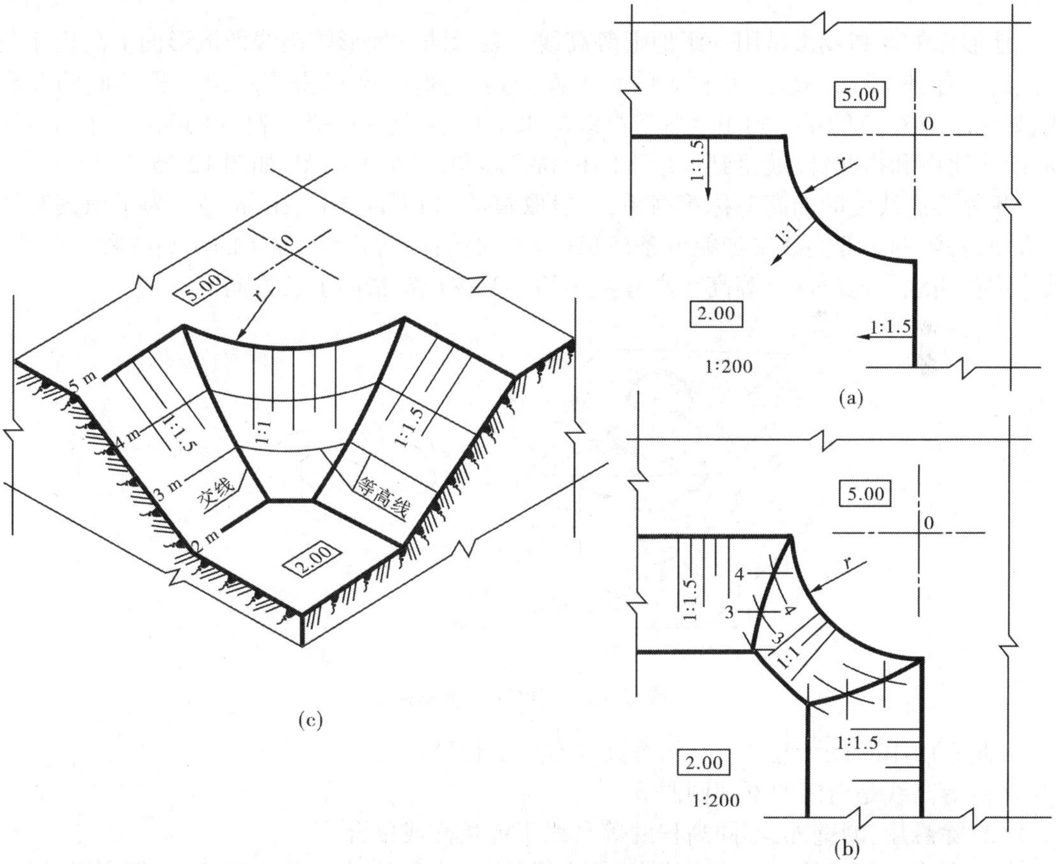

(c)

图 12-14 正圆锥面与斜坡面的交线求法

【解】 如图 12-14 所示:

(1)求坡脚线。平台两斜面与地面的交线为直线,平台斜面的坡脚线与平台边缘线平行,其水平距离可由 $L=Hl$ 求出,即 $L_{斜面}=3\times1.5=4.5(m)$;因平台两斜面间为正圆锥面,其坡脚线与台顶圆弧是同心圆,水平距离(半径差)$L=3\times1=3(m)$。按图示比例画出平台的坡脚线。

(2)求坡面交线。它是平台两斜面与正圆锥面的交线,因为平台两斜面的坡度小于正圆锥面的坡度,所以该交线是椭圆曲线。该曲线可由斜坡面与正圆锥面上一系列同高程等高线的交点确定,如图可求出各坡面上高程为2 m、3 m、4 m的等高线,得相邻坡面上同高程等高线的一系列交点,即为坡面间交线上的点。依次光滑地连接各点,即得坡面交线。

(3)画出各坡面的示坡线,并标注完成作图。

任务四　地形面的标高投影

一、地形面的表示法

地形面的标高投影是用一组地形等高线来表示的。地形等高线即地形面上高程相同的点的集合,假设用一组高差相等的水平面与地形面相交,可得到一组高程不同的等高线,如图12-15(a)所示。画出这些等高线的水平投影,注明每条等高线的高程,并标出地物、绘图比例和指北针,就得到地形面的标高投影图,又称地形图,如图12-15(b)所示。

相邻等高线之间的高差称等高距,一般取整数,如1 m、5 m、10 m等。为了识读和计数方便,每隔四条等高线要加粗一条(高程为5的倍数)等高线,加粗的等高线称计曲线,其他称首曲线。地形面上等高线高程数字的字头按规定指向上坡方向。

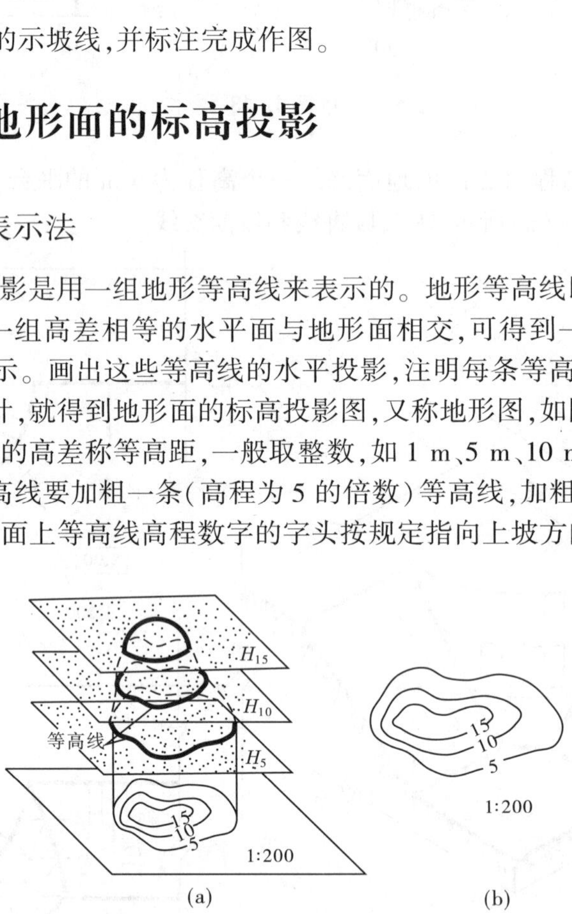

图12-15　地形面的表示法

如图12-16所示,地形图上的等高线有以下特性:

(1)等高线是封闭的不规则曲线。

(2)除悬崖、峭壁外,不同高程的等高线不能相交或重合。

(3)在高差相等的一组等高线中,等高线越密,表示该处地面坡度越陡;等高线越稀,表示该处地面坡度越缓。

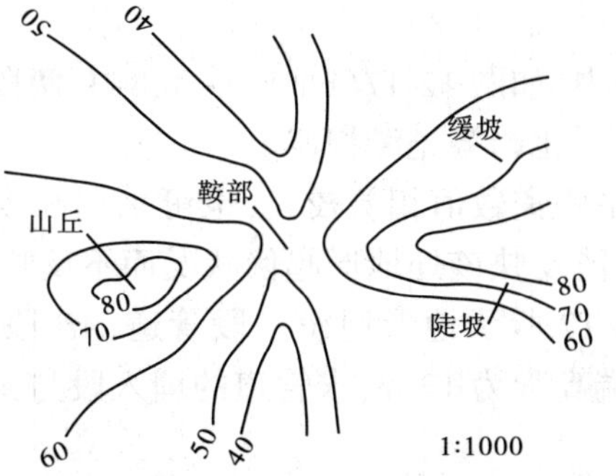

图 12-16 地形面上等高线的地貌特征

二、地形断面图

在设计或施工中，有时还需要画出地形断面图。假想在指定位置用铅垂面剖切地形面，画出剖切平面与地形面的交线和材料图例，所得到的断面图，称为地形断面图，如图 12-17 所示。

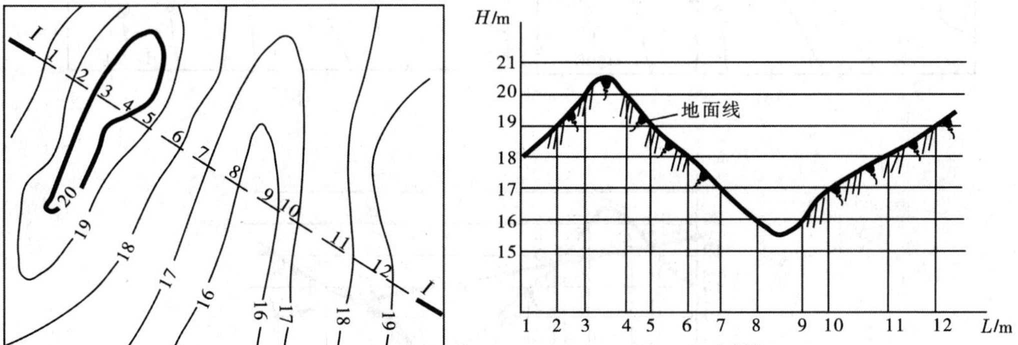

图 12-17 地形断面图

由于剖切平面的水平投影具有积聚性，所以剖切平面与地形等高线交点的投影也就是地形图中剖切线与等高线的交点。其作图方法如下：

(1) 在地形图中按指定剖切位置（Ⅰ—Ⅰ）作剖切线，它与地形等高线相交，得到一系列点，如图 12-17(a) 中 1 点、2 点、3 点、…、12 点。

(2) 按地形图比例，以剖切线的水平距离（L）为横坐标、高程（H）为纵坐标，建立一个直角坐标系。将地形图上各等高线的高程标在纵坐标轴上，并由上述各高程点引出与横坐标轴平行的高程线，如图 12-17(b) 中的 15 点、16 点、17 点……

(3) 将地形图中剖切线与等高线各交点的水平距离在横坐标轴上对应标出。如图 12-17(b) 中 1 点、2 点、3 点、…、12 点在直角坐标系横坐标轴上对应标出。

(4) 自横坐标轴上各点作纵坐标轴的平行线，并与相应的各高程线相交，将各交点依次光滑连接,再画出断面材料符号,即得该地形断面图,如图 12-17(b)所示,并标注完成作图。

应当注意,在连点过程中,如图 12-17(b)中 3~4、8~9 两段地面线在断面图中不能连为直线,而应按该段地形的变化趋势光滑相连。

如果地形的高差和水平距离数值相差较大,也可采用高度方向与水平方向比例不同作图,但所得地形断面图只能反映该处地形起伏状况而不反映地面实形。

【例 12-6】 根据图 12-17 所示地形埋设一段管道,AB 段管道位置如图 12-18(a)所示,A 端高程为 19.5 m,B 端高程为 17 m,求管道的埋入段与露出段。

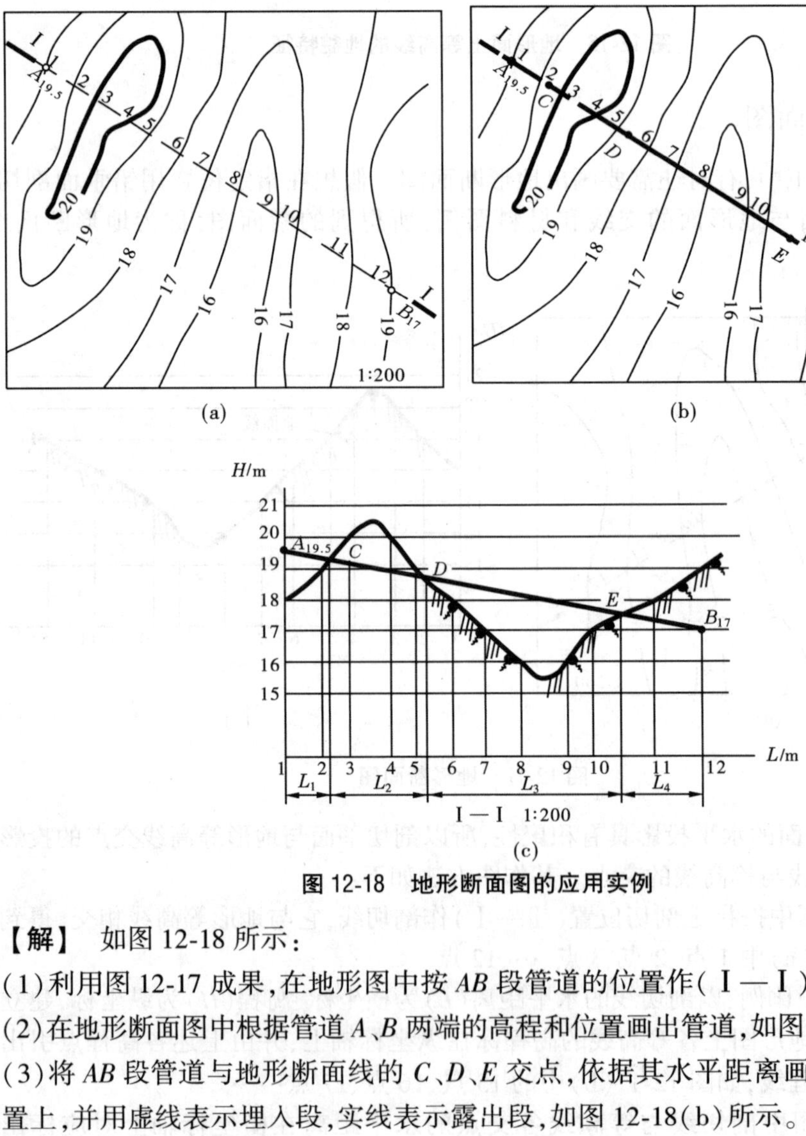

图 12-18　地形断面图的应用实例

【解】 如图 12-18 所示:

(1)利用图 12-17 成果,在地形图中按 AB 段管道的位置作(Ⅰ—Ⅰ)地形断面图。

(2)在地形断面图中根据管道 A、B 两端的高程和位置画出管道,如图 12-18(c)所示。

(3)将 AB 段管道与地形断面线的 C、D、E 交点,依据其水平距离画在标高投影图相应位置上,并用虚线表示埋入段,实线表示露出段,如图 12-18(b)所示。

三、地形面与建筑物的交线

建筑在地形面上的建筑物与地面相交,由于地形面可以是人工平整的规则平面或曲面,其交线(坡脚线或开挖线)也是规则直线或曲线,可采用前述方法求得;如地形面不规则,建筑物坡面与地形面相交,其交线(坡脚线或开挖线)也不规则,需求出交线上一系列的点依次连接获得。求作一系列点的方法如下:

(1)利用求同高程等高线之间交点的方法。在建筑物坡面上求出一系列与地形等高线相同高程的坡面等高线,这些等高线与地形面上的地形等高线相交,其一系列交点就是坡脚线或开挖线上的点,依次光滑连接即得建筑物与地面的交线。

(2)利用地形剖面法。在指定位置用一组铅垂剖切平面剖切建筑物坡面和地形面,然后画出一组相应的地形断面图,这些断面图中坡面断面轮廓与地形断面轮廓的交点就是坡脚线或开挖线上的点,把其画在标高投影图相应位置上,依次光滑连接即得建筑物与地面的交线。

【例 12-7】 在地形面上修建一条道路,如图 12-19(a)、(b)、(c)所示,已知两段路面位置和道路填、挖方的标准断面图,试完成道路的标高投影图。

【解】 如图 12-19 所示:

(1)求坡脚线或开挖线。因该路面高程为 18 m,所以地面高程高于 18 m 的要挖方、低于 18 m 的要填方,高程为 18 m 的地形等高线是填、挖方分界线。道路两侧的坡面与地面的交线均为不规则的曲线。

如图 12-19(a)所示,此段道路坡面上的等高线与地面上的地形等高线接近平行,利用求坡面与地面同高程等高线之间交点的方法不易求出交点,这种形式的建筑物与地面的交线应采用地形剖面法来求取。依据地形分析此段道路为填方,填方坡度为 1:1.5,在道路上每隔一段合适距离选择剖切位置,并作剖切位置线,如Ⅰ—Ⅰ、Ⅱ—Ⅱ。以道路中心线为基准,用与地形图相同的比例画出地形的Ⅰ—Ⅰ、Ⅱ—Ⅱ断面图,并按道路标准断面图画出路面与边坡的断面图,将二者的交点,按交点到道路中心线的水平距离返回到剖切位置线上,即为坡脚线上的点。同理,求出一系列点,依次连接各点即得坡脚线,如图 12-19(d)所示。

如图 12-19(b)所示,此段道路坡面上的等高线与地面上的地形等高线相交趋势明显,利用求坡面与地面同高程等高线之间交点的方法,求出建筑物与地面的交线。依据地形分析此段道路既有填方,又有挖方,A、B 为挖填分界点。根据开挖坡度 1:1 和填方坡度 1:1.5,以及地形等高线的高程,利用 $L=Hl$ 求出各坡面相应高程的等高线,将所求等高线与地形等高线的交点依次连接,即求得道路的坡脚线或开挖线,如图 12-19(e)所示。

(2)画出各坡面上的示坡线,并标注完成作图,如图 12-19(f)、(g)所示。

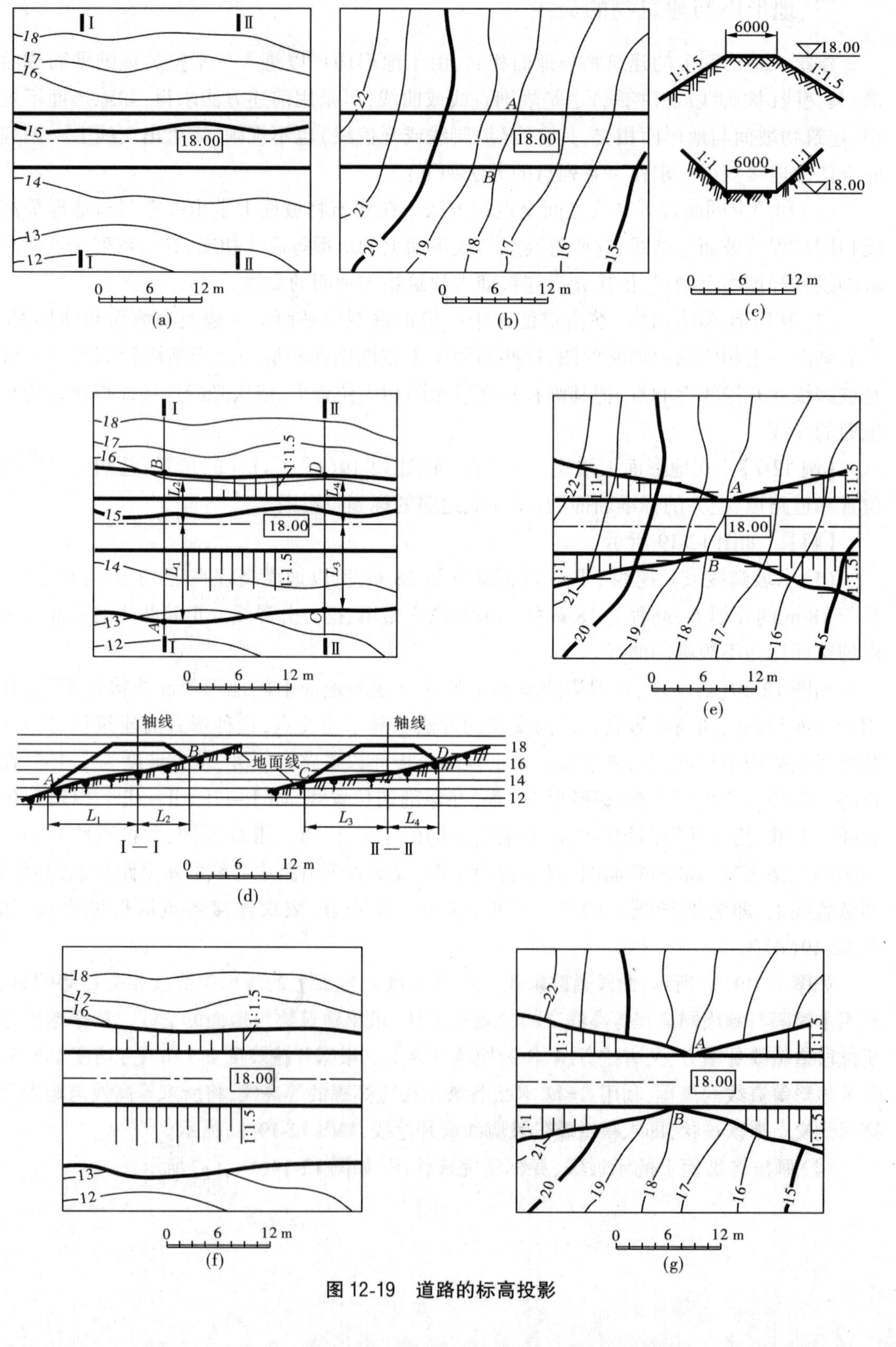

图 12-19 道路的标高投影

项目十三　建筑 CAD 实用技术

【课程思政】

教育是国之大计、党之大计。建设教育强国是中华民族伟大复兴的基础工程。我们要坚持教育优先发展、科技自立自强、人才引领驱动，加快建设教育强国、科技强国、人才强国，坚持为党育人、为国育才，全面提高人才自主培养质量，着力造就拔尖创新人才。由天河超级计算机创新带来的国产“飞腾”处理器及“麒麟”操作系统的发展壮大，引育信创产业新动能，为我国数字经济发展筑根基。

本项目主要介绍 AutoCAD 2019 版本，以便为今后深入学习 CAD 技术打下基础。

任务一　基本知识

一、软件简介

AutoCAD 自 1982 年问世以来，版本不断更新，从最早的 1.0 版已更新到现在的 AutoCAD 2019 版，可以说 AutoCAD 2019 版是 Autodesk 公司又一次划时代之作，它的绘图环境与操作界面更为友好和便捷。

二、主要功能

当系统满足要求时，AutoCAD 软件将发挥其巨大的功能。其特点有图形绘制功能比较完善，提供编程接口二次发展，是通用的 CAD 软件平台；使用方便，易学、易用性好等。其主要功能可概括如下：

（1）强大的绘图功能。用 AutoCAD 软件可以方便地用多种方式绘制各种二维基本图形对象，如点、直线、圆、圆弧、正多边形、椭圆、多段线、样条曲线等。

（2）灵活的图形编辑功能。可以用多种方式对选定的图形对象进行图形编辑，如移动、旋转、缩放、延伸、修剪、倒角、圆角、复制、阵列、镜像、删除等。

（3）方便的标注功能。AutoCAD 软件可以为绘制的图形标注尺寸，注写中文和西文字体以及对封闭区域标注填充图案（剖面材料符号）。

（4）实用的绘图辅助功能。为了达到精确绘图的目的，AutoCAD 提供了多种绘图辅助功能，包括绘图区光标点的坐标显示、用户坐标系、栅格捕捉、目标捕捉、自动捕捉、正交方式等功能。

(5)图层、颜色和线型设置管理功能。为了便于对图形的组织和管理,AutoCAD 提供有图层、颜色、所要求的线型和图线宽度等对象特性。图层可以被打开或关闭、冻结或解冻、锁定或解锁。

(6)图块和外部参照功能。为了提高绘图效率,AutoCAD 提供了图块和对非当前图形的外部参照功能。可以将重复使用的图形定义成图块,在需要时依据不同的基点、比例、转角插入到新的图形中,或将外部的图形文件引入到当前图形中,除此之外,还增加了动态块。

(7)显示控制功能。AutoCAD 提供了多种方法来显示与观看图形。"缩放"能改变当前视窗中图形的视觉尺寸,以便观察图形的全貌或某一局部区域的细节;"扫视"相当于窗口不动,但通过上、下、左、右地移动一张图纸可以看到不同部位的图形;"三维视图控制"能选择视点或投影方向,显示轴测图、透视图或平面视图,消除三维显示中的隐藏线,实现三维动态显示等;对于三维实体可将其显示方式设置为网、线框等多种形式;"多视窗控制"能将屏幕分成几个窗口,各自独立地进行各种显示,进行重画或重新生成图形等。

(8)三维绘图和渲染功能。AutoCAD 提供有多种三维绘图命令,如长方体、圆柱体、球、圆锥、圆环、楔形体以及将平面图形经回转和平移分别生成回转扫描体和平移扫描体等。通过对立体间的交、并、差等布尔运算,可完成更复杂的立体三维实体造型。

(9)图形输出功能。可以用任意比例将所绘图形的全部或部分输出到图纸或文件中,从而获得图形的硬拷贝或电子拷贝。

(10)网络功能。主要体现在 Internet 方面的功能,用户可以实时更新产品信息,发布含有图形、图像的 Web 页。"通讯中心"可以查看到所需的帮助信息。在兼容性和设计共享方面的功能,可以将不同地域的用户连接在一起相互沟通,与会人员可以共享图形文件,并可以用 Volo View 等创建电子标记文件,以便对设计提出修改和建议。

除上述功能外,AutoCAD 2019 还新增了 PDF 导入增强功能,使用 SHX 文字识别工具将导入的 PDF 几何图形快速转换为文本和多行文本对象;"外部文件参考"使用简单的工具来修复外部参考文件中断开的路径,节省时间并最大程度地减少挫败感;"对象选择"选择保持在选中对象的同时在图形中自由导航,即使操作人员平移或缩放屏幕;"文本转换"为多行文本增强功能,使用合并文字工具,将文字组合和多个多行文字对象转换为单个多行文字对象。

任务二 操作界面

启动 AutoCAD 并完成初始绘图环境设置后,将出现草图与注释的主窗口,如 13-1 所示,它由选项卡、图形窗口、命令窗口和状态栏等组成。它是用户与 AutoCAD 进行交互的操作界面。

图 13-1 主窗口

AutoCAD 有多种启动方法，常用的方法包括：①在 Windows 桌面上双击 AutoCAD 快捷图标；②双击已经存盘的任意 AutoCAD 图形文件；③选择 Windows 的“开始”菜单中的“程序”子菜单下的 AutoCAD 选项。

一、操作步骤

根据绘图需要也可将草图与注释切换至经典模式，但在 AutoCAD 2015 以后的版本中，都需要自定义经典模式工作空间。其操作步骤如下：

(1) 单击“切换工作空间”图标，选择“自定义...”，如图 13-2 所示。

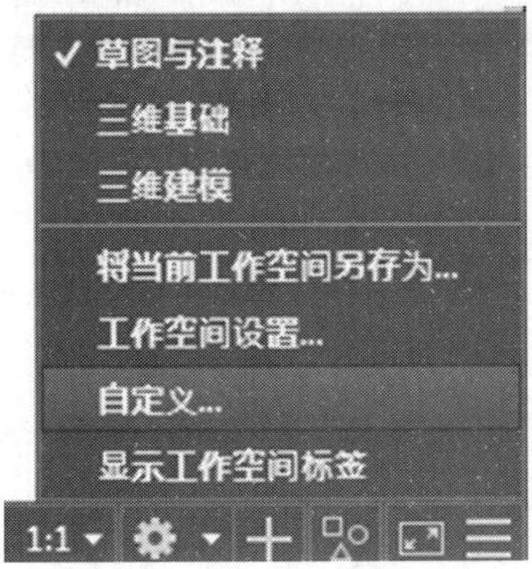

图 13-2 自定义工作空间

(2) 右击“工作空间”，新建“经典模式”，如图 13-3 所示。

(3) 先将左侧“工具栏”中的“绘图”等依次拖到右侧的“工具栏”中，如图 13-4 所示。再将左侧“菜单”中的内容依次拖到右侧的“菜单”中，如图 13-5 所示。然后在“特性”中将“菜单栏”设置为“开”，如图 13-6 所示。最后单击“确定”，并在“切换工作空间”中选择“经典模式”，如图 13-7 所示。

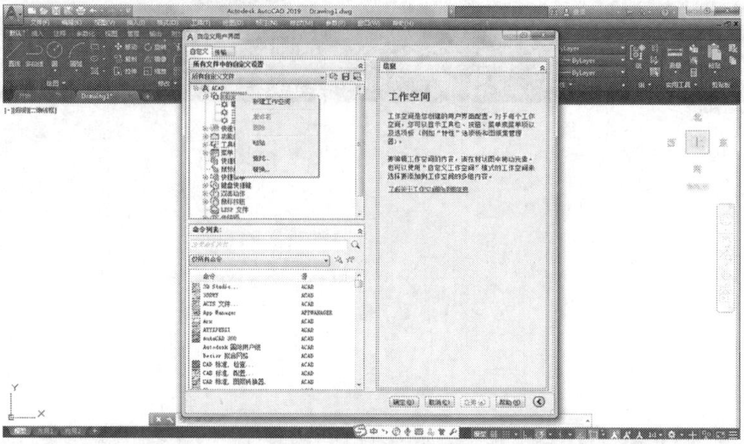

图 13-3　新建经典模式

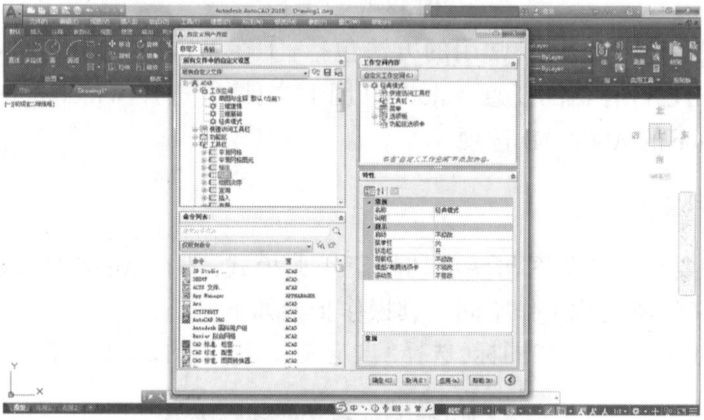

图 13-4　设置工具栏

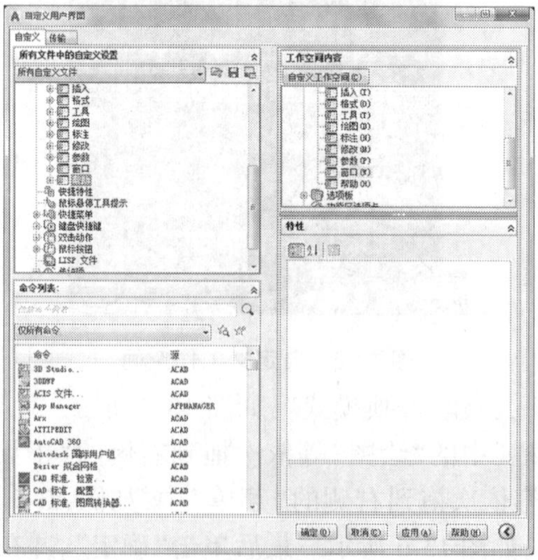

图 13-5　设置菜单栏

图 13-6 设置特性

图 13-7 经典模式

二、标题栏

标题栏位于窗口顶端,其左端是“控制菜单”图标,用鼠标单击该图标或按 Alt+空格键,将弹出“控制菜单”窗口,用户可以用该菜单完成还原、移动、关闭窗口等操作。标题栏右端有 3 个按钮,从左至右分别为“最小化”按钮、“最大化”按钮(“还原”按钮)和“关闭”按钮,单击这些按钮可以使窗口最小化、最大化(还原)和关闭。

三、菜单栏

菜单栏位于标题栏下面,由文件、编辑、视图、插入、格式、工具、绘图、标注、修改、窗口和帮助下拉菜单组成,每个下拉菜单上包含若干菜单项。每个菜单项都对应了一个命令,单击菜单项时将执行这个命令。

(1)下拉菜单。①在菜单栏用鼠标左键点取一项标题,则下拉出该标题项的菜单,称为下拉菜单。要选择某一菜单项,可用鼠标左键点取。同时,用户可以在图形窗口下的状态栏中,看到该菜单项的功能说明及相应的 AutoCAD 命令名。②如某一菜单项右端有一黑色小三角,说明该菜单项仍为标题项,它将引出下一级菜单,称为级联菜单,可进一步在级联菜单中点取菜单项。③如某一菜单后跟“…”,说明该菜单项引出一个对话框,用户可通过对话框实施操作。例如,若点取菜单项“文件——另存为…”,则引出“图形另存为”对话框,在此对话框中可完成另存图形文件名及文件类型的设定等操作。④如某一菜单项为灰色,则表示该项不可选。

(2)光标菜单。在当前光标位置弹出的菜单称为光标菜单(快捷菜单)。当单击鼠标右键时弹出快捷菜单。快捷菜单的选项因单击环境的不同而变化,快捷菜单提供了快速执行命令的方法,光标菜单的选取方法与下拉菜单相同。

每个菜单和菜单项都定义有快捷键,快捷键用下划线标出,如“保存(S)”,用户在按住 Alt 键的同时按“S”键,就执行了 Save 命令。

可以右击鼠标弹出快捷菜单的位置有图形窗口、命令行、对话框、窗口、工具栏、状态栏、模型标签和布局标签等。

四、工具栏

工具栏是一组图标型工具的集合,把光标移动到某个图标,稍停片刻即在该图标一侧显示相应的工具提示,同时在状态栏中,显示对应的说明和命令名。因此,点取图标也可以启动相应命令。在缺省情况下,可以见到绘图区顶部的“标准”“样式”“图层”“特性”等工具栏(见图 13-7、图 13-8),以及绘图区两侧的“绘图”“修改”工具栏(见图 13-7、图 13-9)。

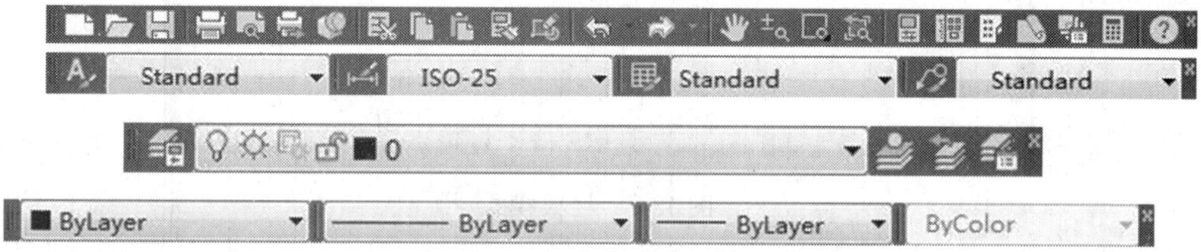

图 13-8 “标准”“样式”“图层”“特性”工具栏

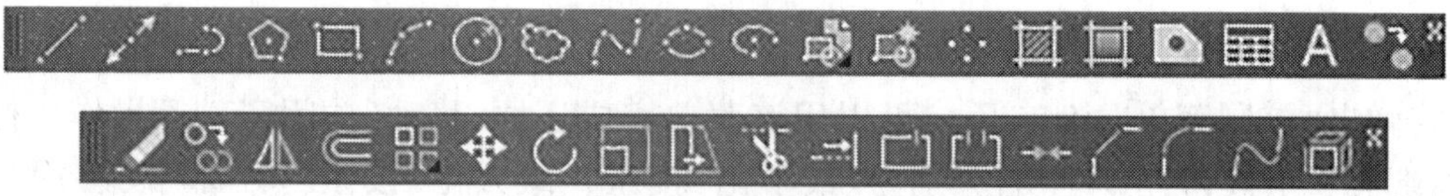

图 13-9 “绘图”“修改”工具栏

AutoCAD 提供了大约 30 种工具栏,用户可通过“自定义用户界面”对话框里的“工具栏”来对其进行管理,可以隐藏某些工具栏,也可以将自己常用的其他工具栏显示出来。

五、绘图区

绘图区是显示绘制图形和编辑图形对象的区域。一个完整的绘图区如图 13-7 所示,包括标题栏、滚动条(可以开、关)、控制按钮、布局选项卡、坐标系图标等元素。布局标签提供了在不同布局间迅速切换的方法。

十字光标是显示在绘图区中、由鼠标等定点设备控制的十字叉(与当前用户坐标系

的 X 轴、Y 轴方向平行），当移动定点设备时，十字光标的位置也相应地移动。十字光标的大小（相对于屏幕）由系统变量 CURSORSIZE 控制。

在公制测量系统中，1 个绘图单位对应 1 mm。AutoCAD 采用世界坐标系（WCS）和用户坐标系（UCS）两种坐标系。世界坐标系是固定的坐标系统；用户坐标系是可用 UCS 命令相对世界坐标系进行重新定位、定向的坐标系。在缺省情况下，坐标系图标为模型空间下的 UCS 坐标系图标，通常放在绘图区左下角。AutoCAD 的基本作图平面为当前 UCS 的 XY 平面。

六、命令行

命令行是键入命令以及信息显示的地方，每个图形文件都有自己的命令行（见图 13-10）。在缺省状态下，命令行位于系统窗口的下部，用户可以将其拖动到屏幕上的任意位置。文本窗口和命令行窗口可以通过 F2 功能键随时切换。

图 13-10　命令窗口

七、状态栏

状态栏位于屏幕的底部，左端显示绘图区中光标定位点的坐标 X、Y、Z，向右侧依次有“模型”“栅格”“捕捉”“正交”“极轴”“等轴测草图”“对象捕捉追踪”“对象捕捉”等按钮，如图 13-11 所示。

图 13-11　状态栏

对于某些命令，除可以通过在命令窗口输入命令、点取工具栏图标或点取菜单项来完成外，还可使用键盘上的一级功能键，现将可使用的功能键及相应功能说明如下：

F1：调用 AutoCAD 帮助对话框。

F2：图形窗口与文本窗口的互相切换开关。

F3：对象捕捉开关。

F4：三维对象捕捉开关。

F5：不同方向正等轴测立体图作图平面间的切换开关。

F6：坐标显示模式的切换开关。

F7：栅格（Grid）模式开关。

F8：正交（Ortho）模式开关。

F9：间隔捕捉（Snap）模式开关。

F10：极轴追踪（Polar）开关。

F11：对象追踪（Otrack）开关。

F12：DYN（动态输入）开关。

任务三　命令的使用

AutoCAD 的操作过程都是由命令控制的。一般来说,初学者在使用命令的过程中,应该不停地关注命令行窗口,以便实现“人机对话”。但对于能熟练使用 AutoCAD 命令的人员来说,他们往往一只手握鼠标,另一只手敲键盘,明显地提高了绘图的速度。

AutoCAD 命令名和系统变量名仍为西文,如命令 LINE(直线)、CIRCLE(圆)、系统变量 TEXTSIZE(文字高度)、THICKNESS(对象厚度)等。

一、命令的调用方法

有多种方法可以调用 AutoCAD 命令,以画直线和圆为例,其命令的调用方法如下:

(1)在命令行输入命令名,即在命令行的“命令:”提示后键入命令的字符串,命令字符可不区分大小写,如“命令:LINE ”为画直线命令,如图 13-12(a)所示。

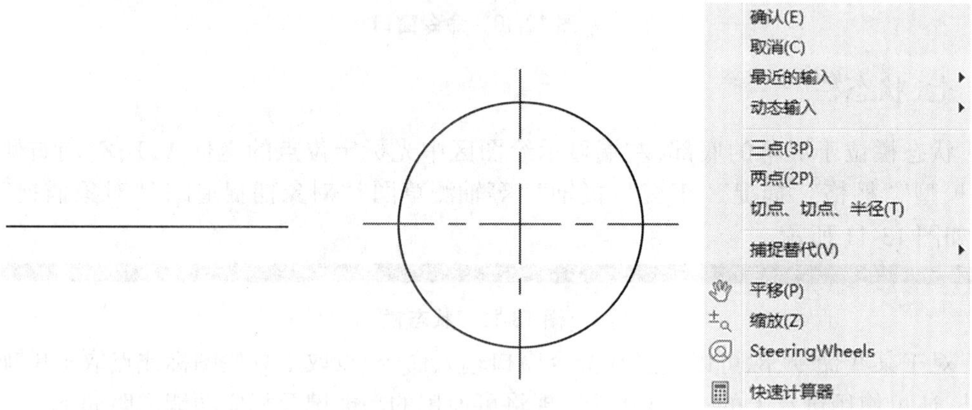

(a)画直线　(b)画圆　(c)快捷菜单

图 13-12　命令的使用

(2)在命令行输入命令缩写字:如 L(Line)、C(Circle)、A(Arc)、Z(Zoom)等,如“命令:C ”为画圆命令,如图 13-12(b)所示。

(3)单击下拉菜单中的菜单选项。在状态栏中可以看到对应的命令说明及命令名。

(4)单击工具栏中的对应图标。如点取“绘图”工具栏中的图标,也可执行画直线命令,同时在状态栏中也可以看到相应的命令说明及命令名。

(5)单击屏幕菜单中的对应选项。绘图过程中在屏幕中右击鼠标,然后从显示的菜单中选取“直线”菜单项,将执行画直线命令。

二、命令及系统变量的有关操作

(一)命令的取消

在命令执行的任何时刻都可以用“Esc”键取消和中止命令的执行。

(二)命令的重复使用

若在一个命令执行完毕后欲再次重复执行命令,可在命令行中“命令”提示下按回车键。

(三)透明命令的使用

有的命令不仅可直接在命令行中使用,而且可以在其他命令的执行过程中插入执行,该命令结束后系统继续执行原命令。显示界面如下:

命令:CIRCLE

指定圆的圆心或[三点(3P)/两点(2P)/相切、相切、半径(T)]:100,00

指定圆的半径或[直径(D)]<28.0000>:'ZOOM(使用透明命令)

>>…(执行 ZOOM 命令)

正在恢复执行 CIRCLE 命令

指定圆的半径或[直径(D)]<28.0000>:(继续执行原命令)

不是所有命令都能透明使用,可以透明使用的命令在透明使用时需要加前缀“'”。使用透明命令也可以从菜单或工具栏中选取。

(四)命令选项

当输入命令后,AutoCAD 会出现对话框或命令行提示,在命令行提示中常会出现命令选项,显示界面如下:

命令:CIRCLE

指定圆的圆心或[三点(3P)/两点(2P)/相切、相切、半径(T)]:

前面不带中括号的提示为缺省选项,因此可直接输入起点坐标,若要选择其他选项,则应先输入该选项的标识字符,如“三点(3P)”选项,然后按系统提示输入数据。若选项提示符的最后带有尖括号,则尖括号中的数值为缺省值。

在 AutoCAD 中,也可通过“快捷菜单”用鼠标点取命令选项。在上述画圆示例中,当出现“指定圆的圆心或[三点(3P)/两点(2P)/相切、相切、半径(T)]:”提示时,若单击鼠标右键,则弹出如图 13-12(c)所示的快捷菜单,从中可用鼠标快速选定所需选项。右键快捷菜单随不同的命令进程而有不同的菜单选项。

(五)命令的执行方式

有的命令有两种执行方式,通过对话框或通过命令行输入命令选项。如指定使用命令行方式,可以在命令名前加一个减号来表示用命令行方式执行该命令,如“-LAYER”。

(六)系统变量的访问方法

访问系统变量可以直接在命令提示下输入系统变量名或点取菜单项,也可以使用专用命令“ETVER”。

三、数据的输入方法

(一)点的输入

在绘图过程中,常需要输入点的位置,AutoCAD 提供了以下几种输入点的方式:

(1)用键盘直接在命令行中输入点的坐标。

点的坐标可以用直角坐标、极坐标、球面坐标或柱面坐标表示,其中直角坐标和极坐标最为常用。

直角坐标有两种输入方式:“X,Y[,Z]”(点的绝对坐标值,如“100,50”)和“@X,Y[,Z]”(相对于上一点的相对坐标值,如“@50,-30”)。坐标值均相对于当前的用户坐标系。

极坐标的输入方式为:“长度<角度”(其中,长度为点到坐标原点的距离,角度为原点至该点连线与 *X* 轴的正向夹角,例如“25<45”)或“@长度<角度”(相对于上一点的相对极坐标,如“@50<-30”)。

(2)用鼠标等定标设备移动光标,单击左键在屏幕上直接取点。

(3)用键盘上的箭头移动光标按回车键取点。

(4)用目标捕捉方式捕捉屏幕上已有图形的特殊点(如端点、中点、中心点、插入点、交点、切点、垂足点等)。

(5)直接距离输入。先用光标拖拉出橡皮筋线确定方向,然后用键盘输入距离。

(6)使用过滤法得到点。

(二)距离值的输入

在 AutoCAD 命令中,有时需要提供高度、宽度、半径、长度等距离值。AutoCAD 提供了两种输入距离值的方式:一种是用键盘在命令行中直接输入数值;另一种是在屏幕上点取两点,以两点的距离值定出所需数值。

(三)上机操作

用直线命令和不同的数据输入方法绘制平行四边形,如图 13-13 所示。

命令: l LINE 指定第一点: 100,100

指定下一点或[放弃(U)]: @50,0

指定下一点或[放弃(U)]: @50<45

指定下一点或[闭合(C)/放弃(U)]: 50

指定下一点或[闭合(C)/放弃(U)]: c

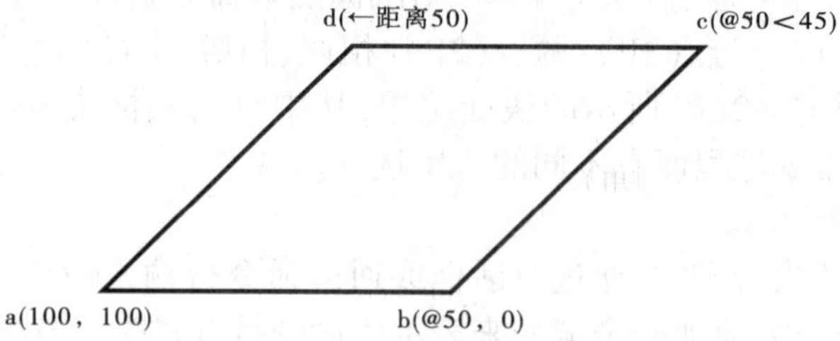

图 13-13　平行四边形

数值输入的五种格式如表 13-1 所示。

表 13-1　数值输入的五种格式

序号	格式	数值
1	整数	18,58,98,-10,-20
2	实数	21.8,53.8,-19.1
3	分数	70/8,100/7,-50/3
4	选取两点	直接在屏幕中选取两点
5	'CAL 计数器	结合其他命令,务必要使用透明命令'CAL 调出表示式后就可输入正常的数学计算式

需要注意的是,在命令上有“'”符号的,表示该命令为透明命令,可以不中断当前正在使用的命令。

四、快捷键

快捷键常用来代替一些常用命令的操作,只要键入命令的第一个字母或前两三个字母即可,常用的快捷键如表 13-2 所示。

表 13-2 常用快捷键

快捷键	命令	快捷键	命令
A	Arc(弧)	ML	Mline(多线)
AR	Array(阵列)	N(PL)	Pline(多段线)
B	Block(块)	O	Offset(偏移)
BO	Boundary(边界)	P	Pan(平移)
BR	Break(断开)	PO	Point(点)
C	Circle(圆)	POL	Polygon(多边形)
CH	Properties(修改特性)	R	Redraw(重画)
CP(CO)	Copy(复制)	RE	Regen(刷新)
D	Dimstyle(尺寸样式)	REC	Rectang(矩形)
E	Erase(删除)	REG	Region(面域)
EX	Extend(延长)	RO	Rotate(旋转)
F	Fillet(圆角)	S	Stretch(伸展)
G	Group(项目组)	SC	Scale(比例)
H	Hatch(剖面线)	SPL	Spline(多义线)
I	Insert(插入)	ST	Text Style(字型)
J	Pedit(多段线编辑)	T	MText(多行文字)
K	Dtext(单行文字)	TR	Trim(修剪)
L	Line(线)	U	Undo(取消)
LEN	Lengthen(拉长)	V	View(视图)
LA	Layer(层)	W	Wblock(块存盘)
LT	Linetype(线型)	X	Explode(分解)
M	Move(移动)	Z	Zoom(缩放)
MI	Mrror(镜像)		

任务四　专业图形绘制

在 AutoCAD 中,直线类图形可以使用直线、多段线、射线、参照线、多线等命令绘制。下面就简单介绍各种线型绘制命令及过程。

一、直线(LINE)

(一)调用命令

命令行:LINE (L)。

菜单栏:[绘图]→[直线]。

工具栏:[绘图]→(直线)。

(二)主要功能

绘制直线。

(三)格式示例

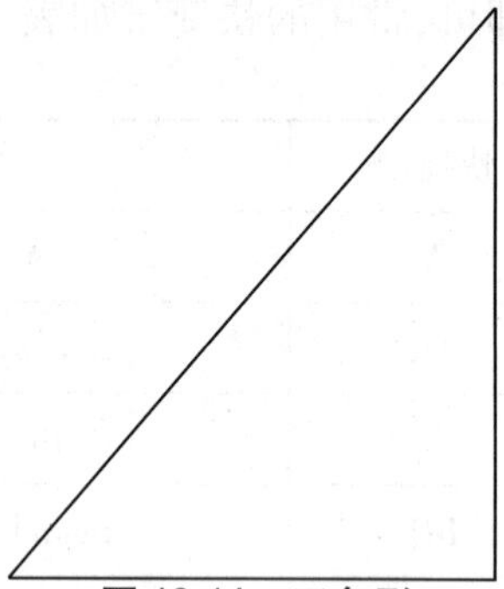

图 13-14　三角形

使用直线命令绘制如图 13-14 所示的图形。

方法:使用命令行提示作图。

命令:_line	输入命令后回车
指定第一点:200,200	启动命令后指定起点
指定下一点或[放弃(U)]:@400,0	指定第二点
指定下一点或[放弃(U)]:@0,400	指定第三点
指定下一点或[闭合(C)/放弃(U)]:C	输入选项“C”封闭图形

其中命令行各选项的功能如下:

(1)闭合(C):若输入选项“C”,则可形成一个封闭的图形,即最后一个端点与第一条线段的起点重合。

(2)放弃(U):撤销刚才绘制的线段。在命令行中输入“U”并按回车键,则最后绘制的线段将被删除。

二、圆(CIRCLE)

(一)调用命令

命令行:　CIRCLE(C)。

菜单栏:[绘图]→[圆]。

工具栏:[绘图]→(圆)。

(二)主要功能

可以使用多种方法创建圆。

(三)格式示例

使用圆命令绘制如图 13-15 所示的任意三角形的内切圆。

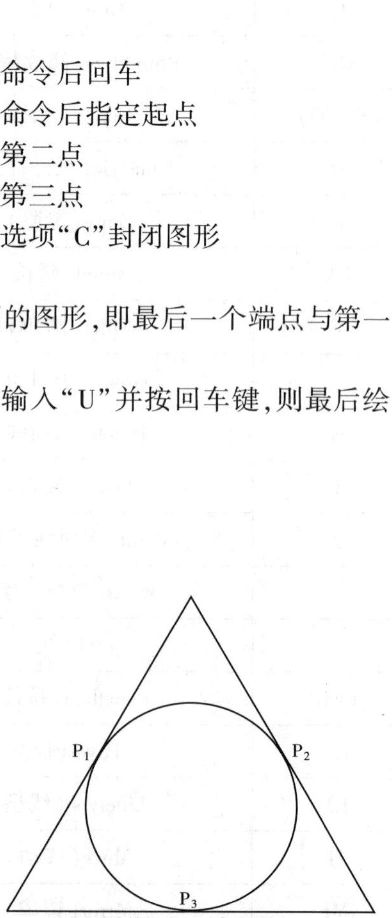

图 13-15　内切圆

(1)使用命令行提示作图。

命令：_circle

指定圆的圆心或［三点(3P)/两点(2P)/相切、相切、半径(T)］：_3p 三切点

指定圆上的第一个点：_tan 到　　选择三角形的第一条边 P_1

指定圆上的第二个点：_tan 到　　选择三角形的第二条边 P_2

指定圆上的第三个点：_tan 到　　选择三角形的第三条边 P_3

其中命令行各参数的功能如下：

①圆心：基于圆心和直径(或半径)绘制圆。

②指定圆的半径或［直径(D)］：指定点、输入值、输入 d 或按 Enter 键。

③半径：定义圆的半径。输入值，或指定第二点。此点与圆心的距离决定圆的半径。

④直径：使用中心点和指定的直径长度绘制圆。

⑤三点(3P)：基于圆周上的三点绘制圆。

⑥两点(2P)：基于圆直径上的两个端点绘制圆。

⑦相切、相切、半径(TTR)：基于指定半径和两个相切对象绘制圆。

(2)在下拉菜单中单击［绘图］→［圆］，出现子菜单，如图 13-16 所示。

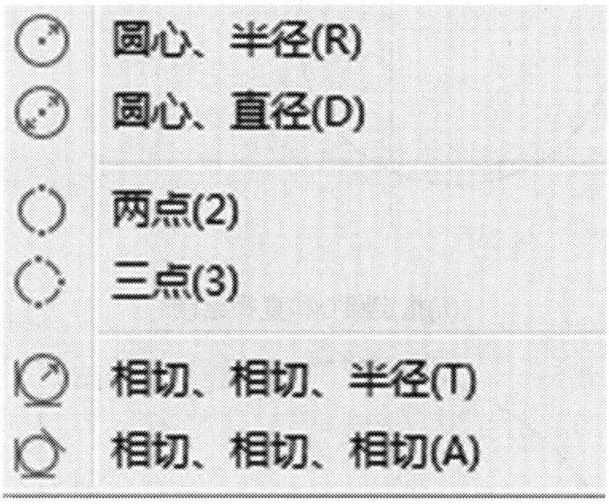

图 13-16　画圆菜单

菜单画圆的方法如下：

①圆心、半径(R)：用圆心和半径方式绘圆，如图 13-17(a)所示。

②圆心、直径(D)：用圆心和直径方式绘圆，如图 13-17(b)所示。

③两点(2)：基于圆直径上的两个端点绘制圆，如图 13-17(c)所示。

④三点(3)：基于圆周上的三点绘制圆，如图 13-17(d)所示。

⑤相切、相切、半径(T)：基于指定半径和两个相切对象绘制圆，如图 13-17(e)所示。

⑥相切、相切、相切(A)：基于指定三个相切对象绘制圆，如图 13-17(f)所示。

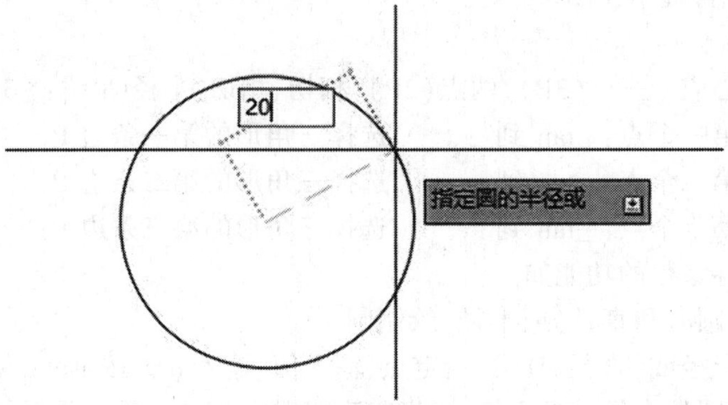

(a)指定圆心和半径绘制

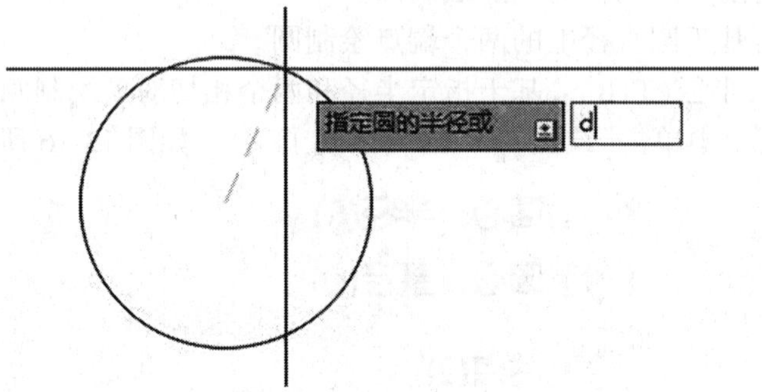

(b)指定圆心和直径绘制

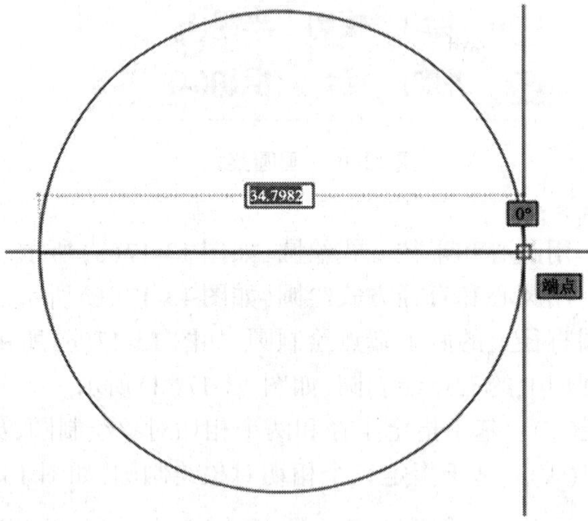

(c)指定圆直径上的两个端点绘制

图 13-17　菜单画圆的方法

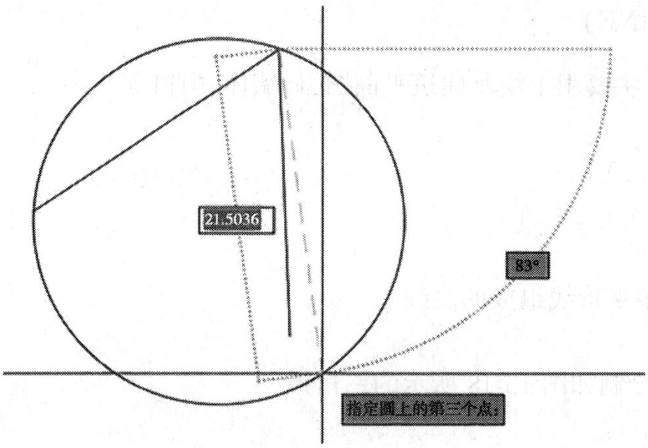

(d)指定圆周上的三点绘制

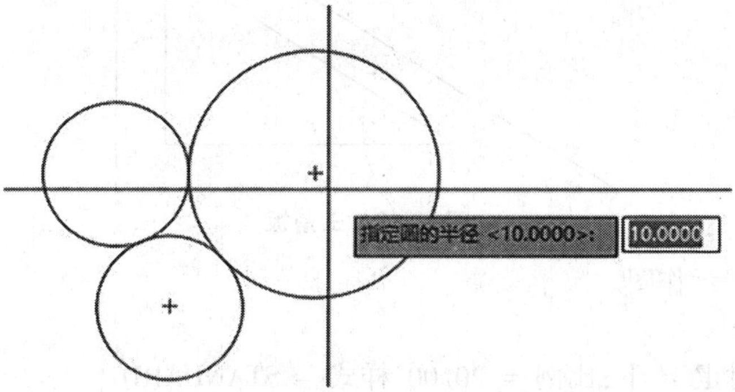

(e)指定圆半径和两相切对象绘制圆

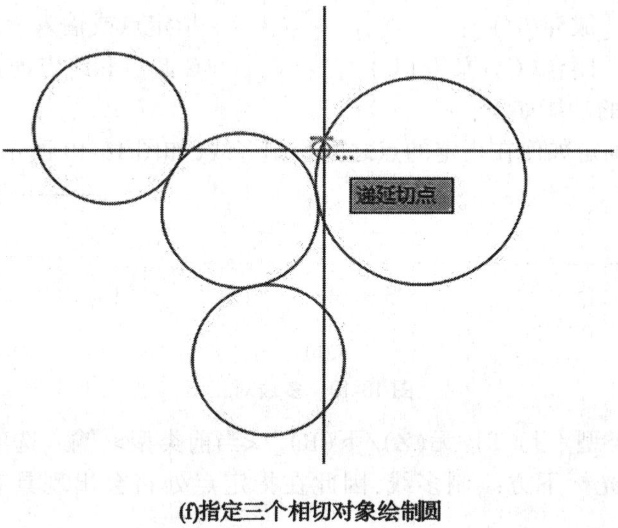

(f)指定三个相切对象绘制圆

续图 13-17

三、多线(MLINE)

绘制多线命令,主要用于绘制建筑平面图,如墙体、门窗等。

(一)调用命令

命令行: MLINE(ML)。

菜单栏:[绘图]→[多线]。

(二)主要功能

创建由 1~16 条平行线组成的多线。

(三)格式示例

使用多线命令绘制如图 13-18 所示的三角板。

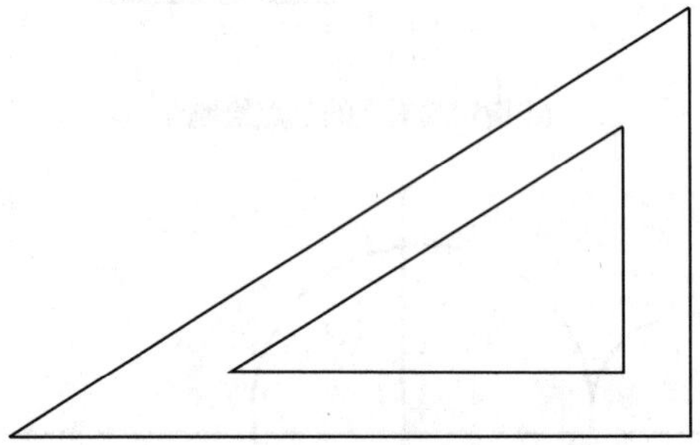

图 13-18　三角板

使用命令行提示作图。

命令: _mline

当前设置: 对正 = 上,比例 = 20.00,样式 = STANDARD

指定起点或[对正(J)/比例(S)/样式(ST)]:	指定点或输入选项
指定下一点:	指定多线的下一个顶点
指定下一点或[放弃(U)]:	指定点或输入 u
指定下一点或[闭合(C)/放弃(U)]:	C 起点和终点连接起来

命令行各选项的功能如下:

(1)对正(J):确定如何在指定的点之间绘制多线,如图 13-19 所示。

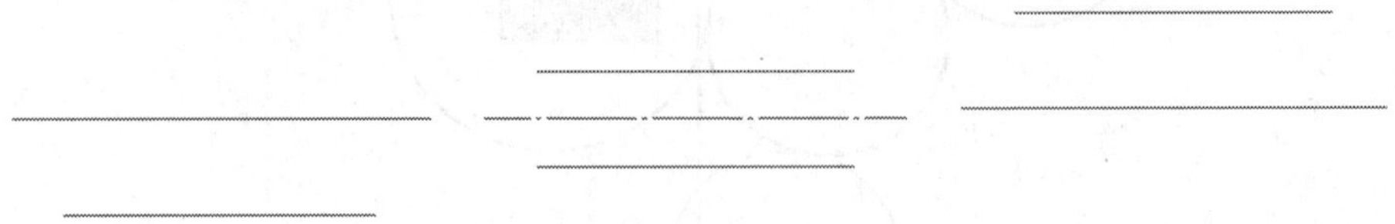

(a)　(b)　(c)

图 13-19　多线对正

(2)输入对正类型[上(T)/无(Z)/下(B)]<当前类型>:输入选项或按 Enter 键。

(3)上(T):在光标下方绘制多线,因此在指定点处将会出现具有最大正偏移值的直线。

(4)无(Z):将光标作为原点绘制多线。

(5)下(B):在光标上方绘制多线,因此在指定点处将出现具有最大负偏移值的直线。

(6)比例(S):控制多线的全局宽度。该比例不影响线型比例。这个比例基于在多线样式定义中建立的宽度。比例因子为 2 绘制多线时,其宽度是样式定义的宽度的 2 倍。需要注意的是,负比例因子将翻转偏移线的次序。输入 S 选择比例选项。

(7)样式(ST):选择绘制多线时使用的样式,默认线性样式为:STANDARD,若选择该选项,可在“输入多线样式名或[?]”提示后输入已定义的样式名,输入“?”则列出当前图中已加载的多线样式“名称”。

绘制多线的关键是选择好多线的样式。

绘制多线的技巧是从左向右绘制多线时,平行线按偏移值大小自上而下排列;如果从右向左绘制多线时,平行线的排列将发生反转,如图 13-19(a)、(c)所示。

(四)多线样式设置

在绘制建筑平面图中,需要根据不同宽度墙体和门窗的要求,设置不同的多线样式。

1. 调用命令

命令行: MLSTYLE。

菜单栏:[格式]→[多线样式]。

2. 主要功能

创建、修改、保存和加载多线样式。多线样式控制元素的数目和每个元素的特性。MLSTYLE 命令控制背景颜色和每条多线的端点封口。

3. 格式示例

“多线样式”对话框如图 13-20 所示,各项参数含义如下。

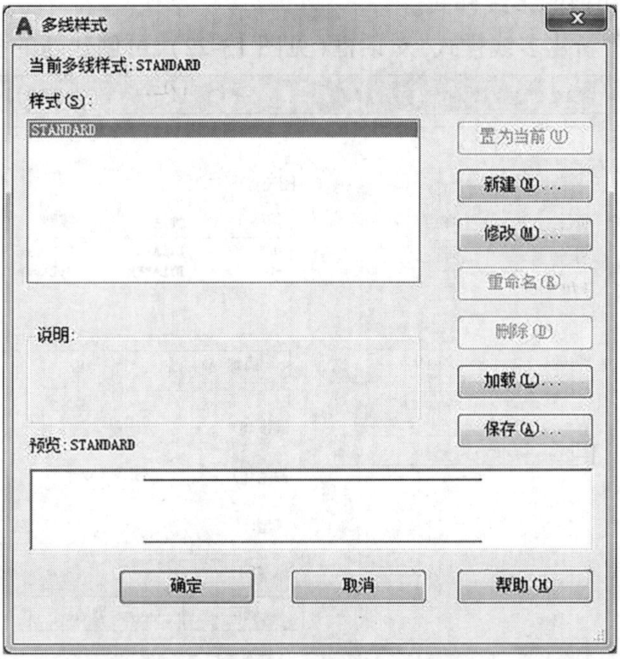

图 13-20　“多线样式”对话框

当前多线样式：显示当前多线样式的名称，该样式将在后续创建多线中用到。

(1)样式(S)：显示已加载到图形中的多线样式列表。

(2)说明：显示选定多线样式的说明。

(3)预览：显示选定多线样式的名称和图像。

(4)置为当前(U)：设置用于后续创建的多线的当前多线样式。从“样式”列表中选择一个名称，然后选择“置为当前”。

(5)新建(N)：显示“创建新的多线样式”对话框(见图13-21)，从中可以创建新的多线样式。

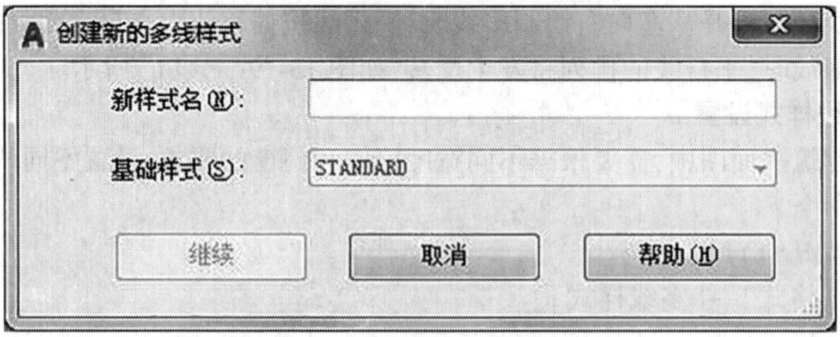

图13-21　“创建新的多线样式”对话框

(6)新样式名(N)：命名新的多线样式。只有输入新名称并单击“继续”后，元素和多线特征才可用。

(7)基础样式(S)：确定要用于创建新多线样式的多线样式。要节省时间，请选择与要创建的多线样式相似的多线样式。

(8)继续：显示“新建多线样式”对话框(见图13-22)，可创建新的多线样式。

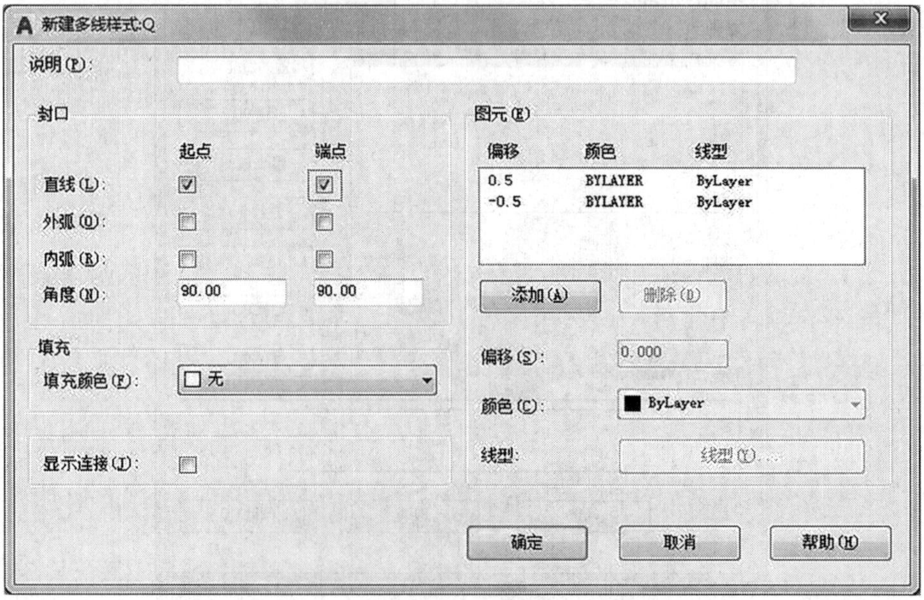

图13-22　“新建墙体多线样式”对话框

①封口:控制多线起点和端点封口。

直线(L):显示穿过多线每一端的直线段。

外弧(O):显示多线的最外端元素之间的圆弧。

内弧(R):显示成对的内部元素之间的圆弧。

角度(N):指定端点封口的角度。

②填充:控制多线的背景填充。

填充颜色(F):设置多线的背景填充色。如果选择"选择颜色",将显示"选择颜色"对话框。选择颜色后所绘制的多线将填充相应的颜色。

③显示连接(J):控制每条多线的线段顶点处连接的显示。接头也称为斜接。

④元素(E):设置新的和现有的多线元素的元素特性,例如偏移、颜色和线型,如图13-23所示。

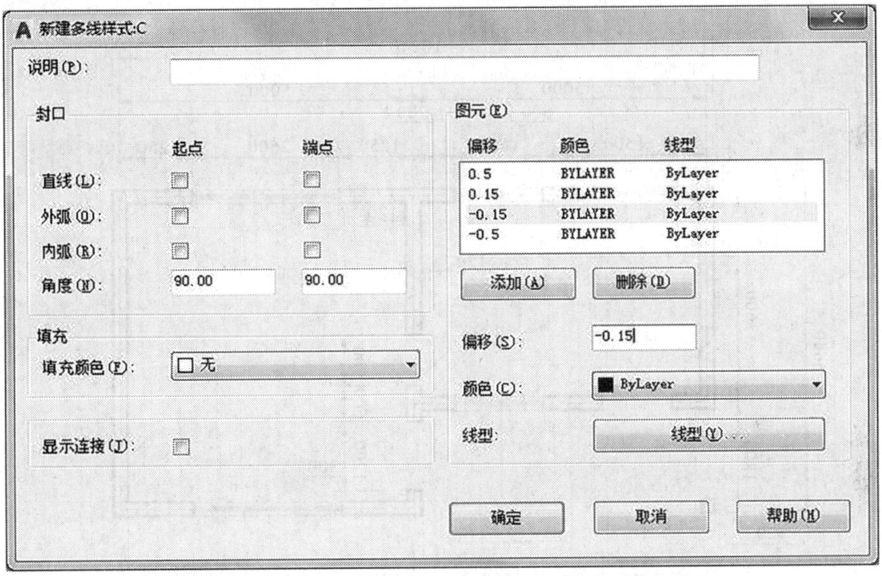

图13-23 "新建窗户多线样式"对话框

偏移、颜色和线型:显示当前多线样式中的所有元素。样式中的每个元素由其相对于多线的中心、颜色及其线型定义。元素始终按它们的偏移值降序显示。

添加(A):将新元素添加到多线样式。只有为除STANDARD外的多线样式选择了颜色或线型后,此选项才可用。

删除(D):从多线样式中删除元素。

偏移(S):为多线样式中的每个元素指定偏移值。

颜色(C):显示并设置多线样式中元素的颜色。如果选择"选择颜色",将显示"选择颜色"对话框。

线型:显示并设置多线样式中元素的线型。如果选择"线型",将显示"选择线型特性"对话框,该对话框列出了已加载的线型。要加载新线型,请单击"加载",将显示"加载或重载线型"对话框。

修改(M):显示"修改多线样式"对话框,从中可以修改选定的多线样式。不能修改默认的 STANDARD 多线样式。“修改多线样式”对话框中各项特性与“新建多线样式”对话框相同。

重命名(R):重命名当前选定的多线样式。不能重命名 STANDARD 多线样式。

删除(D):从“样式”列表中删除当前选定的多线样式。此操作并不会删除 MLN 文件中的样式。不能删除 STANDARD 多线样式、当前多线样式或正在使用的多线样式。

加载(L):显示“加载多线样式”对话框,从中可以从指定的 MLN 文件加载多线样式。

保存(A):将多线样式保存或复制到多线库(MLN)文件。如果指定了一个已存在的 MLN 文件,新样式定义将添加到此文件中,并且不会删除其中已有的定义。默认文件名是 acad. mln。

(五)上机操作

绘制如图 13-24 所示的房屋平面图。

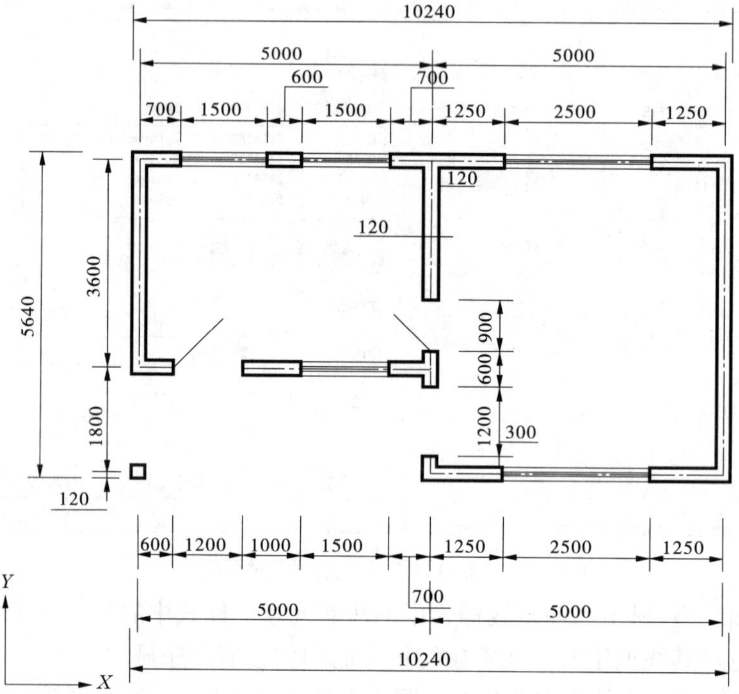

图 13-24　房屋平面图

码 13-1　微课-CAD 绘制建筑平面图

参考文献

[1] 武荣,沈刚. 建筑工程制图[M]. 3 版. 郑州:黄河水利出版社,2019.
[2] 王毅. 建筑工程制图与识图[M]. 北京:清华大学出版社,2020.
[3] 张岩. 建筑工程制图[M]. 北京:中国建筑工业出版社,2013.
[4] 邓富康,姚继全. 建筑工程制图[M]. 北京:中国建筑工业出版社,2021.
[5] 刘志麟. 建筑制图[M]. 3 版. 北京:机械工业出版社,2021.
[6] 武荣. 工程制图 CAD 与识图[M]. 北京:中国水利水电出版社,2023.
[7] 王瑞红,李静. 建筑工程制图[M]. 郑州:黄河水利出版社,2013.
[8] 韩永光,刘为民. 建筑 CAD 制图[M]. 成都:西南交大出版社,2020.
[9] 武荣,樊培. 工程制图 CAD 与识图[M]. 郑州:黄河水利出版社,2022.
[10] 中华人民共和国住房和城乡建设部,中华人民共和国国家质量监督检验检疫总局. 房屋建筑制图统一标准:GB/T 50001—2017[S]. 北京:中国建筑工业出版社,2018.
[11] 中华人民共和国住房和城乡建设部,中华人民共和国国家质量监督检验检疫总局. 建筑制图标准:GB/T 50104—2010[S]. 北京:中国计划出版社,2011.
[12] 中华人民共和国住房和城乡建设部,中华人民共和国国家质量监督检验检疫总局. 总图制图标准:GB/T 50103—2010[S]. 北京:中国计划出版社,2011.